統計分析の
ここが知りたい

保健・看護・心理・教育系研究のまとめ方

名古屋大学大学院教育発達科学研究科
石井 秀宗

東京 文光堂 本郷

まえがき

　統計解析ソフトの普及により，誰でも手軽に統計分析ができるようになってきました．データを入力して分析法を指定すると，それが何についてのデータか，どのようなものを反映しているデータかなどに関わらず，統計解析ソフトは分析結果を出力してくれます．中には分析方法まで教えてくれるソフトもあります．
　こうなってくると，統計分析を行う研究者に必要になってくるのは，自分のデータをどのような分析方法で分析すれば良いか，分析結果をどのように解釈すれば良いかを判断する正しい知識です．

　本書は，おもに保健・看護学，心理学，教育学などの研究領域において利用されることの多い統計分析法について，その分析法の基本的な考え方と，分析結果の解釈の仕方を解説した本です．また，分析を行う際の注意点についても述べています．統計分析法を利用する多くの研究者，具体的には，卒業研究をする学生の皆さんや，病棟研究をする看護師さんたちをはじめ，大学院生，研究者の方々まで，広く読んでいただけると思います．
　本書には以下の特徴があります．

●研究に必要な姿勢や，研究計画書の作成などについて解説しています．通常の統計学や統計分析の本では，なかなかこういったことは語られないことです．

●質問紙を利用する研究，あるいは，心理的尺度を構成する研究においては大変重要であるにも関わらず，統計学のテキストでは不足しがちな信頼性・妥当性という概念や，調査票を作成する際の注意点などについて解説しています．

●多くの研究者が疑問を持つ「被験者はどれくらい集めればよいか」ということに対して，信頼区間というものを利用して被験者数を推定する方法を示しています．信頼区間の推定は医学系研究では必須となってきています．研究例でもなるべく信頼区間を示すようにしています．

●「統計的に有意である」とはどういうことかについて詳しく解説しています．被験者を多量に集めれば，実質科学的には意味のない結果でも「統計的に有意」とすることができてしまいます．統計的に有意であることと実質科学的に意味があることとを区別して考えることの必要性が痛感されるものと思います．

●各分析法について1つひとつ研究例を挙げ，分析結果の解釈を行っています．研究例はなるべく実際にありそうな例を挙げてありますので，皆さんが自分の研究計画を立てる際に参考になる例も見つかると思います．

　本書では，統計分析法の背後にある統計学の内容や細かい計算手続きについては，最小限の記述にとどめています．データに課される仮定などについて十分説明していないところもあります．しかしそれらは，本書がさまざまな統計分析法の基本的な考え方と，分析結果の解釈の仕方の解説に主眼を置いていることによります．統計学を理論的に教える本ではなく，統計分析法の実際を紹介している本だと思っていただいてよいと思います．

　もちろん，統計学の内容や分析法のより詳しい理論について知る必要はないというのではありません．それらについても関心を持ち，本書を読んだ後に，巻末に挙げた参考文献などを読めば，さらに理解が深まります．

本書の内容の一部は，Quality Nursing 誌上で行った2度の連載「再点検：心理的データの測定法（2000年4月〜9月）」と「統計学のここが知りたい（2004年6月〜12月）」ですでに公表していますが，この本では，それらの原稿をわかりやすく書き換え，また，大幅な加筆修正を行いました．信頼性，妥当性については，連載「再点検：心理的データの測定法」のほうが理論的には充実したものになっていますので，もしそれらに関心がある場合は，連載原稿も読んでみてください．

　本書を書くにあたっては，岐阜大学医学部看護学科の竹内登美子教授にお力添えをいただきました．研究例として挙げたいくつかの研究テーマは，竹内先生たちとの共同研究からアイディアを得たものです．データはすべて人工的に作成したものですが，現実の研究テーマに即した研究例を提示することができました．東京大学大学院教育学研究科博士課程の大澤公一さんには，草稿に目を通していただくとともに，たくさんの貴重なコメントをいただきました．他にも多くの方々のお世話になり，本書は生み出されました．お世話になった皆様方に深く感謝申し上げます．

2005年7月

石井　秀宗

もくじ ●●●

1 ＊ 研究するにあたって　　1
　1-1　研究計画をしっかり立てる　　1
　1-2　データの種類を考える　　12
　1-3　調査票の作成　　16

2 ＊ これだけは知っておいて　　23
　2-1　統計分析は三平方の定理が大好き　　23
　2-2　全体とサンプル―母集団と標本　　25
　2-3　なんといっても代表値　　27
　2-4　散らばりも大事（1）―分散　　29
　2-5　標本分散と不偏分散　　33
　2-6　散らばりも大事（2）―標準偏差　　35
　2-7　標準偏差（SD）と標準誤差（SE）　　38
　2-8　関連を知りたいことも多い　　40

3 ＊ 被験者はどれくらい集めればよいか　　44
　3-1　対応のある2つの平均値を比較する場合の被験者数　　44
　3-2　対応のない2つの平均値を比較する場合の被験者数　　50
　3-3　3つ以上の平均値を比較する場合の被験者数　　54
　3-4　相関係数を推定する場合の被験者数　　56
　3-5　尺度を作る場合の被験者数　　60
　3-6　2つの比率を比較する場合の被験者数　　62

4 ＊ データの収集と入力　　67
　4-1　データ収集で気をつけなければいけないこと　　67
　4-2　いざデータ入力　　70
　4-3　データ入力後のチェック　　72

5 ＊ 尺度を作る研究で必要なこと　　78
　5-1　信頼性と妥当性　　78
　5-2　信頼性係数の定義　　81
　5-3　信頼性係数の推定　　83
　5-4　妥当性の確認　　88

6 ★ 因子分析　　*91*

- 6-1　因子分析はたくさんの相関関係をコンパクトにまとめる　*91*
- 6-2　因子分析の方法　*92*
- 6-3　軸の回転　*99*
- 6-4　因子分析に関するいくつかの議論　*103*

7 ★ 統計分析の基本ツール　　*113*

- 7-1　統計分析の種類　*113*
- 7-2　統計的検定の考え方　*116*
- 7-3　p値の正体　*123*
- 7-4　統計的推定の考え方　*131*
- 7-5　自由度とは　*138*

8 ★ 2つの平均値の比較　　*140*

- 8-1　対応のある2つの平均値の比較　*140*
- 8-2　対応のない2つの平均値の比較　*142*
- 8-3　平均値の非劣性・同等性の検証　*144*

9 ★ 多数の平均値の比較　　*149*

- 9-1　分散分析の基本的な考え方　*149*
- 9-2　多重比較法について　*155*
- 9-3　対応のある1要因の平均値の比較　*158*
- 9-4　対応のない1要因の平均値の比較　*161*
- 9-5　対応のない2要因の平均値の比較　*163*
- 9-6　対応のある要因と対応のない要因がある場合の平均値の比較　*166*

10 ★ 相関係数を用いる研究　　*172*

- 10-1　相関関係の分析　*172*
- 10-2　相関研究におけるいくつかの注意点　*176*

11 ★ 回帰分析　　*181*

- 11-1　回帰分析の基本的な考え方　*181*
- 11-2　単回帰分析を用いた研究事例　*188*

	11-3	重回帰分析の考え方	*191*
	11-4	重回帰分析を用いた研究事例	*195*
	11-5	回帰分析におけるいくつかの注意点	*199*

12 ★ 共分散構造分析　*204*

	12-1	共分散構造分析の基本的な考え方	*204*
	12-2	モデルの適合度の比較	*213*
	12-3	潜在変数間の相関を説明する因子を仮定したモデルによる分析	*219*
	12-4	共分散構造分析におけるいくつかの注意点	*220*

13 ★ 分割表の分析　*222*

	13-1	分割表と連関係数	*222*
	13-2	2×2表の分析	*229*
	13-3	一般の分割表の分析	*231*
	13-4	分割表の分析におけるいくつかの注意点	*233*

14 ★ 順序分類データの比較　*236*

	14-1	順序分類データと分類データの違い	*236*
	14-2	対応のある2つの順序分類データの比較	*239*
	14-3	対応のある3つ以上の順序分類データの比較	*241*
	14-4	対応のない2つの順序分類データの比較	*242*
	14-5	対応のない3つ以上の順序分類データの比較	*245*
	14-6	順序分類データの分析におけるいくつかの注意点	*246*

15 ★ 比率の比較　*248*

	15-1	比率と分割表	*248*
	15-2	対応のある2つの比率の比較	*249*
	15-3	対応のある3つ以上の比率の比較	*252*
	15-4	対応のない2つの比率の比較	*254*
	15-5	対応のない3つ以上の比率の比較	*255*
	15-6	比率の非劣性・同等性の検証	*257*

[付録]　信頼区間の推定　*261*

　　A1．平均値の信頼区間　*261*

A2.	対応のある2つの平均値の差の信頼区間	*261*
A3.	対応のない2つの平均値の差の信頼区間	*262*
A4.	相関係数の信頼区間	*263*
A5.	比率の信頼区間	*264*
A6.	対応のある2つの比率の差の信頼区間	*264*
A7.	対応のない2つの比率の差の信頼区間	*265*

[参考文献] *267*
[索引] *269*

●研究例目次

1	患者と家族の満足度の比較	*140*
2	初産婦と経産婦における産前不安の程度の比較	*142*
3	CAI教材の教育効果の非劣性の検証	*144*
4	看護学生における医学，心理学，教育学の有用感の比較	*158*
5	自宅生，下宿生，寮生のテレビ視聴時間の比較	*161*
6	専攻への適応度と学年の違いによる文章力の比較	*163*
7	英語の特訓効果の検証-実験群と対照群の事前・事後平均点の比較	*166*
8	独居老人における不潔恐怖傾向と孤独感の関連の検討	*172*
9	勉強時間からテスト得点を予測する研究	*188*
10	残業時間と疎外感からストレスの程度を予測する研究	*195*
11	社交性を測る項目の分析	*206*
12	[社交性]と[気配り]の相関を[親和性]で説明するモデルの検証	*219*
13	ある食物の摂取の有無と腸閉塞の生起との関連	*229*
14	看護学生における将来の希望診療科系統と勤務形態との関係	*231*
15	運動の必要性を説く講演を聞く前後での参加者の意識の比較	*239*
16	女子学生における衣料品，携帯電話，化粧品に使う金額の比較	*241*
17	睡眠障害の有無によるアルコール摂取頻度の違いの比較	*242*
18	会社員，教員，病院職員の喫煙頻度の比較	*245*
19	夫婦におけるそれぞれの親との同居を希望する割合の比較	*249*
20	クロール，平泳ぎ，背泳で25m泳げる生徒の割合の比較	*252*
21	ある食物の摂取の有無による腸閉塞の生起率の比較	*254*
22	看護学生における希望診療科系統別の病棟勤務希望者割合の比較	*255*
23	新しいリハビリ法による障害の改善率の非劣性の検証	*258*

 研究するにあたって

研究をするには，自分が何を明らかにしたいのかを明確に意識していることが大事です．本章では，研究を始める導入部分，すなわち，研究の計画，研究計画書の作成，調査票の作成などについて解説します．調査票に含める変数にはどういう性質のものがあるかについても説明します．

1-1 研究計画をしっかり立てる

★ 研究とは

　研究とは，その結果として明らかにされることが普遍的な価値を持つ知的活動であるといえます．結果に普遍的価値を持たせるためには，そもそも普遍的に価値のあることが題材とされなければなりませんし，研究方法が他人の納得のいくものでなければなりませんし，結論も他の人が納得する（せざるを得ない）ものでなければなりません．つまり，研究とは，他の人が見て納得し価値を認めるものでなければならないのです．そのような研究の積み重ねが科学を創り発展させていくのです．

　研究とは何ぞやということはこれくらいにして，実際に研究をするにあたって大事なことを見ていきましょう．

★ 研究したいこととその価値を考える

　研究するにあたってまず大事なことは，自分がどういうことに疑問を持ち，何を明らかにしたいかを明確にすることです．それを数行の文章にまとめることが大事です．これができないということは自分が何をしたいのかがわかっていないということですから，ろくな結果は出てきません．

　研究するにあたって次に大事なことは，その研究をすることの価値を考えることです．患者さんや老人ホームの入居者や学生などを対象（被験者，実験参

● 研究の価値
● 被験者（実験参加者）
● 先行研究

加者などといいます）として調査をするような研究は，確実に相手に負担をかけます．相手にその負担をかけてまでも，研究をする価値があるかどうか検討する必要があります．価値のないことをやっても研究したとはいえません．被験者の人たち，および，その研究者の周囲にいる人たちに迷惑をかけるだけで終わってしまいます．

✳ 必ず先行研究を調べる

　自分の疑問と明らかにしたいことがはっきりしてきたら，同じようなことをすでに研究している人がいないかどうか調べます．よほどの天才でもないかぎり，同じようなことを考える人は他にいるものです．すでに同じような疑問を持って研究した人がいたら，その人がどんなことを明らかにしたか，また，どんなことは明らかにされていないかを調べる必要があります．

　これは，学会誌に発表された論文や学会発表抄録集，場合によっては書籍などで公表されているものを検索することによって行います．最近では，インターネットを利用した文献検索が普及しているので，キーワードとなる単語を入力すれば，簡単にすでにある研究（先行研究といいます）を検索することができます．検索ができたらその文献を入手し，きちんと読みます．

　たいがいの疑問については，同じようなことを考えた人がすでにいて研究されているものです．そこではどういうことが明らかにされているか，どういうことは明らかにされていないかを調べて，じゃあ自分は何を明らかにしようかなと考えを進めていきます．

　文献を読んでいくと，自分が何をしたいのかわからなくなってくることが往々にしてありますので，自分が何を明らかにしたいかを明確にするためにも，自分の考えていることをその都度きちんと文章化しておきましょう．

●結論の述べ方
●倫理的配慮

★ 結論の述べ方を考える

　自分の持っている疑問に対し，まだどんなことは明らかにされていないかがはっきりしたら，自分の研究で明らかにすべきことを決めます．つまり，研究の結論として何を述べたいかを考えます．この時点で，具体的な結論の述べ方まで考えておきます．そうすると，研究をどのように進めていったらよいかがはっきりしてきます．

　例えば，病棟別の入院患者の看護に対する満足度について研究する場合には，「○○病棟の入院患者は看護に満足しているが，△△病棟の入院患者は看護にあまり満足していない」とか，「□□病棟の入院患者も××病棟の入院患者も，ともに看護に満足している」などの結論の述べ方が考えられます．このような場合の研究は，患者さんがどの病棟に入院しているかと，それぞれの患者さんが看護にどの程度満足しているかを調査して，病棟別の満足度を比較するというふうに研究を進めていくことになります．

　また，学生の専攻学科への適応度と学習意欲の関係について研究する場合には，「適応度が高いと学習意欲も高い」とか，「適応度に関係なく学習意欲は低い」などの結論の述べ方が考えられます．このような場合の研究は，学生の専攻学科への適応度と学習意欲を質問紙などを用いて測定し，2つの特性の関連の強さを検討するというように研究を進めていくことになります．

　このように結論の述べ方を具体的に考えておくと，どのようなデータを収集すればよいか，データをどのように分析すればよいかなどがはっきりとしてきます．

★ 倫理的配慮

　自分が何を明らかにしたいのかという研究目的も決まり，どのように研究を進めていけばよいかという研究方法もはっきりしてきたところで，ちょっと立ち止まって考えなければならないことがあります．研究における倫理的配慮に

●意志確認
●プライバシーの保護

ついてです．これはもっと早い段階から考えておくべきことですが，研究方法を具体的に考えるときに，どのような倫理的配慮が必要かについても深く考える必要が出てきます．

先ほど病棟別の入院患者の看護に対する満足度を調査研究する例を挙げましたが，患者さんによってはそんなことに答えたくない人もいるでしょうし，面倒くさいと感じる人もいるでしょう．でも，日頃お世話になってる看護師さんに頼まれたらいやとはいいにくい．そんな患者さんに対して強制的に調査を実施しては，物理的にも心理的にも患者さんにストレスを与えてしまいます．臨床における研究ではとくに，被験者となる人への倫理的配慮が必要になってきます．

倫理的配慮として必要なことをいくつか挙げると，まず，被験者となる人に研究に参加する意志がなければ参加しなくてよい配慮をすることです．また，参加する意志があって参加していても，途中で参加を取りやめることができるようにすることです．もちろん，研究に参加しなくても途中でやめても，何の不利益もないことが重要なポイントです．

身体的・心理的苦痛を与えないことも必要です．新薬の開発などの研究においては，時として身体的・心理的苦痛を与えてしまうこともあります．そのような場合には，予想される苦痛，危険性，得られる可能性のある利益などについて説明をします．

また，研究に参加すること自体，心理的苦痛を伴いかねないものですから，研究への参加の意志確認は十分に時間をとって行います．研究への協力を依頼した時点ですぐに意志を問うのではなく，しばらく時間をあけて，意志確認をします．

上記に加え，研究に支障をきたさない範囲で，研究の目的，方法，プライバシーの保護，匿名性，研究責任者との連絡法などについて説明します．また，個人情報保護法に従い，個人情報収集の際にその使用目的を説明し，それ以外

●倫理委員会
●専門家に相談

には使わないことを説明しておきます．

　臨床的な研究においては，研究発表する際に倫理的配慮についてきちんと説明することが求められますし，それ以前に，倫理的配慮がなされていないと，データを収集することができなくなってきています．現在では倫理委員会というところが研究計画を審査して，倫理的配慮のなされていない研究は，計画の段階で却下されてしまいます．

★ 専門家に相談する

　自分の研究の方向性がはっきり見えてきたら，それを専門家に見せて意見をもらうことも有用です．とくに，データを収集して統計分析を行うことを考えている場合は，統計分析の専門家に相談することが望まれるでしょう．

　学生である場合は先生に，すでに研究者となっている場合は周囲の研究者（同僚）などに，自分がどういう研究をしたいのか，それをどのような方法で進めていくかなどを説明し，意見をもらいましょう．相談した相手から，思いもよらなかった問題点を指摘されたりして，研究がより質の高いものとなっていきます．相談する際は，自分が何をしたいのかを正確に伝えるために，資料を作っていくことがポイントです．説明するための資料を作ること自体，自分の頭の中を整理するとてもよい作業になります．

　データを収集して統計分析を行う場合には，どんなデータを収集して，どのように分析するかを，研究を計画している段階で，つまり，データを収集する前に，統計分析の専門家にも相談しておきましょう．データを収集・分析して，ろくな結果が出なかったから何とかしてもらおうと思って統計分析の専門家を頼ってくる都合のよい研究者もいるようですが，もともとのデータ収集のところに問題があっては何ともなりません．悪い素材からは悪いものしか出てきません．誠実な統計分析の専門家であるほど「今度来るときはデータを取る前にしてください」というしかないのです．

1. 研究計画をしっかり立てる

●研究計画書

　先行研究でこんな分析方法を使っていたから自分もそれと同じ分析方法を使うというのも時として危険です．論文発表された研究の中には，おかしな分析を行っているものもたくさんあるからです．先行研究をまねした，おかしな分析を行っている研究が再生産されているというのは，悲しいことですが現実に起こっていることです．この繰り返しを断たないとその領域の学問は発展しませんし，科学と呼ぶに値しません．是非，データを収集する前に統計分析の専門家に相談をしてください．

　ただし，統計分析の専門家にもいろいろいますから注意が必要です．話を聞いて自分の頭の中がすっきりするような相手を選んでください．例えば，自分の研究を発表して，聴衆から統計分析について質問されたときに，自分ではよく理解できておらず「統計の専門家がそういってました」としか答えられなかったとしたら，その「専門家」には相談すべきでなかったといえます．本当の統計分析の専門家というものは，研究をしている人が，自分がどんな分析をしているかがわかるように，頭の中を整理させるような説明ができるものです．

★ 研究計画書を書く

　自分の研究の目的と研究方法がはっきりわかってきたら，それを研究計画書としてまとめておきます．一見無駄な作業のように見えますが，実は研究を進める上で大変効率的な作業となります．書くということは，漠然と考えていたことを具体化する作業ですから，自分がよくわかっていなかったところが見えてきます．研究に何が必要かも明らかになります．また，データ分析をする際には，たくさんのデータがあって，いったい自分は何の分析をするのだろうと困惑してしまうことがよくありますが，研究計画書に何をするかをしっかり書いておくと，データに圧倒されることなく分析を進めることができます．いろいろ考えているうちに研究の方向がどこかずれたところに向かってしまうとい

うことを防ぐこともできます．

　専門家に相談するときに研究計画書を持って行き，意見をもらったあとでまた修正するのも1つの方法です．相談に行くための資料を作るときに，いっそのこと，とりあえずの研究計画書も作成し，意見をもらったあとで修正を加えるとよいでしょう．

　表1-①に研究計画書の基本的なフォーマットを挙げます．書式が決まってい

[表1-①] 研究計画書の基本フォーマット

研究計画書	
1. 研究テーマ （わかりやすく簡潔に）	
2. 研究メンバー （研究する人全員の氏名）	
3. 研究の動機および目的 （なぜこの研究をしようと思ったのか，なぜその必要があるのか，研究して何を明らかにしたいのか）	＜研究の動機＞ ＜目的＞
4. 研究の背景・意義 （関連する先行研究の結果と問題点，この研究をすることの意義）	＜先行研究＞ ＜本研究の意義＞
5. 研究の方法 対象・時期 実験（調査）方法 必要な器具等 分析方法 倫理的配慮	
6. 研究のタイムスケジュール （いつ頃までに何をするか）	
7. 研究に必要な予算 （何にどれくらいの費用がかかるかを概算）	

1. 研究計画をしっかり立てる

[表1-②] 研究計画書の例

研究計画書	
1. 研究テーマ	自己開示要求の受容度とパーソナリティの関係
2. 研究メンバー	尾羽陽子，剣貴優，嶋祥香
3. 研究の動機および目的	＜研究の動機＞ 　人とのコミュニケーションとして会話は重要な手段の1つであるが，時として会話が不愉快なものになることがある．プライバシーの問題にかかわることを尋ねられた場合などである．どのような内容の話なら質問されても不愉快に思わず質問を受容して，自分のことを開示できるか，どういった内容の話題だと開示要求に不愉快を感じ自己開示したくないと思うかは，個人の性格特性によっても異なると考えられる．本研究では，自己開示要求の受容度といくつかのパーソナリティの関係について調査研究する． ＜目的＞ 　自己開示要求の受容の程度といくつかのパーソナリティの関係を明らかにする
4. 研究の背景・意義	＜先行研究＞ 　自己開示については性別の違い，話題による開示の程度の違い，性格特性による自己開示の程度の違いなど盛んに研究されているが，これらはいずれも，自分から開示をするときのことを扱っており，自己開示を求められたときの受容度については明らかにされていない． ＜本研究の意義＞ 　人とのコミュニケーションにおいては，自分から自分についての話をすることももちろんあるが，相手から自分のことについて聞かれることも多い．とくに話がプライバシーにかかわることに及んだときは，コミュニケーションの破綻をきたすこともあり得る．本研究で，自己開示要求の受容度とパーソナリティの関係を明らかにすることにより，このようなコミュニケーションの破綻を未然に防ぐ方策を考えることができるようになる．
5. 研究の方法	調査対象と時期：大学生300名程度．20XX年9月〜10月． 方法：質問紙調査法．自己開示スケールは先行研究にあるものを使用． 　　　パーソナリティ尺度はMMPIを使用． 　　　講義時間等を利用して質問紙を配布．回収箱を設け，調査期間内に入れてもらう．無記名． 分析方法：パーソナリティ尺度と自己開示要求受容尺度の相関． 　　　　　パーソナリティ得点に基づいて被験者を群分けし，群間比較を行う．性別も要因に含める． 倫理的配慮：回答は無記名とし，個人を特定できないようにする． 　　　　　　データは統計的に処理する．
6. 研究のタイムスケジュール	20XX年9〜10月でデータ収集．11月に分析．12月に論文作成．
7. 研究に必要な予算	質問紙印刷代3,000円程度．論文用紙代1,000円程度．

●研究テーマ	●研究の動機と目的
●研究メンバー	●研究課題の背景
	●研究の方法

る場合もありますが，だいたい書くべき内容は同じです．**表1-②**は実際の研究計画書の例です．

　研究計画書には，まず研究テーマを書きます．これは，自分が何の研究をするかを1行程度の簡潔な文で書きます．これまで数行で書いていた，自分が何に疑問を持っていて何を明らかにしたいかと思っていたことを，もっと簡潔な言葉でまとめます．

　次に研究を行うメンバーを書きます．その研究を誰が行うのか，自分1人で行うのか，グループで行うのかをはっきりさせます．グループで行う場合は，グループ（共同研究者）全員の名前を書いておきます．

　その次は研究の動機と目的です．どのようなことに疑問を持っていて何を明らかにしたいかを書きます．これまで数行で書いていた文章そのものでもよいですし，もう少し膨らませて書くこともあります．

　目的まで書いたら，その次は研究課題の背景を書きます．先行研究ではどのようなことが明らかにされているか，また，どのようなことは明らかにされていないかを書きます．その上で，自分が行う研究の意義について書くことも多くあります．自分の研究にどのような価値があるのか，その研究をした結果としてどんな利点があるのかなどを書いておきます．

　次に研究の方法を書きます．データを収集する場合には，どのような対象からデータを収集するか，どのような手続きでデータを収集するか，いつデータを収集するかなどを書きます．実験器具を使用する場合はどんな実験器具を使用するか，どんな手順で行うのかも書きます．質問紙調査を行う場合はどんな質問紙を用いるかなどを具体的に書きます．

　データの分析方法も書いておきます．何と何のデータを比較するとか，何と何のデータの関連を見るなど，分析に必要なデータの種類と分析方法を明らかにしておきます．データ分析が泥沼化しないためにも，この部分はしっかり書いておいた方がよいでしょう．

●タイムスケジュール
●費用
●クリティカル・シンキング

倫理的配慮については，研究方法の中に書く場合もあれば，1つの項目として書く場合もあります．いずれにしても，研究に際してどのような倫理的配慮を行うかを書いておきます．

研究のタイムスケジュールもある程度決めておく必要があります．だいたいの予定でかまいませんが，データを収集する時期，分析する時期，結果をまとめる時期などを区切っておきます．

研究にかかる費用の大まかなところも把握しておきます．質問紙調査を郵送法で行う場合には，質問紙の印刷代はどれくらいか，送料はいくらくらいかかるかなどを概算で出しておきます．

● ● ●

以上の内容を研究計画書にまとめてから，データ収集のための作業を進めるなどの研究プロセスに入ります．データを収集した後でやっぱりこのデータも欲しかったと嘆いてもあとの祭りです．あとで後悔しないためにも研究計画書はしっかり書きましょう．

★ 常に批判的な目を持つ

研究を計画する段階だけにとどまらず，研究の全過程，さらには，日々の学習や実践においてもいえることですが，常に批判的な目を持っていることが重要です．「批判的」というと，反論するとか悪いところを探すかのようなイメージがありますが，批判的な目を持つということはそういうことではありません．「批判的な目を持つ」ということは，本や論文に書かれていること，専門家も含め他人がいっていること，研究結果としてまとめたこと，さらには，日常営まれていることがはたしてそれで良いかどうか，自分の頭で考えるという主体的な姿勢のことです．このような姿勢をクリティカル・シンキングといいます．

例えば，統計の専門家がいっていることを受け売りにして統計分析をするこ

とはクリティカル・シンキングに反します．自分の研究の意義や価値について一番よく知っているのは自分であり，統計の専門家ではありません．統計の専門家は，分析方法についてはきちんとしたアドバイスをしますが，値がどれくらいだったら良しとするとか，科学的な意味があるかどうかを考え判断するのは，研究をしている本人が行わなければなりません．

統計分析の本には（この本もそうですが），「○○の値がどれくらいなら××と考えることができる，という基準がある」などと書かれていることが多くありますが，それはあくまでも目安や習慣であって，絶対従わなければならない規則ではありません．同じ分析法を利用する数多くの研究者に対してコモンセンスを与えるという点では，ある種の基準は必要でありかつ有用なものです．なんらかの判断を機械的に行わなければならない場合には，提示されている基準に従う必要があるでしょう．しかし，研究を行う場合には，基準も研究者の目によって批判的に見られる必要があります．場合によっては，統計分析の本に書かれている基準を離れて，研究結果をまとめることもあり得るでしょう．

しかしこれは，統計分析の結果を無視して自分の意見を押し通してよい，ということではありません．分析結果が自分の期待するものとは異なるものであったとしたら，分析に間違いはないか，データ収集法に問題はないかなど，なぜそのような結果になったのかについて検討するとともに，自分の考えに誤りはないか，異なる仮説は立てられないか（別の説明可能性）などについてもよく考えることです．批判的な目は自分に対しても向けられる必要があります．

研究では，結論として述べられることが他人の納得するものであり，普遍的な価値を持つものであるかどうかが問われます．それを問われないものは研究ではありませんし，科学にもなりません．批判的な目を持つことは，研究を研究たらしめ，科学を創るのに必要不可欠なことなのです．

●データの種類
●変数
●名義尺度

1-2 データの種類を考える

　研究において，データを収集して統計分析することを考えているとしましょう．先ほども述べたように，悪いデータからは悪い結果しか出てきません．統計分析をいくら駆使しても，意味のある結果をひねり出すことはできないのです．料理を作るとき，どんな名シェフが調理をしても素材が悪ければおいしいものはでき上がりません．それと同じです．

　良質なデータを収集するためには，自分が収集すべきデータについてきちんと理解しておくことが必要です．そこでまず，データの種類について説明してみましょう．

　一口にデータといっても，性別データ，年齢データ，睡眠時間データなど，いろいろなデータがあります．性別や年齢，睡眠時間など（これらを変数といいます）についてデータを収集するとき，多くの場合，当てはまる数字に○をつけるか，実際の数字を答えてもらうなどします．いかんせんデータは数字で書かれていますから，どれもこれも見た目は同じように見えますが，その数字が意味することは全く違います．例えば，性別データの1が女性を，2が男性を表すとしても，睡眠データの1は1時間，2は2時間を表したりします．データとなる数字は，それがどのような変数についてのデータであるかによって性質が異なってきます．以下，その性質について見ていくことにします．

★ 名義尺度

　性別や，被験者が所属する大学の設置形態などの変数を，名義尺度の変数といいます．性別の場合，女性を1，男性を2のようにデータ化することもできますし，反対に，男性を1，女性を2とデータ化することもできます．また，女性を1，男性を0とデータ化しても何の支障もきたしません．データとなる数字に数（かず）としての意味が全くないからです．大学の設置形態の場合も，

●水準
●順序尺度

国立を1，公立を2，私立を3としてもよいですし，国立を1，公立を3，私立を2としてもかまいません．自由に数字を入れ替えることが可能です．

このように名義尺度の変数は，データとなる数字に数としての意味がなく，単に性別が男性であるか女性であるか，設置形態が国立，公立，私立のいずれであるかのシンボルとして数字が用いられています．ただのシンボルですから，データ同士の足し算や割り算を行っても意味のある数字にはなりません．例えば，国立と公立を足したら私立になる（1+2=3）わけはありませんし，女性を男性で割ったら半人前になった（1/2=0.5）などという計算はできません．

名義尺度の変数は被験者の群分けに用いられる変数です．男性と女性の英語の平均点を比べるとか，大学の設置形態別に1教員当たりの講義受持ち時間を比較するというような用いられ方をします．

名義尺度の変数はまた，データの数字が表す属性（水準といいます．男性，女性などのことです）の人数を比較するために用いられることも多くあります．例えば，ある研修会の参加者の性別を調査したところ，男性18名，女性176名で，圧倒的に女性が多かったなどのように用いられます．

★ 順序尺度

ある薬の副作用の程度を，異常なしを0，軽度の副作用を1，中程度の副作用を2，重度の副作用を3，死亡を4とデータ化する場合，この副作用の程度は順序尺度の変数になります．順序尺度変数のデータは，数字の大小に意味があるデータです．今の例では，数字の値が大きいほど薬の副作用が強い状態を表しています．ですから，性別や大学の設置形態のように，水準を表す数字を自由に入れ替えることはできません．ただし，数字の大小関係の一貫性が保存されれば，数字を入れ替えることができます．例えば，異常なしを5，軽度の副作用を4，中程度の副作用を3，重度の副作用を2，死亡を1とデータ化すると，数字が大きいほど薬の副作用は弱いということにはなりますが，数字の大きさ

- 群分け
- 間隔尺度

が薬の副作用の程度を表していることには変わりありません．

順序尺度変数のデータは数字の大小にしか意味がありませんから，名義尺度変数と同様に，データ同士の足し算や割り算を行っても意味のある数字にはなりません．中程度の副作用を2人足したら死亡した (2+2=4) ということにはなりませんし，異常なしを死亡で割っても異常なし (0/4=0) というのはナンセンスです．

順序尺度変数は，データの示す水準の人数の割合を比較するために用いられることが多い変数です．数字をいくつかの群に分けて，被験者を群分けするために用いることも多くあります．

★ 間隔尺度

温度計で測られる温度は間隔尺度の変数です．間隔尺度のデータは，数値の差の大きさに意味があるデータです．例えば，体温が36℃の人と36.5℃の人では0.5℃の温度差があるといえます．同様に，36℃の人と38℃の人では2℃の温度差があるということができます．このように間隔尺度のデータは，数値の引き算（または足し算）を行った数値に意味があります．しかし，間隔尺度変数のデータ同士の割り算には意味がありません．気温30℃は気温15℃よりも2倍暖かいということはできないのです．これは，次の比尺度との比較になりますが，間隔尺度変数の0という値が，何もないという状態を意味しないからです．例えば，気温0℃は温度がないことを意味しません．

体力測定で，身体を前に曲げて何cm曲がるかを測定する立位体前屈の測定値も間隔尺度のデータと考えられます．測定値が0cmのときは，指先がつま先の高さにある状態を表し，身体が曲がっていないわけではありません．測定値が6cmのときと2cmのときとでは，4cmの違いがあるとはいいますが，3倍曲がっているとはいえません．

間隔尺度ではデータ同士の足し算や引き算ができますから，後で見るよう

に，平均値を求めたりすることができます．名義尺度変数や順序尺度変数では，データ同士の足し算（引き算）に意味がないのですから，平均値を求めても意味がありません．

間隔尺度変数は，平均値を計算したり，相関係数を求めたり，因子分析をしたりするときに用いられることの多い変数です．得点の高低で被験者の群分けをするという用いられ方をされることもあります．

● ● ●

質問紙調査でよく用いられる段階評定項目は，間隔尺度変数であると見なされることも多くあります．しかし，段階評定では，当てはまる程度を1〜5までの数値で回答するなどの方法がとられますから，本来的にいえば順序尺度変数です．数値の大小が当てはまる程度を反映してはいますが，データの差の大きさが程度の差を等間隔に反映している保証がないからです．例えば，看護に対する満足度を「5.とても満足している，4.満足している，3.普通，2.満足していない，1.全く満足していない」という5件法で回答する場合，数値が大きい方が満足度が高いことを表してはいます．しかし，「とても満足している」と「満足している」の差（5－4=1）と，「満足している」と「普通」の差（4－3=1）は，大きさはともに1ですが，満足度が違う程度が同じかどうかはわかりません．回答が「普通」から「満足している」に変わることよりも，「満足している」から「とても満足している」に変わることの方が，より大きな満足度を必要とするかもしれないのです．このような理由から，段階評定の項目は順序尺度変数として扱うべきであると主張する統計分析家もいます．

しかし，間隔尺度として扱っても順序尺度として扱っても，分析結果からいえることはだいたい一致していること，順序尺度として扱うと平均値の計算ができないことになり適用できる統計分析手法が限られてくること，などの理由から，多くの場合，段階評定データは間隔尺度変数のデータとして扱われます．筆者もこれを良しとする立場に立っています．3段階評定の項目を間隔尺度と

●比尺度
●調査票

して扱うことには無理のある場合もありますが，4段階以上の段階評定項目であれば，間隔尺度として扱ってもだいたいの場合，結果が大きく歪むことはないでしょう．

★ 比尺度

身長，体重，血圧，血糖値などの変数を比尺度の変数といいます．長さや重さなどの物理量や生理学的指標のほとんどは比尺度変数のデータです．比尺度のデータは数字の値そのものに意味があるとともに，0という数字が特別な意味を持ちます．すなわち，0が何もないことを意味します．比尺度変数のデータは単位の変換のみ可能です．長さ14cmを140mmとしても0.14mとしても，長さそのものは全く変わりません．

比尺度変数のデータは数値そのものと0に意味がありますから，データ同士の足し算や割り算を行った数値に意味があります．3cmと5cmと足して8cmという計算を普段われわれは行ってますし，6cmは3cmの2倍の長さである（6/3=2）という計算も理解できます．

比尺度変数は，平均値を計算したり，相関係数を求めたり，回帰分析をしたりするときに用いられることの多い変数です．被験者の群分けにはあまり用いられません．

1-3 調査票の作成

自分が収集すべきデータが何で，それがどのような性質を持つものかがはっきりしたら，実際にデータを収集する準備に入ります．つまり，調査票の作成です．調査票の例を**表1-③**，**表1-④**に示しておきますので参考にしてください．

繰り返しますが，研究する人が自分は何について明らかにするつもりなのかを明確に把握していることは大事なことです．とりあえずデータを取ってみて，それから何がいえるかを考えるというタイプの研究をしている人を時々見

[表1-③] 実験研究の調査票の例

```
3つの条件下における心拍数の測定

1) 性別        1. 女性    2. 男性

2) 年齢        _____ 歳

3) 喫煙の有無  1. なし    2. あり

4) 脈拍    実施した順番        心拍数
  平常時      ____番目       ____回/分
  条件1       ____番目       ____回/分
  条件2       ____番目       ____回/分

  条件1：階段を2階分上る
  条件2：階段を4階分上る
```

かけますが，そのようなデータ収集を行って意味のある結果を得ることはまずできません．たとえ，少しは意味のある結果が得られたとしても，その背後には膨大なゴミデータの山と，被験者となった人たちの過度の負担があります．こうならないためにも，調査票はよく考えた上で作成しましょう．

✱ 必要最小限の項目にする

　調査票に入れる項目は必要最小限にします．先行研究にあったからとか，人からいわれたとかで，何でもかんでも調査票に含めると，被験者の負担になりますし，後で分析をする研究者も大変になります．一般成人対象の質問紙調査の場合であれば，最大でも15分程度，項目数にして100項目程度の長さが限界であるといわれています．子どもや老人が対象の質問紙ではもっと短い質問紙である必要があります．それ以上長い質問紙になると，被験者が疲れてきて，回答がいい加減になってしまう懸念があるからです．あまりに長い質問紙には

[表1-④] 質問紙を用いた研究の調査票（質問紙）の例

会話内容とパーソナリティの関連に関する調査へのご協力のお願い

　人とのコミュニケーションにおいて会話は有効な手段の1つですが，ときには会話のもつれからコミュニケーションに支障をきたしてしまうこともあります．私たちは，このようなことに関心を持ち，会話内容とパーソナリティとの関係について研究したいと考えております．つきましては，お忙しいところ誠に恐縮ですが，質問紙調査にご協力いただきますようお願い申し上げます．回答はすべて統計的に処理し，個人を特定する分析は行いませんので，皆さまにご迷惑をかけることは決してありません．趣旨をご理解いただき，ご協力のほど何卒よろしくお願い申し上げます．

20XX年X月

文光大学看護学科4年　　尾羽陽子　剣貴優　嶋祥香
研究責任者　　文光大学看護学科教授　友仁学

1. 以下の各項目について，当てはまるところに○をつけてください．
1) 性別　　1. 女性　　2. 男性
2) 年齢　　1. 20歳以下　　2. 21～25歳　　3. 26～30歳　　4. 31歳以上
3) 所属学科　　1. 看護系　　2. 心理系　　3. 教育系　　4. その他（　　）

2. 以下の各事がらについて話をして欲しいと**親しい友人**から頼まれたとしたら，あなたはどの程度その話をしてもかまわないと思いますか．
　　1. 全く話したくない
　　2. あまり話したくない
　　3. どちらとも言えない
　　4. その話をしてもあまりかまわない
　　5. その話をしても全くかまわない
の中から，当てはまる数字のところに○をつけてください．

	全く話したくない			全くかまわない	
1) 昨日の夕食のメニューについて	1	2	3	4	5
2) 通学時間について	1	2	3	4	5
3) 好きな友達について	1	2	3	4	5
4) 嫌いな友達について	1	2	3	4	5
5) 養育者の職業について	1	2	3	4	5

（以下，省略）

> ●フェイスシート　　●潜在変数
> ●被験者の属性　　　●構成概念

回答する気力がはじめから失せたりします．研究目的に沿った項目に限定して，調査票を作成しましょう．

多くの場合，調査票にはフェイスシート項目というものがあります．これは，被験者の属性を特定するための項目です．性別，年齢，学年などの項目がこれにあたります．これらは研究目的に直接関係がなくても調査票に含めておくことが望まれます．被験者がどういう集団であるのか，その属性を把握しておかないと，研究結果として明らかにされたことがどのような集団についていえることなのかわからなくなってしまうからです．

★ 性格特性などの測定

体重や血圧，血糖値など，物理量や生理学的データを収集する場合には，調査票は割とすんなり作成できますが，性格特性や能力などを調査する場合には，ちょっと工夫がいります．次のような2つの例を考えてみましょう．

- 看護師が患者家族の心理的状態を理解しているかどうかを調べるため，「あなたはどれくらい患者家族の心理的状態を理解していますか？」という項目をつくり回答を得たとします．これで看護師が患者家族の心理的状態をどれくらい理解しているか測定できたといえるでしょうか．

- 半期の講義が終了し成績をつけるため，学生に「どれくらい講義の内容が理解できたか？」と聞いたとします．その回答が講義の理解度または能力を表しているといえるでしょうか．

いずれの問いにおいても，測りたい対象は理解度や能力であり，手に取ってみたり，触れてみたり，物差しを当て直接測ってみたりすることはできません（このような構成概念的な測定対象は潜在変数と呼ばれます）．心理的な構成概

念は直接測定することができないので，間接的に測定せざるを得ません．つまり，対象とする概念と関連がありそうな項目についてのデータを収集し，間接的に心理特性を測定することになります．講義理解度の例でいえば，試験を作成・実施・採点し，それを基に成績をつけることがこれに相当します．具体的には，まず講義の内容に関連する問題項目をいくつか作成します．1つや2つの項目では心もとないので，ある程度の数の項目を作成し測定精度を高めます．そして，それらに対してどれくらい正答できるかで講義の理解度を測定するのです．

　改めて最初の例について考えてみましょう．「あなたはどれくらい患者家族の心理的状態を理解していますか？」と聞くだけで，看護師における患者家族の心理的状態の理解度を測定しているといえるでしょうか．答えは否です．「心理的状態を理解している」ということを誰もが同じに考えているとは断言できません．また，実際，家族の気持ちをよく理解している看護師がまだまだ不十分だと感じて"よく理解していない"と答え，一方で，全く家族の気持ちを理解していない看護師がすべてわかっているつもりになって"よく理解している"と回答することも十分考えられることです．回答者がこのような判断を示すとき，この項目で測定されていることは「どれくらい自分がいたらない存在であるとは思わないか」ということになってしまいます．

　患者家族の心理的状態の理解度を測定するには，講義の成績をつけるのと同様に，もし理解度が高いとしたらどんな行動をとるか（とらないか），どんなことをいうか（いわないか），どんなことに気がつくべきかなどの具体的な項目を複数作成し，それらに対する回答を集計して評価することが考えられます．

●●●●

　このように性格特性や能力など，心理的な構成概念についてのデータを収集したい場合には，その性格がある（ない）としたらこういうことになるであろ

● 段階評定
● 調査票ができた後で

うとか，その能力があれば解答できるであろうという項目を複数集めて測定を行うことになります．市販されている性格検査や能力検査を利用したり，それらを参考にして，自分の研究に合うように修正した項目を用いることも考えられます．いずれにしろ，直接「その性格がありますか」とか「どれくらいわかってますか」と聞いても，測りたいことを測定したことにはなりませんので注意しましょう．

● ● ●

また，性格や満足度などの心理的な構成概念を測定する場合には，段階評定項目を用いることが多いのですが，その際，数字が大きい方が当てはまる程度が高くなるようにしておくと，分析結果が理解しやすくなります．普通の感覚では，数値が大きい方が量が多いとか長いとか感じるものです．ですから，例えば満足度を測定する項目で，「1. とても満足している，2. 満足している，3. 普通，4. 満足していない，5. 全く満足していない」とすると，回答する人が混乱してしまいますし，数値が小さいほど満足している（数値が大きいほど満足していない）ということになって，分析結果を読むときにも苦労します．性格や満足度などを段階評定項目を使って測定するときは，数字が大きい方が，その傾向が強いことを表すようにしましょう．

★ もう一度点検

調査票ができた段階で，どういう分析をするのかを再確認しておきましょう．これは研究に必要な項目が抜けていないかの確認にもなります．性別による性格特性の違いを研究するとか，自己開示度と性格特性の関係について研究するなど，どの項目とどの項目を用いて分析を行うのかを整理しておきます．調査票の項目が多くなると，どの項目間の分析をすればよいのかがわからなくなってしまうことが多々あります．データをパソコンで入力した後などはとくにそういう状態に陥りやすく，データ分析の泥沼へと沈んでいってしまいやす

● クリティカル・シンキング

いものです．自分が研究で何をしたいのかをはっきりさせて，どの項目間の分析をすればよいのかを，データを収集する前に，しっかり確認しておきましょう．

調査票ができあがったら，もう一度，先生や周囲の研究者，統計分析の専門家に見てもらい意見を聞いてください．研究目的としていることが，本当にその調査票を用いれば明らかにすることができるかを確認してもらうのです．研究したい内容と調査項目がずれているということは意外によく起こることです．それに気づかずにデータを収集しても，自分が目的とする研究は行えません．

質問紙調査の場合は，友人などに実際に回答してもらって，わかりにくいところがないかなどについて意見を聞くとよいでしょう．質問紙を作った自分にはよくわかることでも，他の人が見たらさっぱり意味がわからないということがあります．誤字，脱字を発見してくれることもあります．また，回答に要した時間などについての情報も聞くことができます．他の人の意見を聞くのは嫌なことも多いものですが，何から何まで自分でできる完璧な人間なんていませんから，周囲の人からの意見は大事にしましょう．

とはいえ，何から何まで他の人の意見に従うのではなく，もっともな意見，有益な意見だけを採用し，あとの意見は聞き流すことも必要です．そうしないと，自分の研究の方向がどんどんそれていってしまうからです．人の意見を聞いていたら調査票の項目数が倍になってしまったということはよく聞く話です．自分が何の研究をしたいのか，何を明らかにしたいかをしっかり意識して，聞くべき意見は聞き，そうでない意見は聞き流すという主体的な姿勢（クリティカル・シンキング）も，研究においては重要なことです．研究目的に沿った最良の調査票を作成するように心がけましょう．

# これだけは知っておいて

　データを統計分析する場合には，どうしても多少は統計学について知っていなければなりません．けれど統計学は難しいから嫌いという人も多いでしょう．本章では，そのような人のために，統計学についてこれだけは知っておいて，ということをまとめておきます．

2-1　統計分析は三平方の定理が大好き

　みなさん，三平方の定理（ピタゴラスの定理）をよく知っていると思います．直角三角形の斜辺の長さをa，他の2つの辺の長さをb，cとすると，

$$a^2 = b^2 + c^2 \tag{2.1}$$

という関係が成り立つ，というあれです．この式は，一辺の長さがaの正方形の面積は，一辺の長さがb，cの2つの正方形の面積の和になることを表してい

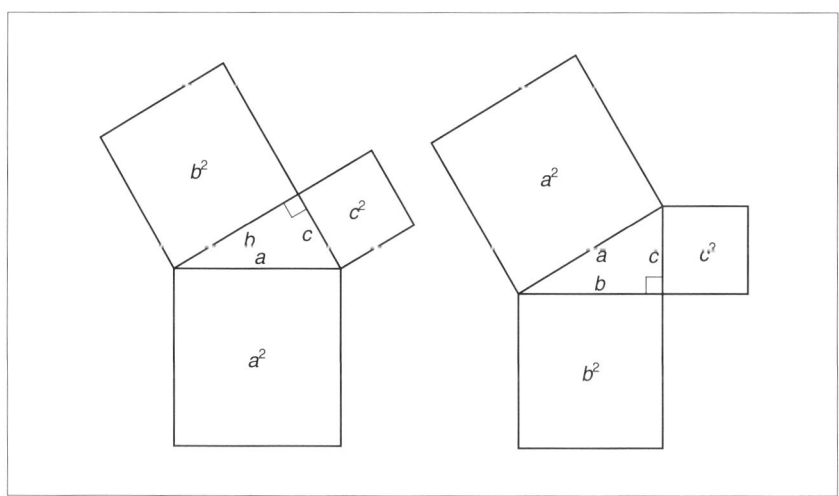

［図2-①］三平方の定理

●三平方の定理（ピタゴラスの定理）
●平方和

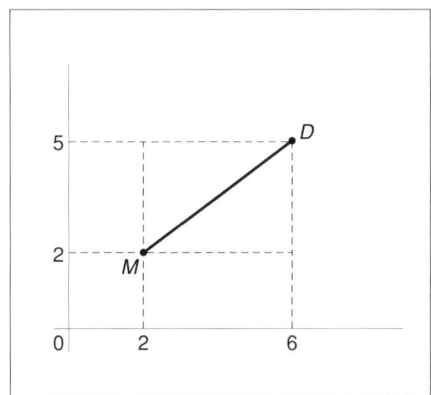

[図2-②] 2点間の距離

ます．**図2-①**のような図を，中学校の数学の教科書で見た人も多いでしょう．**図2-①**の2つの図は，全く同じ図を向きを変えて見たものです．

　統計分析はこの三平方の定理が大好きです．さまざまな統計手法が三平方の定理を応用しています．一見難しそうな分析方法に見えても，その根底に三平方の定理があるということがわかれば，とても理解しやすくなります．

　例えば，三平方の定理の式（2.1式）の右辺は，bとcをそれぞれ2乗して足しています．「2乗する」ことは別の呼び方で「平方する」といわれ，「足す」ことは「和をとる」ともいわれます．つまり，2.1式の右辺はbとcの「平方和」です．「平方和」という用語は統計分析でよく用いられますが，何のことはない，三平方の定理の式（2.1式）の右辺だと思えばいいのです．

　さて，三平方の定理を利用して，2つの点の間の距離を求めることができます．**図2-②**において，まず，2点M，D間の距離の平方（2乗）は，

$$M\text{-}D\text{間の距離の平方} = (6-2)^2 + (5-2)^2 = 4^2 + 3^2 = 16 + 9 = 25 \qquad (2.2)$$

となりますから，M-D間の距離はその平方根を計算して

●標準偏差　　●母集団
●分散　　　　●標本

$$M\text{-}D\text{間の距離} = \sqrt{(6-2)^2 + (5-2)^2} = \sqrt{4^2 + 3^2} = \sqrt{16+9} = \sqrt{25} = 5 \quad (2.3)$$

と求めることができます．

　実はこの$M\text{-}D$間の距離とその平方は，データの散らばり具合を表す「標準偏差」と「分散」に対応しています．後で分散や標準偏差について説明しますが，そのときに，2.2式や2.3式のような式が出てきます．

　このように，統計手法には，三平方の定理に関連したものがたくさんあります．信頼性係数もそうですし，分散分析や回帰分析，因子分析なども三平方の定理を応用した統計手法です．どんなに難しく見える統計手法でも，**図2-①**のような関係が根底にあると思えば，親しみやすいでしょう．

2-2　全体とサンプル―母集団と標本

　いまの日本の小学6年生が何時間くらい睡眠をとっているかについて研究したいとしましょう．研究対象は日本全国の小学6年生，知りたい特性は睡眠時間です．

　一番確実な方法は，日本全国のすべての児童の睡眠時間を測定することです．しかし，この方法は，データを収集する費用や時間が膨大なものとなり，現実的な方法ではありません．

　そこで，日本全国からいくつかの学校を選んで，その学校に在籍する児童について調査を行うという方法が考えられます．この方法で確実にわかることは，いくつかの学校に在籍する児童についての睡眠時間だけです．しかし，学校の選び方が適切であれば，いくつかの学校についての結果を，日本全国に一般化することが可能です．

　図2-③を見てください．左側の丸は日本全国の小学6年生を表しています．公立の小学校，私立の小学校，また，公立の小学校でも都市部の小学校と農村部の小学校など，設置形態や場所の違いなどがありますから，丸の中をいくつ

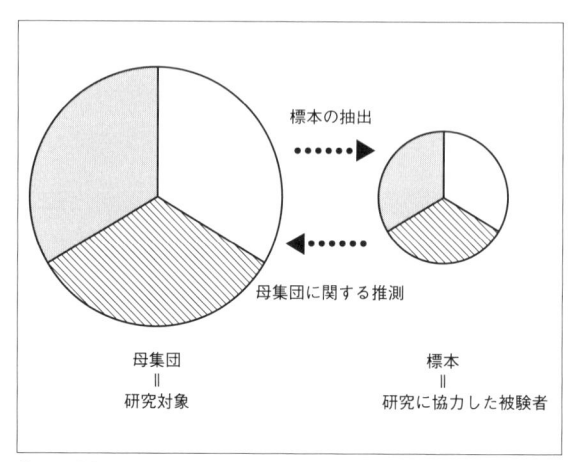

[図2-③] 母集団と標本

かに区切ってあります．いくつかの学校を選び出すときには，左側の丸を小さくしたような感じの丸が書けるようにすればよいのです．右側の丸が，いくつか選び出された学校を表しています．左側の丸と右側の丸では，大きさは異なりますが，中の区切られ方は同じで，2つの丸の中の性質は同じになっています．よって，右側の小さい丸の特性を調査すれば，左側の大きな丸の特性を推測することができるわけです．

　研究においては，研究対象とする集団（いまの場合，日本全国の小学6年生）のことを母集団といい，実際に調査を行う集団（いくつかの小学校の児童）のことを標本（サンプル）といいます．本当は母集団についてのある特性を知りたいのだけれど，母集団全員の調査を行うことは不可能だから，母集団から抽出した標本の特性から母集団の特性を推測します．ここでいろいろな統計手法が駆使されることになります．サンプルから全体のことを推測するのですから，統計手法はある意味エコロジカルなものであるといえます．

　標本を抽出するときには，なるべく母集団の縮小版になるようにすることが大事です．母集団の特性をきちんと反映しない偏った標本を集めても意味があ

●無作為抽出　　●代表値
●一般化　　　　●平均値（mean）

りませんから，標本は無作為に抽出する必要があります．研究では，自分がデータを取れる範囲で調査を行うことが多いのですが，そうした場合，母集団はどう限定されるか，つまり，どこまで話を一般化できるかを考える必要があります．先の例で，例えば，都市部の小学校だけを選んで調査をしたとすれば，その結果を日本全国の小学6年生に一般化することはできません．一般化できるのは，せいぜい日本の都市部の小学6年生です．このことを逆に解釈すれば，標本を抽出して研究を行う際には，母集団はどう限定されるか，どういう対象まで話を一般化できるかを意識する必要があるといえるでしょう．

2-3　なんといっても代表値

　いまの日本の小学6年生が何時間くらい睡眠をとっているかについて研究するため，全国から適切に（無作為に）100校の小学校を抽出し，そこに在籍する児童の睡眠時間を調査して，10,000名のデータを集めたとしましょう．適切に標本を抽出していますから，10,000名の睡眠データは日本全国の小学6年生の睡眠時間をよく反映しているでしょう．しかし，10,000名分ものデータをただ見せられても，日本の小学6年生が何時間くらい睡眠をとっているかを把握することはとても困難です．ただただデータの多さに圧倒されるだけです．エコロジカルだという統計手法を用いて，もっと簡潔に小学6年生の睡眠時間を把握したいものです．

　そもそも知りたいのは，個々の児童が何時間くらい睡眠をとっているかではなく，「日本の小学6年生」という典型的な（平均的な）児童の睡眠時間です．そこで，10,000名分の睡眠データの典型的な値，つまり，10,000名の睡眠時間を代表する値を知り，その値をもって日本の小学6年生の睡眠時間はこれくらいだということが考えられます．

　代表的な値として最もよく用いられるのは平均値（mean）です．平均値は，

- 標本平均
- 母平均
- 中央値(median)
- 最頻値(mode)
- はずれ値

$$平均値 = \frac{個々の標本の値の和}{標本数} \tag{2.4}$$

で求められます．10,000名分の睡眠時間データを全部足して10,000で割れば，平均睡眠時間が求められます．例えば，平均睡眠時間が7.75（時間）と計算されたら，日本の小学6年生の睡眠時間は平均7時間45分であると推定される，ということになります．

ここで計算した7.75という値は，母集団から抽出された標本における平均値なので，標本平均と呼ばれます．これに対し，母集団，つまり，日本の小学年生全体の平均は母平均といわれます．母平均の値を知ることは事実上できないので，標本平均から母平均を推測します．なお，2.4式の分母の「標本数」は，正しくは「標本の大きさ」です．しかし，調査やサーベイなどの領域では標本数と言うことも多いので，本書では標本数を用いています．

代表値には，平均のほかに中央値(median)，最頻値(mode)と呼ばれるものがあります．中央値は，データを小さい順に並べ替えて，ちょうど真ん中に来る値のことです．標本数が奇数ならちょうど真ん中にくる値です．標本数が偶数なら真ん中の2つの値の平均を中央値としたりします．例えば，10,000名の睡眠時間のデータを小さい順に並べていって，5,000番目のデータが7.00，5,001番目のデータが7.50だったとしたら，中央値は7.25になります．

最頻値は，最も多く出現する標本の値のことをいいます．10,000名のうち，睡眠時間は7時間であるという児童が最も多ければ，最頻値は7になります．

平均値も中央値も最頻値もデータを代表する値ですが，一般にこの3つの値は一致しません．そして，どの代表値にも長所，短所があります．例えば，他のデータとは値がかけ離れているデータ（はずれ値といいます）が1つでも混入すると，そのデータが混入する前に比べ，平均値は値が大きく変化してしまうことがありますが，中央値や最頻値では，はずれ値が混入しても値が大きく変わることはありません．これは中央値や最頻値の長所です．

● 散らばり
● 分布（ヒストグラム）

かけ離れた値のデータが混入したときに、平均値は値が大きく変わってしまうことがあるというのは短所といえば短所ですが、逆に考えれば、平均値はデータの持つ情報を切り捨てていないといえます。つまり、中央値は真ん中以外のデータの値は使わないし、最頻値も出現頻度が最も多いデータ以外のデータの値は使わないので、中央値や最頻値は、データの持つ情報を切り捨てているといえます。このあたりが、代表値として平均値が最もよく用いられることの1つの理由になっているといえるでしょう．

2-4 散らばりも大事（1）－分散

いまの日本の小学6年生が何時間くらい睡眠をとっているかについて研究するため、全国から適切に（無作為に）抽出した100校の小学校に在籍する10,000名の児童の睡眠時間を調査して、平均睡眠時間は7時間45分であるという結果を得たとしましょう。次に行うべきことは、データの散らばり具合を調べることです．

図2-④は、睡眠時間データの分布（ヒストグラム）の例です．2つの図は、ど

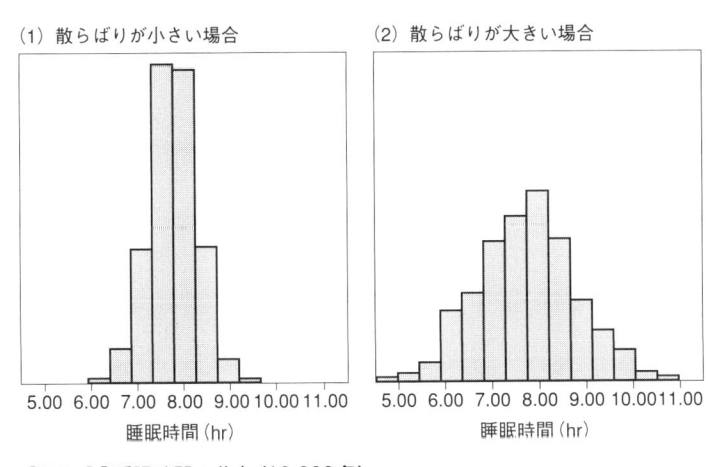

[図2-④] 睡眠時間の分布（10,000名）

- 分散
- 偏差

ちらも10,000名の児童の睡眠時間の分布を表していて，平均値はともに7.75です．ただし，2つの図でデータの散らばり具合を変えてあります．左側(1)の図では，7～9時間の間にほとんどのデータが入っていますが，右側(2)の図では，睡眠時間が7時間未満の児童も，9時間以上の児童もある程度います．どちらのデータも平均値は7.75なのに，明らかに分布の形が違っています．データを収集したときには，その代表的な値（平均値など）のほかに，データの散らばり具合についても調べる必要があります．

平均の値からは，分布の散らばり具合を知ることはできません．かといって，ヒストグラムを見て，データの散らばり具合を視覚的に判断するというのは正確さに欠けますし，効率的でもありません．ここでも統計手法がエコロジカルなものであることが発揮されます．データの散らばり具合を数字で表す指標が考えられているのです．それが，「よくわからない」といわれることの多い分散や標準偏差です．

分散（variance）は以下のようにして求められます．

$$\text{分散} = \frac{（個々の標本の値 － 平均値）の2乗の和}{標本数} \tag{2.5}$$

右辺の分子にある「個々の標本の値 － 平均値」は，各データが平均からどれくらい離れているかを表すもので，統計学の用語では平均からの偏差または単に偏差といいます．データが大きく散らばっているとき（**図2-④**の(2)）は，偏差の大きさが大きいデータもあれば，偏差の大きさが小さいデータもあります．反対に，データがあまり散らばっていないとき（**図2-④**の(1)）は，どのデータの偏差の大きさも小さい値になります．分散の値を求める2.5式にはこの偏差が含まれていますから，分散は個々のデータの偏差の大きさを利用して，分布の散らばり具合を表現しているといえます．

標本の値は平均値よりも大きかったり小さかったりしますから，偏差の値は正（プラス）の値になったり負（マイナス）の値になったりします．そして，個々

- 平方和
- 三平方の定理（ピタゴラスの定理）

の標本についての偏差の値を単純に合計すると，どんなデータを持ってきても，プラスとマイナスが相殺されて，偏差の合計は0になってしまいます．データの散らばり具合を偏差の大きさを利用して表現しようというのに，どんなデータに対しても0という値になってしまっては具合が悪いです．これでは困ります．

具合が悪い元凶は，プラスとマイナスが相殺されてしまうことにあります．そこで，偏差の値を2乗することにします．正の値の2乗は正ですし，負の値の2乗も正になりますから，個々の偏差の値を2乗しておいてから合計すれば，プラスとマイナスが相殺されることはなくなり，データの散らばり具合をうまく表すことができるようになります．**図2-④**の左側(1)では，どのデータも平均の近くにありますから，偏差の2乗はどれも小さな値であり，全部を合計してもそれほど大きい値にはなりません．反対に右側(2)では，平均値から大きく離れるデータがたくさんありますから，偏差の2乗の値が大きくなるものがいくつもあり，全部を合計すると大きな値になります．このように，偏差の2乗の和を計算すると，データの散らばり具合を合計値の大小で把握することができるようになります．

●●●

2-1 節で説明したように，「2乗の和」は「平方和」ともいい，三平方の定理の式(2.1式)の右辺にも出てきました．2点間の距離を求める式(2.2式)にも登場しました．このことから，分散を求める式(2.5式)の分子は，三平方の定理と大きく関係しているということが予想されます．2.2式と2.5式を見比べると，2.2式の6や5といった数値が2.5式にある個々の標本の値に対応し，2.2式の2という数値が2.5式における平均値に対応していることがわかります．このような関連を考えると，点Mのように平均値を表す点と，点Dのように標本の値を表す点があるとすると，分散は，標本の値を表す点と平均を表す点の距離を一辺とする正方形の面積と関係があるのだなと思い描くことができると思い

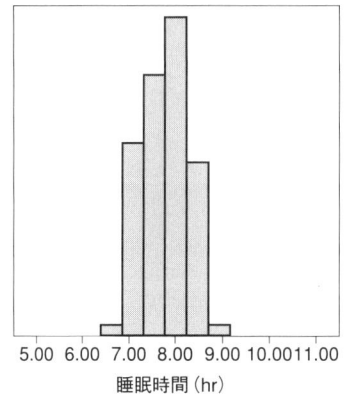

(1) 散らばりが小さい場合　　(2) 散らばりが大きい場合

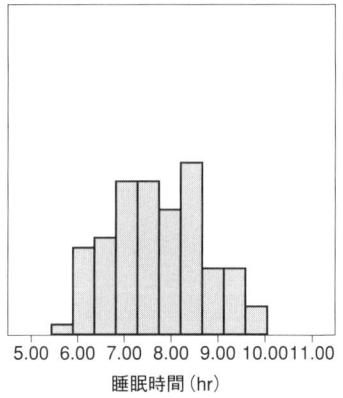

睡眠時間 (hr)　　睡眠時間 (hr)

[図2-⑤] 睡眠時間の分布 (1,000名)

ます．

・・・

さて，分散を求める式 (2.5式) には分母に標本数とあります．つまり，個々の標本の値と平均値の偏差の2乗の平均を求め，その値を分散と定義しています．標本数で割る理由を説明しましょう．**図2-⑤**は，10,000個の睡眠時間データから適当に1,000個のデータを抽出したデータの分布です．**図2-④**と同じように左側 (1) の図がデータの散らばりが小さい場合，右側 (2) がデータの散らばりが大きい場合です．右側 (2) の場合も，左側 (1) の場合も，**図2-④**の分布と見比べると，分布の形は多少異なるものの，データの散らばり具合はそう違わないように見えます．しかし，偏差の2乗を標本の個数分合計すると，10,000個のデータがある**図2-④**の方が，1,000個のデータしかない**図2-⑤**よりも圧倒的に大きな値になってしまいます．データの散らばり具合は同じように見えるのにこれでは困ります．そこで，偏差の2乗和を標本数で割って平均を計算します．2-3 節で説明したように，平均は代表的な値を示しますので，たとえ標本数が10,000だろうと1,000だろうと，データの散らばり具合が同じよ

●母分散
●標本分散
●不偏分散

うに見えれば，その散らばり具合を代表する値はだいたい同じになるはずです．だから，分散は偏差の2乗の平均で定義されるのです．

図2-④の2つの図の分散の値は，左側 (1) が 0.26，右側 (2) が 1.01 と計算されます．一方，**図2-⑤**の2つの図の分散の値は，左側 (1) が 0.23，右側 (2) が 1.03 となり，**図2-④**と**図2-⑤**の左側同士，右側同士で，分散の値がほとんど同じになっていることがわかります．

● ● ●

2-3 節において，平均値にも母集団における平均値（母平均）と標本における平均値（標本平均）があったように，分散にも母集団における分散（母分散）と，標本における分散（標本分散）があります．日本全国の小学6年生の睡眠時間の分散が母分散で，2.5式の平均値のところには母平均の値が入ります．一方，母集団から抽出した10,000名の小学6年生の睡眠時間の分散が標本分散で，2.5式の平均値には10,000名の標本平均の値 (7.75) を入れます．母平均の値がわからないと，やはり母分散の値も知ることはできないので，母分散の値は推定するしかありません．先に求めた0.26とか1.01などの分散の値は，いずれも標本分散の値です．

2-5 標本分散と不偏分散

母平均の値はわからないので，母分散の値も推定するしかないのですが，ではどうやって推定したらよいでしょうか．標本平均の値で母平均の値を推定したように，標本分散の値で母分散の値を推定することももちろんあります．しかし，多くの場合は，不偏分散と呼ばれる，母分散を推定するために作られたものを用いて，母分散の値を推定します．不偏分散も「分散」と名前が付くように，データの散らばり具合を表す指標の1つですが，「母分散を推定するために作られた」という意味合いが「不偏」という言葉に込められていると考えることができます．

●統計解析ソフト

不偏分散は以下のようにして求められます．

$$\text{不偏分散} = \frac{(\text{個々の標本の値} - \text{標本平均の値})\text{の2乗の和}}{\text{標本数} - 1} \tag{2.6}$$

分散の式(2.5式)と比べると，分母が「標本数」から「標本数 − 1」に変わっています．また，分子の「平均値」のところは「標本平均の値」を入れるとはっきり書いてあります．

母分散を求めるときは，2.5式の分子の「平均値」のところは母平均の値を入れるのでした．しかし，母平均の値はわからないから標本平均の値で代用します．あくまでも代用ですから，本当の分散の値（母分散の値）かどうかはわかりません．標本平均は母集団の一部を抽出した標本から計算されるものですから，母平均よりも頼りないものです．標本分散はそんなことはおかまいなしに分散の値を求めます．一方，不偏分散は，母平均の値を標本平均の値で代用していることにいささかの引け目を感じて，ペナルティとして分母の値を「標本数」から「標本数 − 1」に変えていると考えることができます．

標本分散も不偏分散も分子は全く同じ値になりますから，分母の値が1だけ小さい不偏分散の方が，標本分散よりも値が大きくなります．つまり，本当は母平均を使わなければいけないところを，頼りない標本平均で代用しているペナルティとして，分散の値を大きめに見積もっておこうということです．ペナルティの大きさとしては，母平均という1つの値を別の値に置き換えている（標本平均で代用している）ので，標本1個分のペナルティを課すのが適当だと考えられます．それゆえ，不偏分散を求める式(2.6式)の分母は「標本数 − 1」となっているのです．例えば，5人の被験者がいて分子の値が40であるとき，標本分散は40/5=8ですが，不偏分散は40/(5−1)=40/4=10となり，不偏分散の方が大きくなります．

● ● ●

SPSSやSASなど多くの統計解析ソフトは，とくにオプションを指定しない

かぎり，分散の値として不偏分散の値を計算します．それは，統計解析を行う場合には，母平均や母分散の値を推定することが多いことによります．「母平均や母分散の値を推定するんでしょ．だったらはじめから不偏分散の値を計算してあげる」というわけです．親切といえば親切ですが，母平均や母分散の値の推定に興味がないとき，つまり，全数調査を行って母平均や母分散の値が計算できる場合には困ってしまうこともあります．例えば，クラス全員を被験者として試験を実施して，クラスの平均点と分散を求めるだけでよいときなどです．このようなときは，不偏分散を求める2.6式よりも標本分散を求める2.5式を用いる方が適切であるといえます．クラス平均が母平均になるので，クラス平均の値を使うことに何の負い目も感じる必要がないからです．とくに被験者数が少ない場合は，2.5式と2.6式とでの値が大きく異なってくる場合があるので，2.5式を用いてきちんと分散の値を計算する必要があります．

　以上をまとめると，収集したデータの分散だけに興味があるなら標本分散を計算する，母分散の値を推定するつもりなら不偏分散の値を使うということですが，標本分散の値と不偏分散の値がほとんど同じ値になるくらい標本数が多いときは，とくに両者の違いに神経質になる必要はないでしょう．そのような場合は，統計解析ソフトが自動的に出力してくれる分散の値を見て，データの散らばり具合を検討して大丈夫だと考えられます．

2-6 散らばりも大事（2）―標準偏差

　2-3節で，分散は平均値を表す点Mとデータを表す点Dの距離を一辺とする正方形の面積と関係があると述べました．それではその正方形の一辺の長さは何でしょうか．それが標準偏差（standard deviation, SD）です．標準偏差は，

$$標準偏差 = \sqrt{分散} \tag{2.7}$$

として求められます．正方形の面積は一辺の長さの2乗で求められますから，

- ●母標準偏差
- ●標本標準偏差
- ●不偏分散の正の平方根

面積の√（平方根）は一辺の長さです．分散が正方形の面積だとすると，その平方根の標準偏差は一辺の長さに対応します．よって，平均値を表す点Mとデータを表す点Dがあるとすると，標準偏差はその2点間の距離と関係していると考えることができます．

分散と同じように，標準偏差の値が小さいということは，平均を表す点Mとデータを表す点Dの距離が短いということです．つまり，多くのデータは平均値の近くにあって分布の散らばりが小さい状態です．とくに，標準偏差の値が0のときは，点Mと点Dの距離が0，つまり，データの散らばりは全くなくて，どのデータも平均と同じ値であることを意味します．反対に，標準偏差の値が大きいときは，平均を表す点Mとデータを表す点Dの距離が長く，分布の散らばりが大きいことを意味します．

図2-④の2つの分布の標準偏差を計算すると，散らばりの小さい左側(1)の分布の標準偏差は0.50，散らばりの大きい右側(2)の分布の標準偏差は1.00となります．また，**図2-⑤**の2つの分布の標準偏差の値は，左側(1)の分布が0.48，右側(2)の分布が1.02となります．分散と同じように，左側同士，右側同士で，ほぼ同じ値になっています．

平均値に母平均と標本平均，分散に母分散と標本分散があったように，標準偏差にも母標準偏差と標本標準偏差があります．また，不偏分散に対応するものとして，不偏分散の正の平方根も考えられます（これを不偏標準偏差とはいいませんので注意）．分散の場合と同じように，収集したデータの標準偏差だけに興味があるときは標本標準偏差を計算し，母標準偏差の値を知りたいときは不偏分散の正の平方根でその値を推定します．

●●●

以上見てきたように，分散も標準偏差もどちらもデータの散らばり具合を表すものですが，データの代表値と散らばり具合の両方を報告する場合には，標準偏差を報告するのが一般的です．それは，標準偏差と平均値の単位が同じだ

●標準偏差の値（大きさ）

からです．**図2-④**の左側の分布を例に取ると，平均値7.75の単位は（時間）です．標準偏差0.50の単位も（時間）です．これに対し，分散0.25の単位は，分散が正方形の面積に対応していることからもわかるように（時間^2）となります．データの代表値と散らばり具合を報告する場合に単位を揃えておくと，「7.75 ± 0.5時間」とか「7.75（0.5）時間」のようにまとめて書くことができます．それゆえ，データの散らばり具合を表す指標としては標準偏差が多く用いられます．

● → ●

　データの分布の散らばり具合を表現するものには分散と標準偏差というものがあって，標準偏差の方が一般的に用いられるということはわかったけど，じゃあ標準偏差の値（大きさ）はどのくらいならいいの，という疑問がわいてくるかもしれません．しかし，この質問に対する明確な答えはありません．

　まず，標準偏差の値は単位によって変わるからです．0.5時間は，30分でもあり，1,800秒でもありますから，標準偏差の値がいくつなら良いとか悪いとかいうことはいえないのです．これは，平均値や分散などについてもいえることです．

　また，データを収集する目的によっても，データが大きく散らばっている方が良い場合もあるし，データの散らばりが小さい方が良い場合もあります．例えば，英語のクラスを習熟度別に編成するために学生に英語の試験を実施する場合には，得点が0点から100点まで大きく散らばっている方がクラス分けしやすいでしょう．一方，英語の特訓をした後に，どの学生も95点以上の点を取ることが目的のテストを実施したのであれば，データは95点から100点の間に小さく分布していることが望まれます．

　このように，標準偏差の値はどれくらいなら良いとか悪いとかいうことは，一概には決められません．

● 標準偏差（SD）
● 標準誤差（SE）

2-7 標準偏差（SD）と標準誤差（SE）

　データの散らばり具合を表す指標の1つとして標準偏差というものがあることを 2-6 節で述べました．この「標準偏差（standard deviation, SD）」とよく似た用語で，でも全く意味することの異なる用語に「標準誤差（standard error, SE）」というものがあります．両者の違いを説明しましょう．

　標準偏差（SD）は，収集したデータの分布の散らばり具合を表す指標でした．これに対し，標準誤差（SE）とは，標本平均の頼りなさを表す指標であるということができます．標準誤差は，母平均の推定や平均値の比較などを行うときに利用されるものです．

　2-5 節でも述べたように，母平均に比べ標本平均は頼りないものです．母集団全体のデータを使って平均を求めたのではなく，母集団から抽出した一部分を使って求めた平均の値にすぎないからです．だから，どんな一部分を持ってくるかで標本平均の値は変わってきてしまいます．標本平均は，どんな標本を抽出してくるかでふらつく可能性を含んでいるものなのです．そして，この標本平均がふらつく程度を表すのが標準誤差（SE）です．

　標準誤差は，

$$\text{標準誤差（SE）} = \frac{\text{標準偏差（SD）}}{\sqrt{\text{標本数}}} \tag{2.8}$$

として求められます．標準偏差（SD）を標本数の平方根で割ったものが標準誤差（SE）です．標本数が分母に来ていますから，標準偏差の値が同じくらいの2つの分布だったら，標本数が多いデータの方が，標本数が少ないデータに比べ標準誤差の値が小さい，つまり，標本平均がふらつく可能性の程度は小さいということになります．直感的に考えて，標本数が多いということは母集団から取ってくる一部分が大きいということですから，それだけ標本平均は頼りになると考えられます．標準誤差はそのことを表している指標なのです．

[表2-①] 特訓前後の英語試験成績の比較

実施時期	人数	平均点	標準偏差(SD)	標準誤差(SE)
特訓前	100	50	30	3
特訓後	100	95	10	1

図2-④の左側の図の標準誤差を秒単位で考えると $0.50 \times 3{,}600/\sqrt{10{,}000} = 18$（秒），同じことを**図2-⑤**の左側の図で考えると $0.48 \times 3{,}600/\sqrt{1{,}000} = 54.6$（秒）となって，標本数が多い**図2-④**の分布の標準誤差の方が小さいことがわかります．

● ● ●

標準誤差は，母平均の推定や平均値の比較などを行うときに利用されますから，いくつかの平均値の比較を目的とするグラフを作成するときは，標準偏差(SD)ではなく標準誤差(SE)を表示するのが適切だといえます．例えば，ある英語の特訓方法の効果を検証するために，100名の被験者にこの特訓を実施し，特訓前後のテストの平均点を比較することを考えましょう．100名の被験者から得られたデータの平均点，標準偏差，標準誤差は**表2-①**のようになっているとします．いま関心があることは，特訓前後の平均点の比較ですから，グラフを作るには，まず，特訓前の平均点50点と，特訓後の平均点95点を表す棒グラフを書きます．次に，被験者100名をどういうふうに抽出するかで平均点の値はふらつく可能性がありましたから，それを表す標準誤差をグラフに書き入れます．標準誤差は，平均点を表す棒の上にアンテナのように出ている線（ヒゲ）で表現し

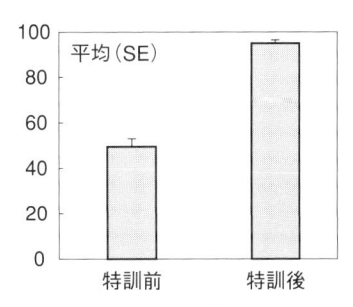

[図2-⑥] 特訓前後の英語試験平均値の比較

●エラーバー
●散布図

ます．これをエラーバーといいます．こうしてできたグラフが**図2-⑥**です．**図2-⑥**では，「平均(SE)」と書いてあって，棒グラフやエラーバーが何を意味しているかがきちんとわかるようになっています．これを書き忘れると，とくにエラーバーが何を意味しているのかわからなくなってしまいますから，きちんと「平均(SE)」のように書き入れることが必要です．

2-8 関連を知りたいことも多い

　試験の前には試験勉強をするのが普通です．そして，一般的にはたくさん勉強した人の方が高得点を取ると考えられます．しかし，世の中にはあまり勉強しなくてもテストで高い点を取ることができる人がいれば，たくさん勉強してもあまり高い得点を取ることができない人もいます．いったい勉強量とテスト得点との間にはどの程度関係があるのだろうか．そんな疑問を学生のころ持った人も多くいるでしょう．研究においても，平均値の比較のほかに，このように2つの変数（勉強量とテスト得点）の関係について検討する場合が多くあります．2つに限らずもっとたくさんの変数の関係について研究することもしばしばです．

　図2-⑦は勉強量とテスト得点の関係を図にして表したものです．このような図を散布図といいます．1つ1つの・印が，ある人の勉強量とテスト得点を表しています．**図2-⑦**を見ると，何となく右上がりのグラフになっていて，勉強量が多い人はテスト得点が高く，勉強量が少ない人はテスト得点が低いという傾向が見て取れます．そのようになっていない・印もありますが，全

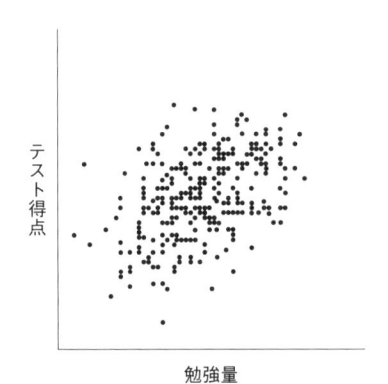

[図2-⑦] 勉強量とテスト得点の散布図

●相関係数の大きさ

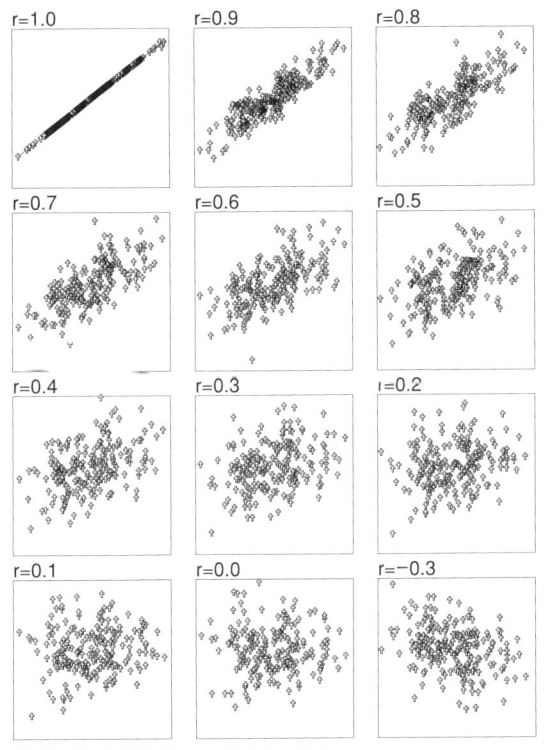

[図2-⑧]相関係数の大きさと散布図

体の傾向としては今いったようになっているといえます.

しかし,この全体としての傾向にも程度の差というものがあります.**図2-⑧**を見てください.**図2-⑧**の一番左上の図は・印が右上がりの直線の上に並んでいて,散布図は完全に右上がりの直線になっています.その隣の2つの散布図も右上がりの直線に近いものになっていると見て取れます.しかし,だんだん下がって,3段目の図になってくると,右上がりといえば右上がりだけど,右上がりの直線に近いといえるほどではなく,一番下の段の図になると,右上がりなのか何なのかよくわからないし,一番右下の図はどちらかといえば右下が

8. 関連を知りたいことも多い

- 相関係数
- ピアソンの積率相関係数
- 共分散

りに見えます．

　2つの変数の関連の強さにもいろいろ程度があることはわかりましたが，それをいちいち散布図を書いて視覚的に判断していたのでは，やはり正確さに欠けますし効率的ではありません．ここでもまた統計学のエコロジカルなところが発揮されます．2つの変数の散布図が「全体として（右上がりの）直線」に近い程度を表す指標が考案されています．それが相関係数です．相関係数にはいくつか種類がありますが，ここではピアソン（Pearson）の積率相関係数といわれるものについて説明します．ピアソンの積率相関係数は次のようにして求められます．

相関係数

$$= \frac{\frac{1}{標本数} \times \{(ある標本の変数1の値 - 変数1の平均値) \times (同じ標本の変数2の値 - 変数2の平均値)\} の和}{変数1の標準偏差 \times 変数2の標準偏差}$$

(2.9)

　2.9式の分子は共分散と呼ばれるもので，散布図が右上がりなら正（プラス），右下がりなら負（マイナス）の値になります．さらに，散布図が右上がりの直線に近いほど大きな値になります．よって，まず共分散の値が正か負かで，散布図が右上がりか右下がりかを知ることができます．そして，共分散の大きさが大きければ，それだけ散布図は直線的だといえます．しかし，困ったことに共分散は，平均や分散，標準偏差と同様，単位の取り方によって値が変わってしまうものです．そこで，2つの変数それぞれの標準偏差で共分散を割ることにします．それが相関係数です．相関係数は，単位の取り方に関係なく，－1から+1までの値を取ります．相関係数の値が+1のとき，散布図は完全な右上がりの直線になります．**図2-⑧**の一番左上の図がそれです．$r=1.0$と書いてあるのは，相関係数がよくrという記号で表され，その値が1であることを意味しています．相関係数の値が－1のとき，散布図は完全な右下がりの直線になります．相関係数の値が0のとき，散布図は右上がりでも右下がりでもない状

● 無相関
● 母相関係数
● 標本相関係数

[表2-②] 相関係数の大きさの評価（複号同順）

0.0〜±0.2	ほとんど相関なし
±0.2〜±0.4	やや相関あり
±0.4〜±0.7	中程度の相関あり
±0.7〜±0.9	高い相関あり
±0.9〜±1.0	非常に高い相関あり

態（無相関）となります．**図2-⑧**では相関係数の値がいくつであると散布図がどのようになるかを例示しています．相関係数の値が0.3とか0.4とかいっても，実はそれほど2つの変数の関連は強くは見えないことが見て取れるでしょう．

　相関係数の値がどれくらいだと，2つの変数間の関係はどの程度であるという目安はあるのでしょうか．心理学やその周辺分野で，性格特性や試験成績などを扱う場合に一般的にいわれているのは，おおよそ**表2-②**の通りです．生理学データや物理データの場合には，0.8や0.9の相関があってはじめて相関があるという場合もあります．

● ● ●

　母平均や標本平均があったように，相関係数にも母相関係数と標本相関係数があります．2つの変数の平均値のところに母平均が入ったものが母相関係数で，標本平均を入れたものが標本相関係数です．やはり母相関係数の値を知ることは事実上できないので，標本相関係数の値から母相関係数の値を推定することになります．

8. 関連を知りたいことも多い

3 被験者はどれくらい集めればよいか

　研究の計画がまとまって調査票も完成し，統計学についてこれだけは知っておいてということも頭に入ったら，いよいよデータの収集です．本章では，多くの研究者が疑問を持つ「どれくらいデータを集めればよいか」ということについて考えます．

　「被験者はどれくらい集めればいいですか」という質問に対する答えは，被験者（標本）は母集団の一部ですから，「被験者（標本）は多ければ多いほどよい」というのが率直な答えですが，最低これくらいは必要という1つの目安の立て方について説明します．平均値を比較する場合，相関係数を用いる場合，尺度を作る場合，比率の比較をする場合のそれぞれについて，被験者を少なくともどれくらい集めればよいかについて考えます．

　本章で説明する被験者数の推定法のほとんどは信頼区間というものに基づいています．3-1 節で少しだけ信頼区間の説明をしていますが，より詳しい説明は 7-4 節，信頼区間の算出については付録「信頼区間の推定」にあります．

3-1 対応のある2つの平均値を比較する場合の被験者数

　ある方法で英語の特訓をすることにより英語の試験成績がどれくらい上昇するかについて研究する場合を考えましょう．データとしては，何人かの人について，特訓前に英語の試験を実施し（事前テスト），特訓後にもう一度英語の試験（事後テスト）を行います（本来ならば，特訓を行わない対照群が必要ですが，ここでは省略します）．ただし，2つの英語の試験は，問題は違うが難しさは同じであるとします．このように，同じ人から2回以上データを収集する場合を，対応のある測定とか繰り返し測定などといいます．比べるべきは，事前テストと事後テストの平均値です．

- 対応のある平均値　　●繰り返し測定
- 対応のある測定　　　●差得点の標準偏差

★ 差得点の標準偏差の大きさを推定する

この場合に被験者数をどれくらいにすればよいかを考えるためには，まず「差得点＝事後テストの得点－事前テストの得点」の標準偏差がどれくらいの大きさになるかを予想します．先行研究や似たような研究があれば，それらで得られている差得点の標準偏差の値を用いることができますが，先行研究が見あたらない場合は，予備調査を行って差得点の標準偏差がどの程度の値になるかを計算します．例えば，先行研究で事前テストと事後テストの差得点の標準偏差が2.8と報告されていれば，差得点の標準偏差はだいたい3くらいであると考えます．

差得点の標準偏差がわからなくても2つの変数の標準偏差と相関係数の値がわかっていれば，次の式を用いて差得点の標準偏差を求めることができます．

差得点の標準偏差
$$= \sqrt{(\text{変数1の標準偏差})^2 + (\text{変数2の標準偏差})^2 - 2 \times \text{相関係数} \times \text{変数1の標準偏差} \times \text{変数2の標準偏差}} \quad (3.1)$$

つまり，それぞれの変数の分散（標準偏差の2乗）を合計したものから，相関係数に変数1の標準偏差と変数2の標準偏差をかけたものの2倍の値を引いた値の平方根を計算して差得点の標準偏差を求めます．標準偏差は正（プラス）の値ですから，相関係数の値が正であれば，3.1式の$\sqrt{}$の中の3つめの部分は－2がかかっていることにより負の値になります．よって，差得点の標準偏差は，それぞれの変数の分散の合計（3.1式の$\sqrt{}$の中の最初の2つの部分の和）の平方根を計算したものよりも小さな値になります．

対応のある測定を行う場合，相関係数の値が負の値になることはあまりありませんので，もし相関係数の値がわからなかったら，相関係数の値は0であると仮定して，

$$\text{差得点の標準偏差} = \sqrt{(\text{変数1の標準偏差})^2 + (\text{変数2の標準偏差})^2} \quad (3.2)$$

● 区間推定
● 95%信頼区間

としておくとよいでしょう．

　また，差得点の標準誤差（SE）がわかっている場合は，2.8式を利用して，差得点の標準偏差を求めることができます．

★ちょっとだけ信頼区間の話

　さて次に，差得点の平均値をどれくらいの精度で推定したいかを考えます．**2-7**節で述べたように，標本から計算される標本平均は，標本の取り方によって値が変わってきてしまう可能性がある頼りないものです．自分のデータで差得点の平均値が5点となったとしても，母集団から他の標本を取ってきたら0点になってしまうかもしれません．標本が母集団の一部でしかない以上，標本平均はふらついてしまう可能性を持っているのです．

　そこで，例えばデータから計算された差得点の平均値が5点であるときに，母集団における差得点の平均値は5点と単純に推定するのではなく，3.5〜6.5点のように，ある程度の幅を持って推定することが考えられます．このように，ある程度の幅をもって母集団における値を推定することを区間推定といいます．区間推定については**7-4**節で詳しく説明することにして，ここでは，区間推定する方法の1つとして95%信頼区間というものがあるということだけを述べておきます．

　95%信頼区間が4.8〜5.2点（5±0.2点）となる場合と，1.5〜8.5点（5±3.5点）となる場合を比べると，前者の方が母集団における差得点の平均値についての情報の信頼度が高いといえます．前者からは母集団における差得点の平均値は5点程度と予想できますが，後者の信頼区間は1.5〜8.5点と幅が広く，母集団における差得点の平均値はこれくらいという予想がつきにくいからです．

　さて，95%信頼区間の幅は，一般に被験者数を多くすればするほど狭くなります．この関係を利用して，95%信頼区間の幅をどれくらいに収めたいかを考えれば，被験者数（標本数）を決めることができるようになります．

★ 被験者数と信頼区間の関係

　英語の特訓の結果，試験成績が上がったというにしろ変化しなかったというにしろ，はたまた，下がったというにしろ，差得点の平均値の95%信頼区間の幅が広すぎては，はっきりしたことはいえません．例えば，100点満点のテストで差得点の平均値が5点であるときに，95%信頼区間の幅が±10点だとすると，差得点の平均値は15点(5+10=15)にもなり得ますし，0点(5-5=0)になる可能性もありますし，-5点(5-10=-5)になってしまうかもしれないと考えられます．これでは，特訓の結果，成績が上昇したとも変わらなかったとも，はたまた，下がったともいうことはできません．差得点の95%信頼区間の幅が±10点では大きすぎるのです．

　95%信頼区間の幅が±1点だったとしたらどうでしょう．仮に差得点の平均値が5点だったとしたら，悪くても4点，よければ6点の平均点の上昇があると考えられるわけですから，平均点が上昇し特訓の効果が見られたということができるようになります．また，差得点の平均値が1点で95%信頼区間の幅が±1点だったとすると，悪ければ0点，よくても2点しか平均点は上昇しないと考えられますから，特訓の効果はあったとしてもわずかなものであると結論づけることができます．差得点の平均値の95%信頼区間の幅が±1点であれば，良い結果にしろ悪い結果にしろ，かなりはっきりした結論を述べることができそうです．

　いまの例のように，自分の研究において，差得点の平均値の95%信頼区間の幅がどれくらいに収まっていれば，はっきりとした結論を述べることができるかを考え，(95%)信頼区間の幅の大きさを決定します．

★ 少なくとも必要な被験者数の推定

　差得点の標準偏差の値と，差得点の平均値の95%信頼区間の幅をどれくらいにしたいかという2つの情報から，いよいよ被験者をどれくらい集めればよ

●効果量

いかを考えます．

　表3-①は，対応のある平均値の差を検討する場合の，被験者数，差得点の標準偏差の大きさ，および差得点の平均値の95%信頼区間の幅の関係を示したものです．例えば，差得点の標準偏差が3と予想されるとき，被験者数を40名とすれば，差得点の平均値の95%信頼区間の幅は±0.959（約±1）となり，±1程度の精度で結論を考えることができます．

　また，差得点の標準偏差が7くらいであると考えられるときに，差得点の平均値の95%信頼区間の幅を±1.4以内にしたければ，だいたい100名以上の被験者を集める必要があるということがわかります．標準偏差7の列において，被験者数90に対応するところと被験者数100に対応するところの表中の値をみると，前者が1.466，後者が1.389となっており，差得点の平均値の95%信頼区間の幅が±1.4に対応する被験者数は，90〜100名の間にあるからです．

★ 信頼区間の幅の目安

　差得点の平均値の95%信頼区間の幅をどれくらいに収めればよいかがよくわからないときは，変数1と変数2の標準偏差のうち大きい方の標準偏差の0.8倍，0.5倍，0.2倍などの値が1つの参考になります．例えば，標準偏差の0.2倍とするとき，標準偏差が7なら，$7×0.2=1.4$と計算して，差得点の平均値の95%信頼区間の幅を±1.4以内にするようにします．

　この0.8や0.5，0.2という値（効果量といわれるものです）は，統計学において，2つの平均値が標準偏差の0.8倍，0.5倍，0.2倍離れているときに，それぞれ，大きな効果，中程度の効果，小さな効果があると判断する場合があることに由来しています．差得点の平均値の95%信頼区間の幅を±0.8標準偏差とすることは，平均値の差に大きな効果があればそれを見極めて結論を述べるということに相当します．大きな効果は見極められますが，中程度の効果や小さな効果は，差得点の平均値の95%信頼区間の幅が大きすぎて見極めることはできま

[表3-①] 対応のある平均値差における被験者数，差得点の標準偏差の大きさ，および差得点の平均値の95%信頼区間の幅の関係（信頼区間の幅は±表中の値となる）

		差得点の標準偏差									
		0.5	1.0	1.5	2.0	2.5	3.0	3.5	4.0	4.5	5.0
被験者数	10	0.358	0.715	1.073	1.431	1.788	2.146	2.504	2.861	3.219	3.577
	20	0.234	0.468	0.702	0.936	1.170	1.404	1.638	1.872	2.106	2.340
	30	0.187	0.373	0.560	0.747	0.934	1.120	1.307	1.494	1.680	1.867
	40	0.160	0.320	0.480	0.640	0.800	0.959	1.119	1.279	1.439	1.599
	50	0.142	0.284	0.426	0.568	0.710	0.853	0.995	1.137	1.279	1.421
	60	0.129	0.258	0.387	0.517	0.646	0.775	0.904	1.033	1.162	1.292
	70	0.119	0.238	0.358	0.477	0.596	0.715	0.835	0.954	1.073	1.192
	80	0.111	0.223	0.334	0.445	0.556	0.668	0.779	0.890	1.001	1.113
	90	0.105	0.209	0.314	0.419	0.524	0.628	0.733	0.838	0.943	1.047
	100	0.099	0.198	0.298	0.397	0.496	0.595	0.694	0.794	0.893	0.992
	110	0.094	0.189	0.283	0.378	0.472	0.567	0.661	0.756	0.850	0.945
	120	0.090	0.181	0.271	0.362	0.452	0.542	0.633	0.723	0.813	0.904
	130	0.087	0.174	0.260	0.347	0.434	0.521	0.607	0.694	0.781	0.868
	140	0.084	0.167	0.251	0.334	0.418	0.501	0.585	0.668	0.752	0.836
	150	0.081	0.161	0.242	0.323	0.403	0.484	0.565	0.645	0.726	0.807
	160	0.078	0.156	0.234	0.312	0.390	0.468	0.546	0.625	0.703	0.781
	170	0.076	0.151	0.227	0.303	0.379	0.454	0.530	0.606	0.681	0.757
	180	0.074	0.147	0.221	0.294	0.368	0.441	0.515	0.588	0.662	0.735
	190	0.072	0.143	0.215	0.286	0.358	0.429	0.501	0.572	0.644	0.716
	200	0.070	0.139	0.209	0.279	0.349	0.418	0.488	0.558	0.627	0.697

[表3-①]（つづき）

		差得点の標準偏差									
		5.5	6.0	6.5	7.0	7.5	8.0	8.5	9.0	9.5	10.0
被験者数	10	3.934	4.292	4.650	5.007	5.365	5.723	6.081	6.438	6.796	7.154
	20	2.574	2.808	3.042	3.276	3.510	3.744	3.978	4.212	4.446	4.680
	30	2.054	2.240	2.427	2.614	2.801	2.987	3.174	3.361	3.547	3.734
	40	1.759	1.919	2.079	2.239	2.399	2.559	2.718	2.878	3.038	3.198
	50	1.563	1.705	1.847	1.989	2.131	2.274	2.416	2.558	2.700	2.842
	60	1.421	1.550	1.679	1.808	1.937	2.067	2.196	2.325	2.454	2.583
	70	1.311	1.431	1.550	1.669	1.788	1.908	2.027	2.146	2.265	2.384
	80	1.224	1.335	1.447	1.558	1.669	1.780	1.892	2.003	2.114	2.225
	90	1.152	1.257	1.361	1.466	1.571	1.676	1.780	1.885	1.990	2.094
	100	1.091	1.191	1.290	1.389	1.488	1.587	1.687	1.786	1.885	1.984
	110	1.039	1.134	1.228	1.323	1.417	1.512	1.606	1.701	1.795	1.890
	120	0.994	1.085	1.175	1.265	1.356	1.446	1.536	1.627	1.717	1.808
	130	0.954	1.041	1.128	1.215	1.301	1.388	1.475	1.562	1.649	1.735
	140	0.919	1.003	1.086	1.170	1.253	1.337	1.420	1.504	1.587	1.671
	150	0.887	0.968	1.049	1.129	1.210	1.291	1.371	1.452	1.533	1.613
	160	0.859	0.937	1.015	1.093	1.171	1.249	1.327	1.405	1.483	1.561
	170	0.833	0.908	0.984	1.060	1.136	1.211	1.287	1.363	1.438	1.514
	180	0.809	0.882	0.956	1.030	1.103	1.177	1.250	1.324	1.397	1.471
	190	0.787	0.859	0.930	1.002	1.073	1.145	1.216	1.288	1.360	1.431
	200	0.767	0.837	0.906	0.976	1.046	1.116	1.185	1.255	1.325	1.394

1. 対応のある2つの平均値を比較する場合の被験者数

せん．一方，差得点の平均値の95%信頼区間の幅を±0.2標準偏差とすると，平均値の差に小さな効果しかなくてもそれを見極めて結論を述べることができるようになります．

先に見たように，変数1と変数2の標準偏差のうち大きい方の標準偏差が7である場合に，差得点の平均値の95%信頼区間の幅を±0.2標準偏差としたときに集めるべき被験者数は100名以上でしたが，実は，標準偏差の値が7以外の場合でも，差得点の平均値の95%信頼区間の幅を±0.2標準偏差とすると，集めるべき被験者数は100名以上となります（**表3-①**を見て確認してみてください）．つまり，対応のある平均値の差を考える場合，標準偏差の大きさがいくつであれ，差得点の平均値の95%信頼区間の幅を±0.2標準偏差とするかぎり（小さな効果でも見極めようとするかぎり），集めるべき被験者は100名以上であるということです．

同様に，中程度の効果を見極めるのでよければ，差得点の平均値の95%信頼区間の幅を±0.5標準偏差とすればよいですから，標準偏差の値が何であれ，集めるべき被験者数は20名以上，大きな効果を見極めるだけでよいのであれば，被験者は10名以上であれば十分であるということになります．

標準偏差の0.8倍，0.5倍，0.2倍という大きさはあくまでも1つの参考値です．場合によっては，差得点の平均値の95%信頼区間の幅をもっと小さくしないとはっきりした結論がいえないこともあります．自分の研究に即して，95%信頼区間の幅の大きさを設定することを考えましょう．

3-2 対応のない2つの平均値を比較する場合の被験者数

男性と女性の英語の平均点を比較するとか，初産婦と経産婦の産前不安の平均値を比較するなどのように，異なる2つの群の平均値を比較する場合にも，先ほどと同様の手続きで被験者数をどれくらいにすればよいかを考えることができます．このように，比べるべき2つの平均値がそれぞれ異なる被験者群か

ら計算される場合，それらを対応のない平均値とか独立な平均値などといいます．

★ 少なくとも必要な被験者数の推定

対応のない2つの平均値を比較する場合にどれくらい被験者を集めればよいかを考えるには，まず，先行研究や似たような研究を参考にしたり，予備調査を行ったりして，各群の標準偏差のうち大きい方の値がどれくらいになるかを予想します．

次に，2つの平均値の差の95%信頼区間の幅をどれくらいにしたいかを決めます．対応のない2つの平均値の場合も，対応のある2つの平均値の場合と同様に，95%信頼区間を考えることができます．

この2つの情報から，各群の被験者数をどれくらいにすればよいかを計算することができるようになります．

表3-②は，対応のない平均値の差を検討する場合の，被験者数，標準偏差の大きさ，および平均値差の95%信頼区間の幅の関係を示したものです．例えば，各群の標準偏差がだいたい3くらいと予想されるとき，各群の被験者数を70名ずつにすれば，平均値差の95%信頼区間の幅は±1.003（約±1）となり，±1程度の精度で結論を考えることができます．

また，各群の標準偏差が6.0と7.0くらいであると予想され，平均値差の95%信頼区間の幅を±1.4以内にしたければ，標準偏差の大きい方の値7.0の列を見て，各群200名以上の被験者を集める必要があるということがわかります．標準偏差7.0の列において，被験者数190に対応するところと被験者数200に対応するところの表中の値をみると，前者が1.412，後者が1.376となっており，平均値差の95%信頼区間の幅が±1.4に対応する被験者数は，190〜200名の間にあるからです．

[表3-②] 対応のない2つの平均値差における各群の被験者数，標準偏差の大きさ，および平均値差の95%信頼区間の幅の関係（信頼区間の幅は±表中の値となる）

		標準偏差									
		0.5	1.0	1.5	2.0	2.5	3.0	3.5	4.0	4.5	5.0
各群の被験者数	10	0.470	0.940	1.409	1.879	2.349	2.819	3.288	3.758	4.228	4.698
	20	0.320	0.640	0.960	1.280	1.600	1.921	2.241	2.561	2.881	3.201
	30	0.258	0.517	0.775	1.034	1.292	1.551	1.809	2.067	2.326	2.584
	40	0.223	0.445	0.668	0.890	1.113	1.336	1.558	1.781	2.003	2.226
	50	0.198	0.397	0.595	0.794	0.992	1.191	1.389	1.588	1.786	1.984
	60	0.181	0.362	0.542	0.723	0.904	1.085	1.265	1.446	1.627	1.808
	70	0.167	0.334	0.501	0.668	0.836	1.003	1.170	1.337	1.504	1.671
	80	0.156	0.312	0.468	0.625	0.781	0.937	1.093	1.249	1.405	1.561
	90	0.147	0.294	0.441	0.588	0.735	0.883	1.030	1.177	1.324	1.471
	100	0.139	0.279	0.418	0.558	0.697	0.837	0.976	1.116	1.255	1.394
	110	0.133	0.266	0.399	0.532	0.664	0.797	0.930	1.063	1.196	1.329
	120	0.127	0.254	0.381	0.509	0.636	0.763	0.890	1.017	1.144	1.272
	130	0.122	0.244	0.366	0.488	0.611	0.733	0.855	0.977	1.099	1.221
	140	0.118	0.235	0.353	0.471	0.588	0.706	0.823	0.941	1.059	1.176
	150	0.114	0.227	0.341	0.454	0.568	0.682	0.795	0.909	1.023	1.136
	160	0.110	0.220	0.330	0.440	0.550	0.660	0.770	0.880	0.990	1.100
	170	0.107	0.213	0.320	0.427	0.533	0.640	0.747	0.853	0.960	1.067
	180	0.104	0.207	0.311	0.415	0.518	0.622	0.726	0.829	0.933	1.036
	190	0.101	0.202	0.303	0.403	0.504	0.605	0.706	0.807	0.908	1.009
	200	0.098	0.197	0.295	0.393	0.491	0.590	0.688	0.786	0.885	0.983

[表3-②]（つづき）

		標準偏差									
		5.5	6.0	6.5	7.0	7.5	8.0	8.5	9.0	9.5	10.0
各群の被験者数	10	5.168	5.637	6.107	6.577	7.047	7.516	7.986	8.456	8.926	9.396
	20	3.521	3.841	4.161	4.481	4.801	5.121	5.441	5.762	6.082	6.402
	30	2.843	3.101	3.359	3.618	3.876	4.135	4.393	4.652	4.910	5.168
	40	2.448	2.671	2.894	3.116	3.339	3.561	3.784	4.007	4.229	4.452
	50	2.183	2.381	2.580	2.778	2.977	3.175	3.374	3.572	3.770	3.969
	60	1.989	2.169	2.350	2.531	2.712	2.892	3.073	3.254	3.435	3.615
	70	1.838	2.005	2.172	2.340	2.507	2.674	2.841	3.008	3.175	3.342
	80	1.718	1.874	2.030	2.186	2.342	2.498	2.654	2.811	2.967	3.123
	90	1.618	1.765	1.912	2.059	2.206	2.353	2.500	2.648	2.795	2.942
	100	1.534	1.673	1.813	1.952	2.092	2.231	2.371	2.510	2.649	2.789
	110	1.462	1.595	1.727	1.860	1.993	2.126	2.259	2.392	2.525	2.658
	120	1.399	1.526	1.653	1.780	1.907	2.035	2.162	2.289	2.416	2.543
	130	1.343	1.465	1.588	1.710	1.832	1.954	2.076	2.198	2.320	2.442
	140	1.294	1.412	1.529	1.647	1.765	1.882	2.000	2.118	2.235	2.353
	150	1.250	1.363	1.477	1.591	1.704	1.818	1.932	2.045	2.159	2.272
	160	1.210	1.320	1.430	1.540	1.650	1.760	1.870	1.980	2.090	2.200
	170	1.173	1.280	1.387	1.493	1.600	1.707	1.813	1.920	2.027	2.134
	180	1.140	1.244	1.347	1.451	1.555	1.658	1.762	1.866	1.969	2.073
	190	1.110	1.210	1.311	1.412	1.513	1.614	1.715	1.816	1.916	2.017
	200	1.081	1.180	1.278	1.376	1.474	1.573	1.671	1.769	1.868	1.966

★ 信頼区間の幅の目安

　平均値差の95%信頼区間の幅をどれくらいに収めればよいかがよくわからないときは，対応のある平均値の比較の場合と同様に，2つの標準偏差のうちの大きい方の標準偏差の値の0.8倍，0.5倍，0.2倍などの値が1つの参考になります．やはり，平均値差の95%信頼区間の幅を±0.8標準偏差とすることは，平均値の差に大きな効果があればそれを見極めて結論を述べるということに相当します．大きな効果は見極められますが，中程度の効果や小さな効果は，平均値差の95%信頼区間の幅が大きすぎて見極めることはできません．一方，平均値差の95%信頼区間の幅を±0.2標準偏差とすると，平均値の差に小さな効果しかなくてもそれを見極めて結論を述べることができるようになります．

　対応のない平均値を比較する場合においても，平均値差の95%信頼区間の幅を標準偏差の0.8倍，0.5倍，0.2倍と設定すると，標準偏差の大きさに関係なく，集めるべき被験者数が決まってきます．小さな効果でも見極めて結論を述べようと思えば，平均値差の95%信頼区間の幅を±0.2標準偏差にして，集めるべき被験者は各群200名以上になります．中程度の効果を見極めるのでよければ，平均値差の95%信頼区間の幅を±0.5標準偏差とすればよいですから，集めるべき被験者数は各群40名以上，大きな効果を見極めるだけでよいのであれば，被験者は各群20名以上であれば十分であるということになります．

★ 対応のある場合と対応のない場合の比較

　ところで，**表3-①**と**表3-②**を比較すると，平均値差の95%信頼区間の幅を同程度にするためには，**表3-①**，つまり対応のある測定を行った場合の方が少ない人数でよいことがわかります．例えば，中程度の効果を見極めたければ，対応のある平均値の比較では20名以上の被験者で済みますが，対応のない平均値の比較だと各群40名以上，合計80名以上の被験者が必要になってきます．このことは，例えば，学年の進行に伴う看護技術の獲得度の調査をするとき，

●横断的研究　　　　●縦断的研究
●繰り返し測定　　　●対応のある3つ以上の平均値

ある年度における1年生から4年生のデータを収集して学年間の比較をする（横断的研究といいます）よりも，1年生のとき，2年生のとき，…と同一の学生たちのデータを縦断的に集める方が，一般に，より精度のよい推定ができることを示しています．繰り返し測定を行う研究（縦断的研究といいます）は時間がかかるものですが，時間をかける分，少ない被験者数でも精度の高い結論を述べることができるという利点を持っています．

3-3　3つ以上の平均値を比較する場合の被験者数

　比較する平均値が2つだけでなく3つ以上ある場合も多くあります．例えば，学年の進行（1年次，2年次，3年次，4年次）による看護技術の平均獲得度の差とか，大学の設置形態（国立，公立，私立）の違いによる1教員当たりの平均担当講義数の比較などです．これらの場合も，2つの平均値を比較する場合を考えて被験者数をある程度決めることができます．

★ 対応のある平均値の比較

　学年進行による看護技術の平均獲得度の差のように，対応のある複数の平均値を比較する場合は，対応のある2つの平均値の比較を援用します．表3-①において，被験者数が同じなら（同じ行なら）差得点の標準偏差の値が小さい方が，差得点の平均値の95%信頼区間の幅は小さいことがわかります．逆にいえば，差得点の標準偏差の値が一番大きな2つの平均値について差得点の平均値の95%信頼区間の幅をどの程度に収めておきたいかを考えておけば，他の平均値を比較したときに差得点の平均値の95%信頼区間の幅はもっと小さな範囲になっているということです．よって，差得点の標準偏差が最も大きくなる2つの水準（例えば1年次と4年次）を用いて，3-1 節で述べた方法で被験者数を考えればよいということがわかります．ただし，比較すべき平均値は2つだけではないことを考慮して，差得点の平均値の95%信頼区間の幅を幾分小

さめに設定し，2つの平均値しかない場合よりも被験者数を多めにすることが望まれます（同時信頼区間を考える必要があるためですが，本書では省略します）．

★ 対応のない平均値の比較

大学の設置形態の違いによる1教員当たりの平均講義担当数の比較のように，対応のない複数の平均値を比較する場合は，対応のない2つの平均値の比較を援用します．**表3-②**においても**表3-①**と同様に，被験者数が同じなら（同じ行なら）標準偏差の値が大きい方が，平均値差の95%信頼区間の幅は大きいことがわかります．よって，標準偏差の値が最も大きい群と他の群の平均値を比較することを念頭に置いて，3-2節で述べた方法で被験者数を考えればよいということがわかります．ただしこの場合も，比較すべき平均値は2つだけではないことを考慮して，平均値差の95%信頼区間の幅は幾分小さめに設定し，2つの平均値しかない場合よりも被験者数を多めにすることが望まれます．

★ 対応のある平均値と対応のない平均値の両方がある場合

性別と学年進行を組み合わせて看護技術の獲得度の平均値を比較するような場合もあるでしょう．このようなときは，性別で平均値を比較する場合と，学年進行で平均値を比較する場合に分けて，それぞれにおいて集めるべき被験者数を求め，多い方を選択します．このような場合も，平均値差の95%信頼区間の幅は幾分小さめに設定し，被験者数を多めにすることが望まれます．

なお，学年進行のように対応のある平均値の比較と，性別のように対応のない平均値の比較がある場合は，3-2節で述べたように，対応のない平均値の比較を行う場合の方がより多くの被験者数を必要とします．それだけの被験者数を確保できないという場合は，最低でも，対応のある平均値の比較について考えた被験者数は確保するようにしましょう．そうしないと，はっきりとした

●相関研究
●相関係数の95%信頼区間

結果が何もいえないことになってしまうからです．対応のある平均値の比較について考えた場合の被験者数を確保しておけば，少なくとも対応のある平均値の比較については，はっきりとした結論を述べることができるようになります．

3-4 相関係数を推定する場合の被験者数

　勉強量とテスト得点の関係など，2つまたはそれ以上の変数の相関関係について実験・調査する研究（相関研究といいます）において被験者をどれくらいにすればよいか検討する場合を考えます．標本から計算される標本相関係数の値も，別の標本を取ってくれば値が変わってしまう可能性がありますから，やはり相関係数の95%信頼区間というものが提案されています．よって，平均値のときと同様に，標本相関係数の値の95%信頼区間の幅をどれくらいに収めたいかで，被験者数を決めることができます．

★ 相関係数の値を推定する

　相関研究において被験者をどれくらい集めればよいかを考えるには，まず相関係数の値がどれくらいの大きさになるかを予想することから始めます．先行研究または予備調査で相関係数の値が0.42となっていれば，少し控えめに，だいたい0.4くらいの相関係数の値が得られるであろうと予想します．相関係数の値が負の値になると予想される場合には，その絶対値の大きさ（マイナス記号をはずした数値）を考えます．もし，先行研究がみあたらず，相関係数がどれくらいになるかがわからない場合には，無相関，つまり，相関係数は0であると予想しておきます．これは，相関係数の95%信頼区間の幅の大きさが同じであれば，相関係数の値が0であるときに最も多くの被験者を必要とすることによります．

[表3-③]相関係数の大きさの評価(複号同順)

0.0〜±0.2	ほとんど相関なし
±0.2〜±0.4	やや相関あり
±0.4〜±0.7	中程度の相関あり
±0.7〜±0.9	高い相関あり
±0.9〜±1.0	非常に高い相関あり

★ 信頼区間の幅を考える

　次に,相関係数の95%信頼区間の幅をどれくらいに収めたいかを考えます.相関係数の値は-1から+1までの値で,相関の強さは**表3-③**のように表現されるのでした(**2-8**節参照).ですから,例えば,勉強量とテスト得点の相関係数の値が0.5であるときに,相関係数の95%信頼区間の幅を±0.4とすると(正確には全体で0.8となる幅を考えます.この点については後で説明します),非常に高い相関あり(0.5+0.4=0.9)にもなり得ますし,中程度の相関あり(0.5+0=0.5)となる可能性もありますし,ほとんど相関なし(0.5-0.4=0.1)となるとも考えられ,勉強量とテスト得点に相関があるのかないのかはっきりと結論を述べることができません.相関係数の95%信頼区間の幅が±0.4では大きすぎるのです.

　相関係数の95%信頼区間の幅が±0.1だとしたらどうでしょう.この場合は,相関係数の95%信頼区間は0.4〜0.6程度に収まりますから,勉強量とテスト得点には中程度の相関があるというように,はっきりとした結論を述べることができます.

　いまの例のように,自分の研究において,相関係数の95%信頼区間の幅がどれくらいの範囲に収まっていれば,はっきりとした結論を述べることができるかを考え,相関係数の95%信頼区間の幅をどれくらいに収めたいかを決定します.

✱ 少なくとも必要な被験者数の推定

　これら，相関係数の予想値と，相関係数の95%信頼区間の幅という情報から，被験者数をどれくらいにしたらよいかを推定することができます．

　表3-④は，被験者数，相関係数の値，および，相関係数の95%信頼区間の幅の関係を示したものです．例えば，相関係数の値が0.2と予想されるときに，90名の被験者を集めれば，相関係数の95%信頼区間の幅は±0.199（約±0.2）となります．また，相関係数の値が0.4程度と予想されるときに，相関係数の

[表3-④] 被験者数，相関係数，および相関係数の95%信頼区間の幅の関係
（信頼区間の幅は±表の値となる）

		相関係数									
		0.00	0.05	0.10	0.15	0.20	0.25	0.30	0.35	0.40	0.45
被験者数	10	0.630	0.629	0.626	0.621	0.614	0.605	0.594	0.581	0.565	0.546
	20	0.443	0.442	0.439	0.434	0.428	0.420	0.410	0.398	0.384	0.367
	30	0.360	0.359	0.357	0.353	0.348	0.341	0.332	0.321	0.309	0.295
	40	0.312	0.311	0.309	0.305	0.300	0.294	0.286	0.277	0.266	0.253
	50	0.278	0.278	0.276	0.273	0.268	0.262	0.255	0.247	0.237	0.226
	60	0.254	0.253	0.252	0.249	0.244	0.239	0.232	0.225	0.216	0.205
	70	0.235	0.234	0.233	0.230	0.226	0.221	0.215	0.208	0.199	0.190
	80	0.220	0.219	0.218	0.215	0.211	0.207	0.201	0.194	0.186	0.177
	90	0.207	0.207	0.205	0.203	0.199	0.195	0.189	0.183	0.175	0.167
	100	0.196	0.196	0.195	0.192	0.189	0.185	0.179	0.173	0.166	0.158
	110	0.187	0.187	0.185	0.183	0.180	0.176	0.171	0.165	0.158	0.150
	120	0.179	0.179	0.178	0.175	0.172	0.168	0.164	0.158	0.151	0.144
	130	0.172	0.172	0.171	0.168	0.165	0.162	0.157	0.152	0.145	0.138
	140	0.166	0.165	0.164	0.162	0.159	0.156	0.151	0.146	0.140	0.133
	150	0.160	0.160	0.159	0.157	0.154	0.150	0.146	0.141	0.135	0.128
	160	0.155	0.155	0.154	0.152	0.149	0.146	0.142	0.137	0.131	0.124
	170	0.151	0.150	0.149	0.147	0.145	0.141	0.137	0.132	0.127	0.121
	180	0.146	0.146	0.145	0.143	0.141	0.137	0.133	0.129	0.123	0.117
	190	0.142	0.142	0.141	0.139	0.137	0.134	0.130	0.125	0.120	0.114
	200	0.139	0.138	0.137	0.136	0.133	0.130	0.126	0.122	0.117	0.111
	210	0.135	0.135	0.134	0.132	0.130	0.127	0.123	0.119	0.114	0.108
	220	0.132	0.132	0.131	0.129	0.127	0.124	0.121	0.116	0.111	0.106
	230	0.129	0.129	0.128	0.126	0.124	0.121	0.118	0.114	0.109	0.104
	240	0.127	0.126	0.125	0.124	0.122	0.119	0.115	0.111	0.107	0.101
	250	0.124	0.124	0.123	0.121	0.119	0.116	0.113	0.109	0.104	0.099
	260	0.122	0.121	0.120	0.119	0.117	0.114	0.111	0.107	0.102	0.097
	270	0.119	0.119	0.118	0.117	0.115	0.112	0.109	0.105	0.101	0.095
	280	0.117	0.117	0.116	0.115	0.113	0.110	0.107	0.103	0.099	0.094
	290	0.115	0.115	0.114	0.113	0.111	0.108	0.105	0.101	0.097	0.092
	300	0.113	0.113	0.112	0.111	0.109	0.106	0.103	0.100	0.095	0.091

95%信頼区間の幅を±0.1以下にしたければ，280名以上の被験者を集める必要があるということがわかります．相関係数の値0.40の列において，被験者数270に対応するところと被験者数280に対応するところの表中の値をみると，前者が0.101，後者が0.099となっており，相関係数の95%信頼区間の幅が±0.1に対応する被験者数は270～280名の間にあるからです．

● ● ● ●

さて，相関係数の値が0.5と予想されるときに被験者数を10名とすると，相

[表3-④]（つづき）

		相関係数									
		0.50	0.55	0.60	0.65	0.70	0.75	0.80	0.85	0.90	0.95
被験者数	10	0.524	0.499	0.470	0.437	0.399	0.355	0.304	0.245	0.176	0.096
	20	0.349	0.328	0.305	0.279	0.250	0.218	0.182	0.143	0.100	0.052
	30	0.279	0.262	0.242	0.220	0.196	0.170	0.141	0.110	0.076	0.040
	40	0.239	0.224	0.207	0.188	0.167	0.144	0.120	0.093	0.064	0.033
	50	0.213	0.199	0.183	0.166	0.148	0.127	0.105	0.082	0.056	0.029
	60	0.194	0.181	0.166	0.151	0.134	0.115	0.095	0.074	0.051	0.026
	70	0.179	0.167	0.153	0.139	0.123	0.106	0.088	0.068	0.047	0.024
	80	0.167	0.156	0.143	0.130	0.115	0.099	0.082	0.063	0.043	0.022
	90	0.157	0.146	0.135	0.122	0.108	0.093	0.077	0.059	0.041	0.021
	100	0.149	0.139	0.127	0.115	0.102	0.088	0.073	0.056	0.039	0.020
	110	0.142	0.132	0.121	0.110	0.097	0.084	0.069	0.053	0.037	0.019
	120	0.136	0.126	0.116	0.105	0.093	0.080	0.066	0.051	0.035	0.018
	130	0.130	0.121	0.111	0.101	0.089	0.077	0.063	0.049	0.034	0.017
	140	0.125	0.117	0.107	0.097	0.086	0.074	0.061	0.047	0.032	0.017
	150	0.121	0.113	0.104	0.094	0.083	0.071	0.059	0.045	0.031	0.016
	160	0.117	0.109	0.100	0.091	0.080	0.069	0.057	0.044	0.030	0.015
	170	0.114	0.106	0.097	0.088	0.078	0.067	0.055	0.042	0.029	0.015
	180	0.110	0.103	0.094	0.085	0.075	0.065	0.053	0.041	0.028	0.015
	190	0.107	0.100	0.092	0.083	0.073	0.063	0.052	0.040	0.027	0.014
	200	0.105	0.097	0.089	0.081	0.071	0.061	0.051	0.039	0.027	0.014
	210	0.102	0.095	0.087	0.079	0.070	0.060	0.049	0.038	0.026	0.013
	220	0.100	0.093	0.085	0.077	0.068	0.058	0.048	0.037	0.025	0.013
	230	0.097	0.091	0.083	0.075	0.067	0.057	0.047	0.036	0.025	0.013
	240	0.095	0.089	0.082	0.074	0.065	0.056	0.046	0.036	0.024	0.013
	250	0.093	0.087	0.080	0.072	0.064	0.055	0.045	0.035	0.024	0.012
	260	0.092	0.085	0.078	0.071	0.062	0.054	0.044	0.034	0.023	0.012
	270	0.090	0.084	0.077	0.069	0.061	0.053	0.043	0.033	0.023	0.012
	280	0.088	0.082	0.075	0.068	0.060	0.052	0.043	0.033	0.023	0.012
	290	0.087	0.081	0.074	0.067	0.059	0.051	0.042	0.032	0.022	0.011
	300	0.085	0.079	0.073	0.066	0.058	0.050	0.041	0.032	0.022	0.011

関係数の95%信頼区間の幅は±0.524と読み取れますが，+0.524とふらついてしまうと相関係数が0.5+0.524=1.024となり1を超えてしまいます．相関係数の値は±1の範囲内の値しかとりませんから1を超えることは決してありません．それなのに，1を超える可能性があるというのはおかしなことです．

実は，相関係数の95%信頼区間の幅を考えるときは，相関係数の値を中心とした±0.XXの範囲を考えるのではなく，相関係数の値を含むような0.XXの2倍の範囲を考えるのが正しい考え方です．先の例でいえば，0.5という値を含む2×0.524=1.048の範囲という考え方をします．この範囲が具体的にどこからどこまでになるかは，10-1 節で説明しますが，いずれにしろ1を超える範囲にはならないようになっています．

被験者数が10名と少なくても良いときや相関係数の大きさ（絶対値）が1に近いときは別ですが，ある程度の被験者数を見込む場合であれば，±0.XXを相関係数の95%信頼区間の幅として被験者数を考えても，実用上さほど問題はないでしょう．

3-5 尺度を作る場合の被験者数

性格特性や能力など心理的な構成概念を測定する場合は，1-3 節で述べたように，その性格がある（ない）としたらこういうことになるであろうとか，その能力があれば解答できるであろうという項目を複数集めて測定を行います．これらの項目が集まったものを，その心理的変数を測定する尺度といいます．自分の研究で扱いたい心理的変数を測定する尺度がすでに作成されているならそれを利用すればよいのですが，場合によっては自分で尺度を作らなければならないこともあります．また，尺度を作ること自体が研究の目的である場合もあります．このような研究をするときに被験者を最低どれくらい集めたらよいかについて考えます．

●因子分析
●因子

★ 項目間相関に基づく方法

　尺度を作成するためによく用いられる統計手法は因子分析です．たくさんある項目を相関関係が強い項目同士のグループ（因子）に分けるという用いられ方をします（6章で詳しく説明します）．このように因子分析は相関関係を利用する分析方法なので，被験者数を考えるには相関係数を推定する場合の被験者数の決め方を適用することがまず考えられます．つまり，項目間の相関係数の値がだいたいどれくらいになるかを予想し，相関係数の95%信頼区間の幅をどれくらいに収めたいかを決めて，被験者数を何人以上にすればよいかを考えるのです．

　心理的変数を測定する項目間の相関係数の値は一般にそれほど大きな値にはならないものです．0.3とか0.4程度の値になることも多くあります．そこで，例えば相関係数はだいたい0.35くらいであると予想して，95%信頼区間の幅を±0.1程度にしたいと考えると，必要な被験者数は**表3-④**から300名以上になるということがわかります．相関係数の95%信頼区間の幅を±0.15とするなら，必要な被験者数はだいたい140名以上と考えられることになります．公表されている論文などを見ると100名程度の被験者数で因子分析を行っているものがありますが，相関係数の値を0.35とすると，被験者数100名では相関係数の95%信頼区間の幅は±0.173となり，多少大きすぎる感があります．

★ 項目数に基づく方法

　因子分析をする場合の被験者数を考える際，項目数に基づいて考える場合もあります．これは，項目数の5～10倍の値を，最低必要な被験者数の目安とするものです．この考え方は，データを作って因子分析をしてみるということを何度も繰り返すことによって（このような研究をシミュレーション研究といいます）導かれたものです．この考え方に従って被験者数を考えると，例えば，因子分析に含める項目が20個であるなら，20×5=100名はどんなに最低でも

● 比率の差

必要で，20×10=200名以上の被験者を集めるのが望ましい，となります．また，項目が40個あるなら，40×5=200名はどんなに最低でも必要で，40×10=400名以上の被験者を集めるのが望ましい，となります．

★項目間相関および項目数に基づいて考えると

尺度を作る場合の被験者数について考える2つの方法をあわせて見てみると，項目数が少ない場合でも100名の被験者では十分とはいえず，項目数が多ければそれなりに被験者数を多くする必要があると考えることができると思います．なお，ここで説明した方法は，あくまでも最低必要な被験者数を考えるものであり，その人数集めればよいというものではありません．標本は母集団の一部分ですから，一般に標本は大きければ大きいほど良いのです．

3-6 2つの比率を比較する場合の被験者数

消化器系の手術をした退院患者のうち，ある特定の食物を摂取した群とその食物を摂取しなかった群において，腸閉塞を起こした人数の割合を検討するなど，2つの条件下における何らかの割合（比率）の差を検討する場合に，被験者をどれくらいにすればよいかを考えます．このような場合も，比率の差の95%信頼区間を用いて，2つの比率の差の95%信頼区間の幅をどれくらいに収めたいかで，被験者数を決めることができます．

★2つの比率の値を推定する

退院後にある特定の食物を摂取した患者と，その食物を摂取しなかった患者のような，対応のない2群の比率を比較する場合を考えます．まず各群における比率の値がどれくらいの大きさになるかを予想します．先行研究または予備調査で2つの比率の値がそれぞれ0.42，0.63となっていれば，だいたい0.4と0.6くらいの比率の値が得られるであろうと予想します．もし先行研究がみあたら

ず，2つの比率の値がどれくらいになるかがわからない場合には，どちらの比率も0.5であると予想しておきます．これは，比率の差の95%信頼区間の幅の大きさが同じであれば，2つの比率の値がともに0.5であるときに最も多くの被験者を必要とすることによります．

★ 信頼区間の幅を考える

次に，比率の差の95%信頼区間の幅をどれくらいに収めたいかを考えます．平均値の差や相関係数の場合と同様に，信頼区間の幅が大きすぎては2つの比率に差があるといえるのかいえないのかはっきりした結論を述べることができません．信頼区間の幅をある程度狭くしておけば，2つの比率の差に関してある程度はっきりとした結論を導くことができます．自分の研究において，比率の差の95%信頼区間の幅がどれくらいの範囲に収まっていれば，はっきりとした結論を述べることができるかを考え，比率の差の95%信頼区間の幅をどれくらいに収めたいかを決定します．

★ 対応のない2つの比率の値を比較する場合の被験者数

2つの比率の予想値と，比率の差の95%信頼区間の幅という情報から，被験者数をどれくらいにしたらよいかを推定することができます．

表3-⑤は，対応のない2つの比率を比較する場合の，各群の被験者数，2つの比率の値，および比率の差の95%信頼区間の幅（近似値）の関係を示したものです．p_1やp_2が比率の値を示しています．例えば，2つの比率の値が0.5と0.3であると予想されるときは，p_1が「0.5」，p_2が「0.3 or 0.7」となっている列を見ます．p_2の値は「0.3 or 0.7」となっていますから，比率の値が0.5と0.7であると予想される場合にも同じ列を見ることになります．また，2つの比率の値が0.2と0.6であると予想されるときは，p_1が「0.4 or 0.6」，p_2が「0.2 or 0.8」となっている列を見ます．

[表3-⑤] 対応のない2つの比率の差における各群の被験者数，2つの比率の値，および比率の差の95%信頼区間の幅の関係（信頼区間の幅は±表中の値となる）

	p_1	0.5					0.4 or 0.6			
	p_2	0.5	0.4 or 0.6	0.3 or 0.7	0.2 or 0.8	0.1 or 0.9	0.4 or 0.6	0.3 or 0.7	0.2 or 0.8	0.1 or 0.9
各群の被験者数	30	0.253	0.250	0.243	0.229	0.209	0.248	0.240	0.226	0.206
	40	0.219	0.217	0.210	0.198	0.181	0.215	0.208	0.196	0.178
	50	0.196	0.194	0.188	0.177	0.162	0.192	0.186	0.175	0.159
	60	0.179	0.177	0.172	0.162	0.148	0.175	0.170	0.160	0.145
	70	0.166	0.164	0.159	0.150	0.137	0.162	0.157	0.148	0.135
	80	0.155	0.153	0.149	0.140	0.128	0.152	0.147	0.139	0.126
	90	0.146	0.145	0.140	0.132	0.120	0.143	0.139	0.131	0.119
	100	0.139	0.137	0.133	0.126	0.114	0.136	0.131	0.124	0.113
	110	0.132	0.131	0.127	0.120	0.109	0.129	0.125	0.118	0.107
	120	0.127	0.125	0.121	0.115	0.104	0.124	0.120	0.113	0.103
	130	0.122	0.120	0.117	0.110	0.100	0.119	0.115	0.109	0.099
	140	0.117	0.116	0.112	0.106	0.097	0.115	0.111	0.105	0.095
	150	0.113	0.112	0.109	0.102	0.093	0.111	0.107	0.101	0.092
	160	0.110	0.108	0.105	0.099	0.090	0.107	0.104	0.098	0.089
	170	0.106	0.105	0.102	0.096	0.088	0.104	0.101	0.095	0.086
	180	0.103	0.102	0.099	0.094	0.085	0.101	0.098	0.092	0.084
	190	0.101	0.100	0.096	0.091	0.083	0.099	0.095	0.090	0.082
	200	0.098	0.097	0.094	0.089	0.081	0.096	0.093	0.088	0.080

[表3-⑤]（つづき）

	p_1	0.3 or 0.7			0.2 or 0.8		0.1 or 0.9
	p_2	0.3 or 0.7	0.2 or 0.8	0.1 or 0.9	0.2 or 0.8	0.1 or 0.9	0.1 or 0.9
各群の被験者数	30	0.232	0.218	0.196	0.202	0.179	0.152
	40	0.201	0.189	0.170	0.175	0.155	0.131
	50	0.180	0.169	0.152	0.157	0.139	0.118
	60	0.164	0.154	0.139	0.143	0.127	0.107
	70	0.152	0.142	0.128	0.133	0.117	0.099
	80	0.142	0.133	0.120	0.124	0.110	0.093
	90	0.134	0.126	0.113	0.117	0.103	0.088
	100	0.127	0.119	0.107	0.111	0.098	0.083
	110	0.121	0.114	0.102	0.106	0.093	0.079
	120	0.116	0.109	0.098	0.101	0.089	0.076
	130	0.111	0.105	0.094	0.097	0.086	0.073
	140	0.107	0.101	0.091	0.094	0.083	0.070
	150	0.104	0.097	0.088	0.091	0.080	0.068
	160	0.100	0.094	0.085	0.088	0.077	0.066
	170	0.097	0.091	0.082	0.085	0.075	0.064
	180	0.095	0.089	0.080	0.083	0.073	0.062
	190	0.092	0.086	0.078	0.080	0.071	0.060
	200	0.090	0.084	0.076	0.078	0.069	0.059

仮に，2つの比率の値が0.5と0.3であると予想されるときに，信頼区間の幅を±0.15以下にしたければ，p_1が「0.5」，p_2が「0.3 or 0.7」となっている列を見て，各群80名以上，合計160名以上の被験者を集めればよいことがわかります．p_1が「0.5」，p_2が「0.3 or 0.7」となっている列において被験者数が70名のところの値が0.159，80名のところの値が0.149となっており，比率の差の95%信頼区間の幅が±0.15に対応する被験者数は70〜80名の間にあるからです．

なお，**表3-⑤**の信頼区間の幅は近似的な値です．被験者数が少ない場合や，比率の値が0.1以下または0.9以上となるときは，あまりよい近似値にはなりません．それゆえ**表3-⑤**では，被験者数が各群30名未満の場合を省略しています．

★ 対応のある2つの比率の値を比較する場合の被験者数

ある事柄に対して賛成か反対かを決める会議において，会議前の賛成者の割合と会議後の賛成者の割合を比較するなど，同じ被験者集団に対して2回測定を行い，対応のある2つの比率の差を検討したい場合も多くあります．このような場合には，会議前の賛否と会議後の賛否という2つの変数間の関係（統計用語では連関といいます．**13-1**節で説明します）を考慮する必要がありますので，対応のない2つの比率の差の場合の**表3-⑤**のような表を作ることが難しくなります．

そこでここでは，簡便な方法として，2つの変数間に関係がない（連関がない）場合に被験者数をどれくらいにすればよいかを推定する方法を説明します．連関がないと仮定すると，**3-1**節で2つの変数間の相関係数の値を0と仮定する場合と同様に，被験者数を多めに推定することになります．被験者数を多めに推定しておけば，2つの変数間に（正の）連関がある場合には，比率の差の信頼区間の幅は想定した信頼区間の幅よりも狭くなりこそすれ広くなることはないので，被験者数を多めに推定しておくわけです．

2つの変数間に連関がないと仮定した場合には，**表3-⑤**をそのまま利用することができます．ただし，被験者数は各群の被験者数ではなく，全体の被験者数となります．例えば，2つの比率の値が0.5と0.3であると予想されるときに，信頼区間の幅を±0.15以下にしたければ，p_1が「0.5」，p_2が「0.3 or 0.7」となっている列を見て，被験者数は80名以上必要であると考えます．

　先行研究などがなく2つの比率の値の予想が立たないときは，p_1もp_2も0.5であると仮定しておきます．この場合に信頼区間の幅を例えば±0.15以下にしたいと考えたとしたら，被験者数は90名以上であればよいとなります．p_1が「0.5」，p_2も「0.5」となっている列において被験者数が80名のところの値が0.155，90名のところの値が0.146となっており，比率の差の95%信頼区間の幅が±0.15に対応する被験者数は80〜90名の間にあるからです．

④ データの収集と入力

　少なくとも必要な被験者数がわかったら，いよいよデータの収集です．本章では，データ収集にあたって気をつけなければいけないことを説明します．最近は高性能な統計解析ソフトが手軽に入手でき，統計分析はコンピュータを用いて行うことになるでしょうから，データの入力方法や分析前のデータの処理などについても簡潔に解説しておきます．

4-1 データ収集で気をつけなければいけないこと

　収集すべき被験者についても検討し終えたら，いよいよデータの収集に取りかかります．ここでは，データを収集する時点で気をつけなければならないことについて説明します．

★ 偏りなく被験者を集める

　まず，標本が偏ったものにならないように心がける必要があります．2-2 節で説明したように，標本は母集団の縮小版になっていなければなりません．日本全国の小学6年生の平均睡眠時間について知りたいときに，都市部にある私立学校の児童だけからデータを収集したのでは，公立の小学校や地方の小学校の児童についてのデータがありませんから，日本全国の小学6年生からの標本になっているとはいえません．また，日本全国からいくつかの小学校を選んだとしても，女子児童だけのデータを集めたのでは，男子児童についてのデータがありませんから，やはり日本全国の小学6年生からの標本になっているとはいえません．自分の研究において想定している母集団にはどういう属性の人が含まれるかを考えて，その属性を持つ標本を偏りなく抽出するようにしましょう．

　しかし，実際にデータを収集する場合は，知り合いの大学生とその友人や，調査に協力してもらえそうな病院，学校，施設などからデータを収集すること

- 標本
- 母集団
- 実験条件の提示順序

が多々あります．このような場合は，収集できる標本から逆に母集団を特定して，自分の研究がどんな母集団を対象としていることになるかを考えます．結論としていえることを一般化できる母集団は何かを考えるのです．都市部にあるいくつかの私立学校に通う小学6年生からしかデータを収集できなかったとしたら，母集団（結果を一般化できると思われる対象）は「都市部にある私立学校に通う小学6年生」に限定されることになります．

★ データ収集の条件を整える

　質問紙調査や学力試験などの場合には，被験者が互いの回答を見合ったりしないようにします．テストでカンニングがあったのでは，その人の能力をきちんと測定したことになりませんし，他の人の解答を見て自分の解答を変えてしまうことがあるからです．小学生の睡眠時間を調査する場合でも，前の日に体育の授業があったクラスと体育の授業がなかったクラスとでは，睡眠時間に偏りがあるかもしれませんから，いろいろな学校，いろいろなクラスの児童からデータを収集することが望まれます．

★ 実験順序の偏りをなくす

　実験条件を変えて，同じ人から何回かデータを得る場合には，実験条件の提示順序を被験者によって変えます．例えば，3つのメーカー（A社，B社，C社）がそれぞれ販売している血糖測定器の使いやすさを比較するときに，どの被験者もA社，B社，C社の順番で血糖測定をして，A社の測定器の使いやすさの程度（平均値）が一番低く，C社の測定器の使いやすさの程度が一番高かったとしても，この結果からすぐに，A社の血糖測定器が一番使いにくく，C社の血糖測定器が一番使いやすいと結論づけることはできません．被験者はみな，A社の血糖測定器をまず使い，その次にB社，最後にC社の血糖測定器を使っているわけですから，メーカーは違ってもだんだん血糖測定器の使い方に慣れ

●交絡
●標本の無作為抽出
●実験条件の無作為割り付け

てきてしまい，C社の血糖測定器が他のものよりも使いやすいと思ってしまう可能性があるからです．このように実験条件の提示順序を固定してしまうと，平均値に差があったとしても，それが条件の違いによるものなのか，条件の提示順序の影響によるものなのかわからなくなってしまいます（要因が交絡しているといいます）．

そこで，実験条件の提示順序を，**表4-①**のようにいくつか設定し，被験者によって提示順序を変えておきます．こうしておくと，測定器を使う順番が平均値に反映される可能性をなくす（小さくする）ことができます．各被験者においては順番の影響があるでしょうが，全体を平均すればその影響は相殺される

[表4-①]実験条件の提示順序

条件が3つの場合
A → B → C
A → C → B
B → A → C
B → C → A
C → A → B
C → B → A

と考えられるからです．実験条件が2つの場合は「A→B」と「B→A」とします．実験条件が3つの場合は**表4-①**のように6つの提示順序を各被験者に割り振ります．実験条件が4つ以上の場合も同様に考えていきます．ただし，例えば実験条件が2つある場合に，男性には「A→B」，女性には「B→A」としたのでは，実験条件の提示順序と性別の影響が区別できませんから，男性も女性も，「A→B」，「B→A」という順番で実験を行う被験者がいるようにします．また，初めの方の人は「A→B」，後の方の人は「B→A」とするのもいけません．実験する側が慣れたり，または，疲れたりしてくる影響が考えられるからです．

● ● ●

以上はいずれも標本の無作為抽出とか，実験条件の無作為割り付けなどということに関連しています．これは統計分析を行う場合には必ずやっておかなければならないことです．標本を無作為抽出していなかったり，実験条件を無作

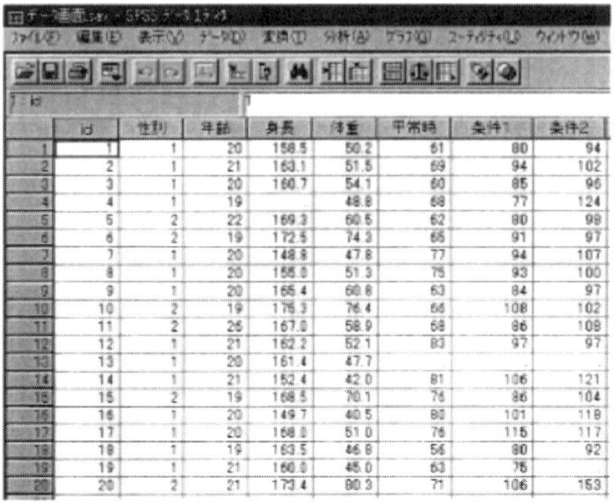

	id	性別	年齢	身長	体重	平常時	条件1	条件2
1	1	1	20	158.5	50.2	61	80	94
2	2	1	21	163.1	51.5	69	94	102
3	3	1	20	160.7	54.1	60	85	96
4	4	1	19		48.8	68	77	124
5	5	2	22	169.3	60.5	62	80	98
6	6	2	19	172.5	74.3	65	91	97
7	7	1	20	148.8	47.8	77	94	107
8	8	1	20	155.0	51.3	75	93	100
9	9	1	20	165.4	60.8	63	84	97
10	10	2	19	176.3	76.4	66	108	102
11	11	2	26	167.0	58.9	68	86	108
12	12	1	21	162.2	52.1	83	97	97
13	13	1	20	161.4	47.7			
14	14	1	21	152.4	42.0	81	106	121
15	15	2	19	168.5	70.1	76	86	104
16	16	1	20	149.7	40.5	80	101	118
17	17	1	20	168.0	51.0	76	115	117
18	18	1	19	163.5	46.8	56	80	92
19	19	1	21	160.0	45.0	63	75	
20	20	2	21	173.4	80.3	71	106	153

［図4-①］データ入力の例

為に割り付けておかないと，悪いデータになってしまいきちんとした結果は出てこなくなってしまいます．

4-2 いざデータ入力

データを収集したらそれをコンピュータに入力します．ここではデータをコンピュータに入力する際の注意点について説明します．**図4-①**にSPSSのデータ入力画面を使ってデータを入力した例を示しておきますので，以下の説明を読むときに参照してください．

★とにかく生データを入力する

まず，とにかくデータそのもの（生データ）を入力するようにします．性別のデータを取って男性○名，女性×名と集計したり，5段階評定の項目について1と答えた人△名，2と答えた人□名，…，5と答えた人◇名などと自分で集

計する必要はありません．自分でデータを集計すると，途中で数を間違えてしまうことがありますし，相関係数やいくつかの項目のデータの合計の値を求めるのが面倒に（できなく）なったりしてしまうこともあります．そんなことはコンピュータがいくらでも計算してくれますから，とにかく生データを入力するようにしましょう．

★ ID番号をつける

　回収した調査票には集まった順番に1, 2, 3, …と通し番号をつけておきましょう．これはIDなどといわれるものです．調査票にID番号をつけておくと何名分のデータが集まったのかすぐにわかって便利です．

　データを入力するときはID番号も一緒に入力しておくようにします．入力ミスでおかしな値を入れてしまい，後からそれを直すときにどの調査票を確認すればよいかがわかるからです．統計解析ソフトのデータ入力画面には1, 2, 3, …と行を表す数字が書かれていることがほとんどです．この番号があればIDを入力する必要はないと思うかもしれませんが，行を入れ替えたり，ある行のデータを削除したりすると，データ入力画面に書かれている行番号と調査票のID番号は一致しなくなります．こうなってしまうと，入力ミスしたデータを後から直すのにどの調査票を確認すればよいのかわからなくなってしまいます．だからID番号を入力しておく必要があるのです．

★ 同じ調査票のデータは同じ行に，同じ変数のデータは同じ列に

　通常，1つの調査票のデータは1つの行に横方向に入力していきます．つまり，1人の被験者のデータはすべて1つの行に横に入力していき，次の行には次の被験者のデータ，その次の行にはその次の被験者のデータを入れていくということです．

　同じ列（縦方向）には同じ変数についてのデータが入るようにします．ID番

- 欠測値
- 無効回答

号の場合でしたら，1番目の被験者（1行目）から順に1, 2, 3, …と縦方向にデータが並ぶようにします．

実験を行った場合，ある人はA→B→C，別の人はB→C→Aなどと，被験者によって実験の順番が違っています．この場合は，条件Aのデータの列，条件Bのデータの列，条件Cのデータの列を作るようにします．同じ変数（条件）についてのデータが縦に並ばなくてはいけないからです．

★ 欠測値について

実験器具の不具合でデータが収集できなかったり，質問紙調査において無回答の項目があったり，丸を1つだけつけるべきところに2つ以上丸をつけてきたりする場合があります．このようなデータは測定されなかったもの（欠測値）として扱い，データを入れるべき欄は空欄にするかピリオドを入力するかします（統計解析ソフトによって違います）．0を入れたりしてはいけません．0を入れてしまうと，測定されなかったことにならず「0」というデータが得られたことになってしまいます．

4-3 データ入力後のチェック

データを入力し終わったら，データのチェックをします．入力ミスがないかどうか調べたり，無効な回答を除外するなどの作業です．

★ 無効と思われるデータについて

図4-①においてID13番の被験者は実験当日に欠席していた被験者です．身長や体重などのデータはわかっているのですが，肝心の実験データがありません．このような被験者は無効な被験者として分析からは除外されます．分析から除外するのはコンピュータがやってくれますから，とくに行を削除する必要はありません（行を削除してもかまいません）．ただし，被験者数は20名では

なく19名になりますので注意が必要です．

　質問紙調査を行った場合は，全く白紙もしくは途中から無回答であったり，5段階評定の全部の項目に同じ数値のところに丸をつけてきたり，1，2，3，4，5，4，3，2，1，2，3，…などパターン的な回答をしてきたりする被験者がいることがあります．このような場合は，必要に応じてその被験者のデータ行を削除する必要があります．

　自己開示に関する項目を例にして考えてみましょう．**表4-②**のような質問紙を考えます．いくつかの事がらについて，質問1では親しい友人から，質問2では初対面の人から自己開示して欲しいと頼まれた場合にどの程度かまわないと思うかを聞いています．

　この場合，親しい友人になら何でも話すけど，初対面の人には何にも話したくないと思い，質問1の5項目については全部5，質問2の5項目については全部1と回答する人がいる可能性はゼロではありません．また，誰に対しても話をするかどうかはケースバイケースと考えて，全部の項目に3と答える人がいると考えることもそう無理なことではありません．このような場合は，全部5と答えているからとか，全部3と答えているからという理由で，その被験者の回答を無効にすることはできません．たとえ，いい加減に全部の項目に5と回答していたとしても，研究をしている側には，本当にそう考えているのかいい加減につけているのかわからないのです．

★ 逆転項目を利用する

　いい加減に回答したことを見抜く方法の1つとして，逆転項目というものを調査項目にいくつか入れることが考えられます．逆転項目とは，例えばある心理的変数に関する複数の5段階評定項目があり，それらの項目においては5と答える方がその心理特性が高いとしたら，ある特定の項目においては1と答える方がその心理特性が高いということになる項目のことです．いま，社交性を

[表4-②] 自己開示に関する質問紙の例

1. 以下の各事がらについて話をして欲しいと **親しい友人** から頼まれたとしたら，あなたはどの程度その話をしてもかまわないと思いますか．
   1. 全く話したくない
   2. あまり話したくない
   3. どちらともいえない
   4. その話をしてもあまりかまわない
   5. その話をしても全くかまわない

   の中から，当てはまる数字のところに○をつけてください．

	全く話したくない				全くかまわない
1) 昨日の夕食のメニューについて	1	2	3	4	5
2) 通学時間について	1	2	3	4	5
3) 好きな友達について	1	2	3	4	5
4) 嫌いな友達について	1	2	3	4	5
5) 養育者の職業について	1	2	3	4	5

2. 以下の各事がらについて話をして欲しいと **初対面の人** から頼まれたとしたら，あなたはどの程度その話をしてもかまわないと思いますか．
   1. 全く話したくない
   2. あまり話したくない
   3. どちらとも言えない
   4. その話をしてもあまりかまわない
   5. その話をしても全くかまわない

   の中から，当てはまる数字のところに○をつけてください．

	全く話したくない				全くかまわない
1) 昨日の夕食のメニューについて	1	2	3	4	5
2) 通学時間について	1	2	3	4	5
3) 好きな友達について	1	2	3	4	5
4) 嫌いな友達について	1	2	3	4	5
5) 養育者の職業について	1	2	3	4	5

● 有効回答率
● 入力ミスの確認

測る尺度において，「会話するのが好きである」「よく出かける」などの項目のほかに「1人でいることが多い」「友達が少ない」という項目が入っているとすると，これらの項目すべてに5とつけるのはちょっとおかしなことだと考えることができます．最初の2つの項目に5と答えるような人なら，1人でいることが多いとか，友達が少ないなどとはあまり考えられないからです．

逆転項目を含むすべての項目に同じ数値で回答していたり，1, 2, 3, 4, 5, 4, 3, 2, 1, 2, 3, …などのようなパターン的な回答をしているものは，いい加減に回答した可能性が高いデータと考えられますので削除対象となります．実際に除外するかどうかは，調査票をもう一度よく確認して決めます．

何人かの被験者のデータを無効とし削除した場合は，調査票の回収数と有効回答数が異なってきます．削除する調査票の数が多くなり有効回答率（有効回答数／回収数）が低くなる場合は，もともと質問紙のできが悪かったという可能性があります．調査項目が多すぎたり，言葉の意味がわかりにくかったりすると，被験者がやる気をなくしていい加減に回答し，有効回答率は低くなる傾向があります．研究結果もいまいち信用のおけないものになってしまいます．このようなことが起こらないようにするためにも，調査票はよく考えて作成したいものです．

★ 入力ミスをチェックする

データのチェックでは，データ入力にミスがないかどうかを確認することも必要です．統計解析ソフトでは，記述統計量とか基本統計量とかを計算してくれるメニューが必ずあります．これらを利用すると，各変数に関するデータの最大値と最小値を表示してくれます．1～5までの5段階評定の項目で，最小値が0となっていたり，最大値が55などとなっていたら，それらは入力ミスですから，どの調査票のデータかを調べて（ID番号を利用します），もとの調査票を確認し正しい値に修正しましょう．身長や体重など小数点が入るデータで

●逆転項目のデータ変換

は，158.8というデータを誤って15.88とか1588などと入力してしまうこともよくあります．各変数のデータの最大値と最小値を確認して異常な値がないかを確認するようにしましょう．

★ 逆転項目のデータを変換する

　先に説明した逆転項目について，データを変換しておくこともデータのチェック時に行っておきたいことの1つです．逆転項目は，心理特性の程度とデータ値の関係が他の項目と反対になっています．社交性に関する5段階評定項目の例では，「会話するのが好きである」「よく出かける」という2つの項目は，データ値が大きい（5に近い）ほど社交性が高いとなるでしょうが，「1人でいることが多い」「友達が少ない」という項目では，データ値が小さい（1に近い）方が社交性が高いと考えられます．各被験者の社交性の程度を評価するには，これら4つの項目に対する回答を合計するのですが，単純にデータを合計したのでは具合の悪いことが起こってしまいます．

　例えば，とっても社交的な人だったら，これらの項目に順番に5，5，1，1と答えるでしょう．また，社交的とも非社交的ともいえない人なら，3，3，3，3と答えるかもしれません．さらに，全然社交的でない人の場合は，1，1，5，5と答えることが予想されます．この3人について，4つの項目のデータを単純に合計すると，どの人も12という値になります．社交性の程度には大きな差がある3人なのに，合計の値がみな同じというのはおかしなことです．これは逆転項目のデータを変換していないから起こっていることです．

　逆転項目の入った回答を合計するときは，逆転項目のデータを次のように変換してから合計を計算します．

　　変換後のデータ＝データが取り得る値の最大値 ＋ 1 － 得られたデータ
　　　　　　　　　　　　　　　　　　　　　　　　　　　　　　　　(4.1)

　ここで，1から5までの5段階評定であれば，データが取り得る値の最大値

は5です．1から4までの4段階評定であれば，データが取り得る値の最大値は4となります．

社交性に関する項目は1から5までの5段階評定でしたから，逆転項目のデータの変換は次のように行います．

変換後のデータ＝5＋1－得られたデータ＝6－得られたデータ
(4.2)

こうすると，変換前の1というデータは5，2は4，3は3，4は2，5は1に変換され，他の項目と同じように値が大きいほど社交性が高いということになります．先ほどの3人について逆転項目のデータを変換すると，とっても社交的な人は5, 5, 5, 5，社交的でも非社交的でもない人は3, 3, 3, 3，全然社交的でない人は1, 1, 1, 1となり，それぞれの合計値は20, 12, 4となって，データの合計値が社交性の程度をきちんと表すようになります．逆転項目がある場合は，分析を始める前に必ず逆転項目のデータを変換しておきましょう．

5 尺度を作る研究で必要なこと

尺度を作る研究においては，信頼性と妥当性と呼ばれるものを必ず確認するようにいわれます．本章では，信頼性とは何か，妥当性があるとはどういうことかについて説明します．

5-1 信頼性と妥当性

　患者家族の心理的状態をどれくらい理解しているかとか，講義の内容をどれくらい理解しているかなど，心理的な変数を測定するときは，1-3節で説明したように，その特性が高い（または低い）としたらこういうことになる（またはならない）であろうという具体的な項目をいくつも考えて，それらの項目に対する回答から間接的に心理特性の程度を評価します．こうした場合，身長や体重のように直接その量を測る場合とは違いますから，対象としている心理特性（構成概念）を本当に正確に測定しているかどうかを考える必要があります．自分ではきちんと測定したつもりでも，言葉の使い方が間違っていたり，別の意味にも解釈できる項目内容だったとしたら，対象とする心理特性をきちんと正確に測定しているかどうかはわかりません．心理的な変数を測定する場合には，対象とする心理特性をきちんと測定しているかを客観的に評価することが必要になってきます．そこで登場するのが信頼性と妥当性という考え方です．

● ● ●

　信頼性と妥当性について説明するために，まず尺度と項目得点，尺度得点について述べておきます．例えば，社交性の程度を測定するために，「会話するのが好きである」「よく出かける」「1人でいることが多い」「友達が少ない」という4つの5段階評定項目を作成したとします．この項目の集合を，社交性を測定するための尺度といいます（実際にはもっと多くの項目が必要でしょう）．

●信頼性　　　　　　●尺度
●妥当性　　　　　　●項目得点
　　　　　　　　　　●尺度得点

各項目に対して5，4，1，2のように回答した人がいたとします．**4-3**節で述べたように4つの項目のうち後ろの2項目は逆転項目ですから値を変換して5，4，5，4とすると，この5とか4とかいうデータが項目得点です．尺度得点は項目得点の合計で18（5+4+5+4=18）点がこの人の尺度得点になります．

・・・

　信頼性と妥当性の話に戻りましょう．信頼性とは，尺度が実際に測定している特性をどの程度精度良く測定しているかを考える概念で，尺度得点または項目得点が各被験者において一貫している程度のことをいいます．ここでいう一貫性とは，もう一度同じ測定をしたら同じ値が得られるとか，同じような項目には同じように答えるなどということです．

　これに対し妥当性は，尺度が実際に測定している特性が，自分が対象としたい心理特性をどの程度きちんととらえているかを考える概念で，尺度得点または項目得点が，測定したい心理特性を正しく反映している程度のことをいいます．

　ここで注意しておきたいのは，信頼性は尺度得点または項目得点が一貫している程度であるとしかいっておらず，何を測定しているかということは信頼性の中には入っていないということです．信頼性は単に測定値が一貫している程度を表すだけで，その測定値が何についてのものなのかに関しては議論しないのです．何を測っているか，そして，それが研究として的を射たものなのかは妥当性の話になります．

　ですから，信頼性は高いけれど妥当性は低いということがあり得ます．例えば，中学生の社会科の能力を測定することを目的としている場合に，英語で書かれた社会科のテストを日本人の中学生に実施した場合，高い信頼性が確認されたとしてもそのテストで測られている特性は社会科ではなく英語の能力だと考えられ，妥当性は低いものとなってしまいます．

　妥当性が高い場合はどうでしょうか．妥当性が高いなら信頼性も高いという

ことができます．妥当性が高いとき，尺度得点（項目得点）は測定したい心理特性（のある一面）を正しく反映していますから，心理特性の程度が変わらないかぎり各被験者の測定値は変わらず一貫しています．よって，妥当性が高ければ信頼性も高いものになります．

信頼性は低いけど妥当性は高いということはあり得ません．信頼性が低いということは各被験者の測定値が一貫していないということであり，測定したい心理特性を正しく反映しないからです．信頼性が低ければ妥当性も低いものになってしまいます．

尺度を作るときには妥当性の高い測定ができるように尺度を作成する必要があります．自分が測りたいものを測定値が正しく反映していなければ意味がないからです．

★ 信頼性や妥当性は尺度そのものの性質ではない

以上見てきたように，信頼性や妥当性が高いとか低いなどということは測定値，すなわち尺度得点または項目得点に対して述べられるものであり，尺度そのもの，つまり，項目の集合に対して定義されるものではありません．ある集団に対しては信頼性や妥当性の高い測定を行うことができる尺度でも，それが他の集団に対して用いられたときに信頼性や妥当性が高い測定を行うことができるかどうかはわからないのです．例えば，英語圏の中学生には妥当性の高い測定を行うことができる尺度があったとしても，英語圏以外の小学生にその尺度を用いたとしたら，妥当性の低い測定になってしまうでしょう．尺度そのものに普遍的な信頼性や妥当性があるわけではないのです．ですから，尺度そのものに対して信頼性の高い尺度とか妥当性の低い尺度などというのは本来適切ではありません．その尺度を用いた測定に，信頼性があるか，妥当性があるかと考えるのが，適切な議論の仕方であるといえるでしょう．

このように信頼性や妥当性の評価は，どのような集団に対して測定を行った

●信頼性係数　　　　●観測得点
●誤差　　　　　　　●真の得点

かに依存します．心理的変数を測定する尺度を作るときまたは用いるときは，どのような集団を対象としたときに妥当性の高い測定を行えるのかを考える必要があります．先行研究で妥当性が高かったとしても，自分の研究でそれを用いて妥当性の高い測定ができるかどうかは，それぞれの研究がどのような集団を対象としているかによって変わってきてしまうものなのです．

5-2 信頼性係数の定義

信頼性は，もう一度同じ測定をしたら同じ値が得られるとか，同じような項目には同じように答えるというように，尺度得点または項目得点が各被験者において一貫している程度のことをいいますが，生データを見て一貫しているとか一貫していないなどというのは大変ですし正確さに欠けます．そこで，信頼性を評価する指標が提案されています．信頼性係数と呼ばれるものです．

ある心理特性を測定しているときに，尺度得点や項目得点が各被験者において一貫しないとしたら，それは誤差の影響によるものと考えることができます．そこで次のようなモデルを考えます．

$$観測得点 = 真の得点 + 誤差 \tag{5.1}$$

観測得点とはデータのことです．真の得点とは，測定されている心理特性の本当の程度を表します．誤差は測定の信頼性に関係する部分で，誤差が大きければ信頼性は低く，誤差が小さければ信頼性は高くなります．われわれが研究で収集できるデータ，すなわち，観測得点は，真の得点に誤差が加わったものと考えているのが5.1式で示されるモデルです．

さて，誤差の値はプラスにもマイナスにもなり得るものですから，誤差は平均するとゼロになると仮定します．また，誤差は真の得点とは全く無関係のものですから，真の得点と誤差との相関係数はゼロであるという仮定も立てま

●信頼性係数
●三平方の定理

す．すると，

$$観測得点の分散 = 真の得点の分散 + 誤差の分散 \quad (5.2)$$

という関係を導くことができます．つまり，観測得点の分散の大きさは，真の得点の分散の大きさと誤差の分散の大きさを足したものになるということです．真の得点は人によりその心理特性の程度が高い人，低い人といるでしょうから，真の得点は高い値から低い値まで分布します．観測得点も高い値から低い値まで分布するのが普通です．その分布の分散の大きさを比較すると，観測得点の分散の方が真の得点の分散よりも誤差の分だけ大きいというわけです．そこで，信頼性係数を次のように定義します．

$$信頼性係数 = \frac{真の得点の分散}{観測得点の分散} = \frac{真の得点の分散}{真の得点の分散 + 誤差の分散} \quad (5.3)$$

この信頼性係数の値は0から1の値になります．誤差の分散が0のとき，つまり，誤差が全くないとき1となります．尺度得点や項目得点が一貫しないのは誤差があるためでしたから，誤差が全くなければ，尺度得点や項目得点は一貫したものになり完全な信頼性があることになります．その状態を信頼性係数の値1で表します．反対に真の得点の分散が0のとき，信頼性係数の値は0になります．観測されているものは誤差だけですから全く信頼性がない状態を表します．

★ 信頼性係数と三平方の定理

2-4 節で述べたように，分散は正方形の面積を反映するものとして考えることができます．5.2式を見ると，観測得点の分散は真の得点の分散と誤差の分散の和になっていて，これら3つの分散は $a^2 = b^2 + c^2$ という関係を満たしていることがわかります．これは三平方の定理です．観測得点の分散，真の得点の分散，および誤差の分散の関係を図で示すと**図5-①**のようになります．信頼

●信頼性係数の推定

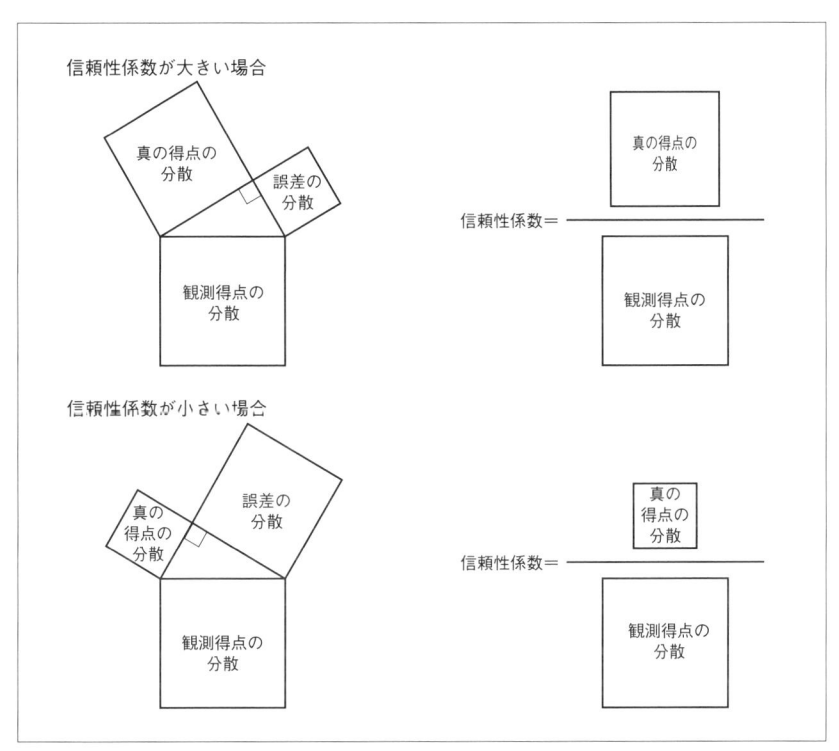

[図5-①] 観測得点の分散，真の得点の分散，誤差の分散の関係と信頼性係数

性係数は観測得点の分散に対する真の得点の分散の割合でしたから(5.3式)，この2つの分散を表す正方形の面積の比が信頼性係数の値であると考えることができます．なお，このような直角三角形が作られる理由は，先ほど真の得点と誤差は無相関であるという仮定を置いたことによっています．

5-3 信頼性係数の推定

信頼性係数の定義はわかりましたが，その値を知るにはどうしたらよいでしょうか．データからわかるのは観測得点の分散だけで，真の得点の分散や誤差の分散はわかりません．分散の値を定義(5.3式)に当てはめて信頼性係数を

- ●安定性
- ●再検査信頼性係数
- ●平行検査信頼性係数

求めることはできないのです．そこで，信頼性係数の値を推定するいくつかの方法が考えられています．

★ 安定性による方法

　信頼性は尺度得点（項目得点）が各被験者において一貫している程度でしたから，心理特性（真の得点）が変化しない間に同じ測定をもう一度実施して2回分のデータを集めることにします．そうすると，2回の尺度得点間の相関係数が，その尺度を用いた測定の信頼性係数の推定値になります．この推定方法は，真の得点が変わらなければ，2回の測定で同じような得点が得られるであろうという考え方に基づいた方法で，このようにして推定された信頼性係数を再検査信頼性係数と呼びます．

再検査信頼性係数 ＝ 2回の尺度得点間の相関係数　　　　　(5.4)

　同じ測定を2回行いますから，あまり期間をあけずに行うと，前の回答を覚えていたりする記憶効果が影響する可能性があります．そこで，再検査信頼性係数を推定するためには，通常2週間から1ヵ月くらいの間隔をあけて測定を実施します．

●●●

　能力検査や学力テストなどの場合は，一度解答方法がわかってしまうと同じことをするのがものすごく楽になってしまうこともあります．このような場合には，同じ測定を2回行うのではなく，2回目には項目は異なるけれど内容は等質な項目を用いて測定を行うようにします．このような測定を平行測定といいます．そうすると，これら2つの尺度得点間の相関係数が，その尺度を用いた測定の信頼性係数の推定値となります．この推定方法は，同じような項目に対しては同じように解答するであろうという考え方に基づいた方法で，このようにして推定された信頼性係数を平行検査信頼性係数といいます．

●内部一貫性
●α係数

$$\text{平行検査信頼性係数} = \text{平行な2つの尺度得点間の相関係数} \quad (5.5)$$

これら2つの方法は,同じまたは同じような測定に対して安定した回答が得られることをもって,尺度得点が各被験者において一貫していることをいう方法です.

★ 内部一貫性による方法

項目得点を用いた信頼性係数の推定方法もあります.内部一貫性による信頼性係数の推定です.ある心理特性を測定している尺度は,その特性に関連する複数の項目から成り立っています.同じ特性に関連した項目ですから,それぞれの項目に対する回答は各被験者において一貫した傾向を持っていると考えられます.このような傾向を内部一貫性といい,この内部一貫性に基づいて推定される信頼性係数を α(アルファ)係数と呼びます. α 係数は以下のようにして計算されます.

$$\alpha \text{係数} = \frac{\text{項目数}}{\text{項目数}-1} \times \left(1 - \frac{\text{項目得点の分散の和}}{\text{尺度得点の分散}}\right) \quad (5.6)$$

再検査信頼性係数や平行検査信頼性係数とは異なり, α 係数は測定を1回行えば計算することができます.それゆえ,心理尺度を用いた研究(尺度を作る研究ではない)では, α 係数だけによって信頼性係数を推定することが多くあります.

なお, α 係数には,信頼性係数の下限の推定値を与えるという性質があります(詳しくはテスト理論の成書を参照してください).

★ どの推定方法を使うか

いま説明した3通りの信頼性係数の推定方法以外にも信頼性係数を推定する方法はありますが,実際の研究で利用される推定方法の多くは,これらのうち

● 信頼性係数の値

のいずれかです．どの方法も信頼性係数を推定する方法に違いありませんが，一貫性のとらえ方が少しずつ異なりますから，使い方を間違わないようにする必要があります．すでに説明したように，一度解答方法がわかってしまうと次にやるときにとても楽になるような場合には，再検査信頼性係数を用いることはできません．測定している心理特性が変化しやすいものである場合は，再検査信頼性係数も平行検査信頼性係数も不向きであるといえます．$α$ 係数は1回の測定で計算できますから，これらの場合にも用いることができます．

　尺度を作る研究でしたら，少なくとも2つの方法で信頼性係数を推定しておく必要があるでしょう．多くの場合は $α$ 係数と再検査信頼性係数が用いられているようです．

★ 信頼性係数の値はどれくらいであればよいか

　信頼性係数の値について一般的にいわれていることは，能力検査や学力検査などでは0.8以上，性格検査などでは0.7以上，0.5を下回るような尺度は使うべきでないといったところですが，信頼性係数の値がどれくらいであればよいかは，測定の目的により変わってきます．尺度得点を利用していくつかの群の平均値を比較する場合ならこの程度の信頼性で大丈夫といえるかもしれませんが，尺度得点間の相関を求める場合は十分ではないかもしれません．平均値を比較する場合，信頼性が低いことは被験者数を多くすることでカバーできるのですが，信頼性が低い測定値間の相関係数は本当の相関係数の値よりもかなり小さくなるという性質があるからです．

　ただし，信頼性を高くしすぎると妥当性が低くなってしまうことがありますから注意が必要です．$α$ 係数を用いて信頼性係数を推定する場合は，矛盾するようですが，項目数が少ない場合でも，項目数が多い場合でも，信頼性係数の推定値が大きくなることがあります．$α$ 係数は，同じ心理特性に関連した項目に一貫した傾向をもって回答する程度に基づいて信頼性を評価するものですか

ら，全く同じような項目を持ってくれば，2,3個の項目でも α 係数の値を大きくすることができます．しかしこの場合，全く同じような2,3個の項目でとらえられている心理特性は非常に狭い範囲のものになってしまいます．学期末の試験問題にたった1回分の講義内容しか出題しないようなものです．これでは妥当性が低くなってしまいます．その学期中に学習したさまざまな内容から問題を出さなくては，学期末試験として妥当な評価を行うことはできません．さまざまな内容から問題を出したら，項目のバリエーションが広がりますから信頼性係数の値は多少下がるかもしれませんが，その方が妥当性は高くなるのです．

　項目数が多くなる場合は，α 係数を求める計算式 (5.6式) の性質から，一般に α 係数の値が大きくなってしまいます．項目数が増えると，各項目得点の分散の和よりも尺度得点の分散の方がずっと大きくなってしまうからです．ですから，項目を何十個も集めてくれば α 係数の値は非常に高くなります．しかし，この場合，同じ心理特性に関連する何十個という項目に回答するために被験者が疲れてしまったりすることが予想されます．同じようなことを何十回と繰り返し聞かれるのですから，途中で嫌になっていい加減に回答したり，回答をやめてしまったり，注意力が落ちて項目を飛ばしたりすることは容易に想像できます．こうなってしまっては，いくら α 係数の値が高くても妥当性のある測定とはいえません．また，項目数が多すぎる場合には，対象とする心理特性の範囲が広くなりすぎてしまうこともあります．**図5-②**はこれらの関係を図示したものです．心理特性は通常ある程度の広がりを持ったものとして考えられます．それを測定するには，項目は少なすぎても多すぎてもいけないことがわかると思います．

　このように，心理特性を測定するときは，あまり狭い範囲だけのことを聞いてもいけないし，かといってあまりにもたくさんの項目を用いるのも具合が悪くなってしまいます．多くの心理検査や性格検査では，1つの心理特性につい

● 内容妥当性

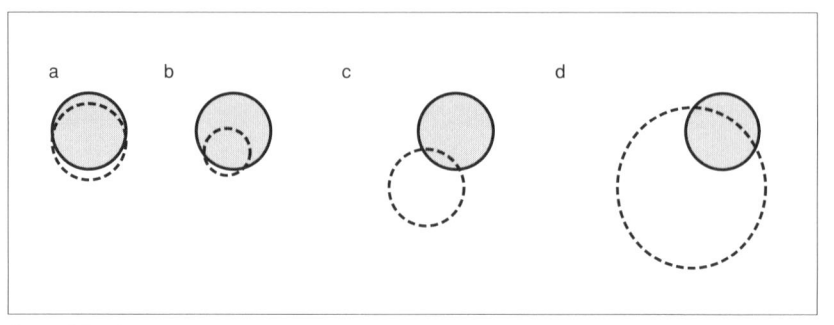

[図5-②] 信頼性と妥当性の関係
灰色円は対象としたい心理特性, 点線円は尺度が測定している心理特性.
a: 測定したい対象を, 適当な信頼性と妥当性を持って, ほどよく測定している状態.
b: 信頼性は高いが, 項目数が少なく測定している内容が狭すぎて妥当性が低い状態.
c: 測定したいものとは別の概念について, ある程度の信頼性をもって測定している状態.
d: 項目数が多すぎて信頼性も妥当性も低い測定をしている状態.

て10項目程度, 多くても20項目程度の項目を用いて, 信頼性係数が0.8とか0.7になるように尺度を構成しています.

5-4 妥当性の確認

5-1 節で述べたように, 妥当性は, 尺度が実際に測定している特性が, 自分が対象としたい心理特性をどの程度きちんととらえているかを考える概念で, 尺度得点または項目得点が, 測定したい心理特性を正しく反映している程度のことをいいます. ですから, 妥当性を確認する方法としては, 尺度得点（項目得点）が, 測定したい心理特性を正しく反映しているという証拠を集めることが考えられます. 以下にいくつかの具体的な方法を紹介します.

★ 内容妥当性

内容妥当性は, 尺度に含まれる項目が, 対象としたい心理特性をどの程度カ

●基準関連妥当性
●妥当性係数

バーしているかを評価するものです．仕事に対するストレスを測定する質問紙の内容妥当性を確認するには，例えば，上司との人間関係だけに注目したものになっていないか，仕事の内容や同僚との関係，待遇，福利厚生などほかに考えなければならない事柄がきちんと含まれているかなどを検討します．5-3 節で，少数の項目で高い信頼性が得られているときには，測定したい心理特性のごく狭い部分しかカバーしていない可能性があると述べましたが，これは内容妥当性が小さい状態に相当します．対象としている心理特性全体をうまく代表するように項目が構成されている必要があります．

★ 基準関連妥当性

例えば，職業能力検査であれば就労後の営業成績，食事にどれくらい気を遣うかという検査であればBMI，コレステロール値など，測定したい心理的変数と関連があると考えられる外的な変数（基準変数といいます）のデータを収集し，測定したい心理的変数の尺度得点と基準となるデータとの関連の強さで妥当性を確認する方法があります．これを基準関連妥当性による妥当性の確認といいます．関連の強さを相関係数で表したとき，その相関係数はとくに妥当性係数といいます．基準関連妥当性をさらに細かく分けて，職業適性検査と営業成績のように基準値が将来得られる場合を予測的妥当性，食事に気を遣う程度とBMIなど尺度得点と同時に基準値が得られる場合を併存的妥当性などといったりもします．

なお，例えば入学試験成績の妥当性を評価しようとして外的基準に入学後の成績を用いると，選抜効果と呼ばれる問題が発生します．これは，不合格者については入学後の成績が得られていないということにまつわる問題です．このように，相関係数を計算する際に問題となるいくつかのことについては 10-2 節で説明します．

● 構成概念妥当性
● 収束的妥当性
● 弁別的妥当性

★ 構成概念妥当性

　構成概念妥当性は，尺度得点に基づいて，ある心理特性（構成概念）についての解釈を行う際に，その解釈を支持する証拠のことをいいます．例えば，いま測定しようとしている心理的変数と同じ心理的変数を測定する別の尺度があり，2つの尺度によって測定された尺度得点間に強い相関関係があるとすれば，対象としている心理特性をきちんと測定している1つの証拠になります．このような妥当性を収束的妥当性といいます．例えば，新しい知能検査を開発したとき，従来の知能検査と相関が高ければ収束的妥当性があると確認されます．

　一方，理論上関連が弱いとされる別の概念を測定する尺度の得点と，いま測定しようとしている心理的変数の尺度得点との間に低い相関関係が見られた場合も，対象としている心理特性をきちんと測定している1つの証拠を提示しているといえます．これを弁別的妥当性といいます．例えば，図やグラフなど非言語を用いた知能検査を開発したとすれば，語彙理解力検査との相関はそれほど高くはならないことが予想されます．

　また，相関係数を計算するわけではありませんが，既存の理論やこれまでの経験に抵触しないかどうかを確認することも，構成概念妥当性による妥当性の確認といえます．

　なお，先に説明した内容妥当性，基準関連妥当性も，解釈の適切さを指し示す証拠の一形態ととらえれば構成概念妥当性の枠内で議論することが可能で，最近では，妥当性の種類をたくさん考えることはせずに，構成概念妥当性という枠組みで，妥当性を統一的に議論することもあります．

6 因子分析

心理的な変数を測定するときは，**1-3**節でも説明したように，その特性が高い（または低い）としたらこういうことになる（またはならない）であろうという具体的な項目の集合（尺度）を用います．本章では，そのような尺度を作成する際に多用される因子分析について説明します．まず，因子分析が必要な理由を考えます．そして，因子分析の基本的な考え方について説明します．軸の回転という方法についても2つの回転方法を例に取り説明します．最後に，因子分析に関するいくつかの議論についてまとめます．

なお本章の研究例は，12章「共分散構造分析」で因子分析の結果と共分散構造分析の結果を比較するため，12章で用いる研究例11と同一のデータを使用しています．

6-1 因子分析はたくさんの相関関係をコンパクトにまとめる

例えば，社交性を測定する尺度を作る場合は，まず，社交性が高かったら（または低かったら）得点が高くなる（低くなる）ような項目をいくつか考えます．いま「1. 会話するのが好きである」「2. 思ったことは何でも口にする」「3. よく出かける」「4. 1人でいることが多い」「5. 話の輪に多くの人が入れるよう気を遣う」「6. 友達が少ない」「7. 人を手助けすることが多い」という7つの項目を考えたとします．各項目は5段階（1点から5点）で評定されるものとし，逆転項目の得点は分析の前に変換しておくと，社交性の高い人はどの項目に対しても5とか4などの得点になり，反対に社交性の低い人は1とか2などの得点になると予想されます．

そうすると，ある2つの項目について見てみたとき，一方の得点の高い人は他方の得点も高く，一方の得点が低い人は他方の得点も低いということになります．このような関係は**2-8**節で説明した相関関係です．よって，7つの項

- ●相関関係
- ●相関係数
- ●因子分析

[表6-①] 項目間相関係数

項目	項目1	項目2	項目3	項目4	項目5	項目6	項目7
1．会話するのが好きである	1	0.08	0.30	0.29	0.24	0.46	0.25
2．思ったことは何でも口にする*	0.08	1	0.12	0.10	0.40	0.13	0.43
3．よく出かける	0.30	0.12	1	0.39	0.14	0.43	0.16
4．1人でいることが多い*	0.29	0.10	0.39	1	0.14	0.39	0.21
5．話の輪に多くの人が入れるよう気を遣う	0.24	0.40	0.14	0.14	1	0.23	0.48
6．友達が少ない*	0.46	0.13	0.43	0.39	0.23	1	0.24
7．人を手助けすることが多い	0.25	0.43	0.16	0.21	0.48	0.24	1

*：逆転項目

目すべてが社交性の程度を反映しているなら，7つの項目間すべての相関係数の値は大きいものになるはずです．**表6-①**に7つの項目間の相関係数を挙げてあります．逆転項目には*印をつけてあります．対角線を挟んで表の右上半分は左下半分をひっくり返したものと同じになっています．例えば項目1と項目2の相関係数は，項目2と項目1の相関係数と全く同じことですから，そのようになるのです．それゆえ，複数の項目間の相関係数を表示するときは，右上半分を書かずに左下半分だけを書くことも多くあります．

さて，**表6-①**を見ると，一番大きい相関係数の値は0.48（項目5と項目7），一番小さい相関係数の値は0.08（項目1と項目2）となっています．どの項目も社交性に関連するものであるとすれば，表中のどの相関係数の値も大きな値になっているはずですが，表をみるとそうではなさそうです．だからといって，どの項目が社交性と関連が低いかをこの表から読み取るのは大変困難な作業です．項目数がもっと多い場合にはほとんど絶望的です．そこで登場するのが因子分析です．因子分析は，項目間の相関関係を，よりコンパクトにまとめて表示する方法なのです．

6-2 因子分析の方法

因子分析の方法として，ここではまず基本的な考え方を説明し，続いて1因

● 潜在変数
● 因子
● 因子得点

子を仮定した場合，2因子を仮定した場合の具体例を用いながら説明します．

★ 基本的な考え方

因子分析では，信頼性（**5-1**節）を考えるときに用いた，観測得点は真の得点と誤差の和で構成される，という考え方（モデル）を応用します．まず，真の得点は心理的な変数（潜在変数）の程度を反映するものであると考えます．因子分析ではこの心理的な変数を因子と呼び，各被験者のその心理的変数の程度を表す数値を因子得点といいます．つまり，「真の得点」と呼んでいたものを「因子」と呼び，真の得点の値のことを因子得点と言い換えるわけです．

次に観測得点ですが，ここでちょっと工夫をします．ある心理特性を測定しようとして複数の項目を集めてきているわけですが，それらの項目がどれも同じ程度にその心理特性と関連しているかどうかわかりません．とても関連が強い項目もあるでしょうし，それほど関連が強くない項目もあるでしょう．項目によって内容が異なりますから，対象としている心理特性との関連の強さには違いがあるのももっともな話です．よって，この関連の強さの違いを反映させるために因子分析では，各項目の観測得点と因子得点の関係を，単純に，「観測得点＝真の得点（因子得点）＋誤差」とするのではなく，

$$
各項目の観測得点 ＝ 観測得点と因子得点の関連の強さ \times 因子得点 ＋ 誤差 \tag{6.1}
$$

のようにします．つまり，「観測得点と因子得点の関連の強さ×因子得点」とすることにより，対象としている心理特性と関連の強い項目の観測得点は因子得点をよく反映するが，関連の低い項目の観測得点は因子得点をあまり反映しないようにするのです．誤差は観測得点のうち心理特性と関連しない（無相関な）部分を表します．

因子と関連の強い2つの項目は，6.1式において「観測得点と因子得点の関連

の強さ×因子得点」の部分が似通ってきますから、これら2つの項目の観測得点間の相関係数は大きくなります。反対に、少なくとも一方の項目が因子とあまり関連が強くなければ、誤差の部分が大きくなり、観測得点間の相関係数は小さくなります。すなわち、因子と関連の強い項目同士は相関が高く、因子と関連が低い項目同士は相関が低くなります。各項目と因子との関連の強さがわかれば、項目間の相関関係を把握することができるのです。このように因子分析は、**表6-①**のような項目間の相関係数のうち、どの項目とどの項目の相関が高いとか低いなどということを、項目と因子との関連の強さを用いて解釈します。

なお、因子分析においては、多くの場合、各項目の観測得点は項目得点そのものではなく、平均0、分散1となるように項目得点を変換したものが用いられます。因子得点も平均0、分散1とします。これらは理論的なことですし、統計解析ソフトが自動的に変換してくれますので、とくに気にする必要はありません。

★1つの因子を仮定した場合の因子分析

表6-①の相関係数の値を用いて、実際に因子分析を行ってみましょう。まず、

[表6-②] 因子パターン、共通性、寄与

項目	第1因子	共通性
6．友達が少ない*	0.639	0.409
3．よく出かける	0.506	0.256
4．1人でいることが多い*	0.499	0.249
1．会話するのが好きである	0.545	0.297
7．人を手助けすることが多い	0.548	0.300
5．話の輪に多くの人が入れるよう気を遣う	0.504	0.254
2．思ったことは何でも口にする*	0.382	0.146
寄与	1.910	

＊：逆転項目

●因子負荷	●共通性
●因子パターン	●寄与
	●寄与率

1つの心理的な変数(因子)を仮定した場合の分析をしてみます．**表6-②**がその因子分析結果です．あとの分析との比較の都合から，項目の順番を入れ替えてあります．なお，本章の分析で用いた統計ソフトは，SAS ver. 8.02です．

表6-②の各項目の右に書いてある0.639，0.506，…という数値は因子負荷または因子パターンと呼ばれるもので，その項目と因子との関連の強さ(6.1式における，観測得点と因子得点の関連の強さ)を表すものです．因子パターンの大きさ(絶対値)が大きいほど，関連が強いことを示します．7つの項目の因子パターンの大きさを見てみると，最大のものは「6. 友達が少ない(0.639)」，最小のものは「2. 思ったことは何でも口にする(0.382)」となっており，項目と因子の関連の強さは一定でないことがわかります．

因子パターンの右側にある0.409，0.256という数値は共通性と呼ばれるもので，その項目の観測得点の分散の何割を因子で説明できるかを表します．この値は信頼性係数のように0から1までの値になり，1に近いほど因子が観測得点の分散をよく説明していることを表します．項目と因子の関連が強ければ，因子得点が観測得点の分散を説明する割合は高くなると考えられ，実際，共通性が最大になっているのは「6. 友達が少ない(0.409)」，最小になっているのは「2. 思ったことは何でも口にする(0.146)」です．

最後に，一番下にある1.910という数値は寄与と呼ばれるもので，観測得点の分散の合計のうち，因子が説明できる大きさを表します．因子分析では，通常，各項目の観測得点の分散は1にしていますから，観測得点の分散の合計は項目数の値に等しくなります．いまの場合7項目ありますから，観測得点の分散の合計は7です．そのうち1.910が因子によって説明されるというわけです．寄与の値を観測得点の分散の合計(項目数)で割ると，因子が観測得点の分散の合計の何割を説明しているかがわかります．これを寄与率といいます．いまの例で寄与率を計算すると，$1.910 \div 7 \fallingdotseq 0.273$となり，因子は観測得点の分散の合計の約27.3%を説明していることになります．

★1つの因子を考えただけで十分か

　社交性を測定する尺度を作ろうとして7つの項目を考えたのですから，1因子を仮定した**表6-②**の因子分析の結果を見て，どの項目も同一の因子（心理的変数）と関連が強いとか，ある項目は因子と関連が低いなどと議論することも考えられますが，それにはいくつか問題があります．

　そのうちの1つは，他の因子の影響があるのではないかということを検討していないことです．先に見たように，項目1と項目2の相関係数は0.08と低いものでしたが，**表6-①**をもう一度よく見てみると，項目2は，項目5や項目7とは0.4以上の相関があります．しかし，項目3，項目4，項目6との相関係数は0.1程度で相関は低いものとなっています．項目5や項目7も，項目1，項目3，項目4，項目6との相関はそれほど高くないようです．このことから，次のことが推察されます．すなわち，項目1，項目3，項目4，項目6と関連の強い因子のほかに，項目2，項目5，項目7と関連の強いほかの因子が存在するのではないかということです．

　これを検証するためには，因子をもう1つ仮定した因子分析を行います．すなわち，各項目の観測得点と因子得点の関係を，

　各項目の観測得点
　　＝ 観測得点と因子1の因子得点の関連の強さ × 因子1の因子得点
　　＋ 観測得点と因子2の因子得点の関連の強さ × 因子2の因子得点
　　＋ 誤差　　　　　　　　　　　　　　　　　　　　　　　　　　(6.2)

とします．2つの因子を仮定しますから，観測得点と因子との関連の強さと，因子得点を，それぞれの因子について考えるわけです．通常は，2つの因子は無相関であると仮定して分析を開始します（分析の途中で2つの因子の間に相関を考える場合もあります）．2つの因子を仮定した場合の因子分析を次に見てみましょう．

● 共通性　　　　　● 寄与率
● 寄与　　　　　　● 累積寄与率

[表6-③] 回転前の因子パターン，共通性，寄与

項目	第1因子	第2因子	共通性
6．友達が少ない*	0.653	−0.350	0.548
3．よく出かける	0.506	−0.317	0.356
4．1人でいることが多い*	0.491	−0.272	0.315
1．会話するのが好きである	0.529	−0.212	0.324
7．人を手助けすることが多い	0.603	0.401	0.525
5．話の輪に多くの人が入れるよう気を遣う	0.549	0.389	0.453
2．思ったことは何でも口にする*	0.424	0.422	0.358
寄与	2.047	0.832	

*：逆転項目

★2つの因子を仮定した場合の因子分析

表6-③に2つの因子を仮定した場合の因子分析結果を表示してあります．各項目の右側にある0.653，0.506…という数値が1つめの因子に対する因子パターン，すなわち，各項目と1つめの因子との関連の強さです．そのとなりの−0.350，−0.317，…という数値が2つめの因子に対する因子パターンです．各項目と2つめの因子との関連の強さを表します．さらにとなりにある0.548，0.356，…は共通性で，各項目の観測得点の分散の何割をすべての因子で説明しているかを表します．一番下にある寄与は，観測得点の分散の合計のうち，各因子が説明できる大きさを表します．1つめの因子の寄与が2.047（寄与率2.047÷7 ≒ 0.292），2つめの因子の寄与が0.832（寄与率0.832÷7 ≒ 0.119）です．寄与率の合計を累積寄与率といい，観測得点の分散の合計の何割をすべての因子で説明できるかを表します．いまの場合，累積寄与率は(2.047+0.832)÷7 ≒ 0.411となり，観測得点の分散の合計の4割以上を2つの因子で説明していることがわかります．

　因子パターンを見てみると，第1因子の因子パターンの大きさはどれも0.4以上となっており，どの項目も第1因子と関連が強いと考えられます．一方，

● 因子プロット（因子パターンプロット）

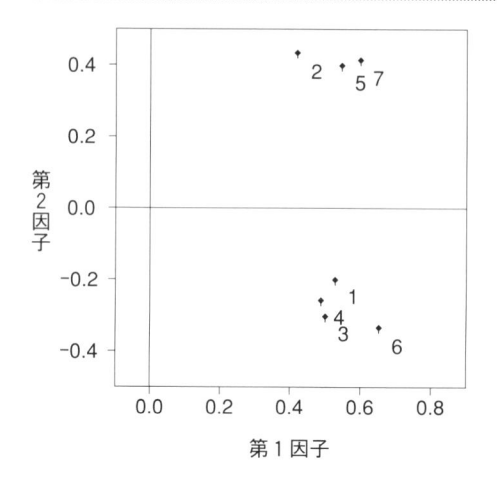

[図6-①] 回転前の因子パターンプロット

第2因子の因子パターンを見てみると，上の4つの項目ではマイナスの値，下の3つの項目ではプラスの値になっています．つまり，第2因子と負の関連がある項目と，第2因子と正の関連がある項目があるというわけです．**図6-①**に因子パターンを図示したもの（因子プロットとか因子パターンプロットなどといいます）を示します．横軸が第1因子の因子パターンの値，縦軸が第2因子の因子パターンの値です．**図6-①**を見ると，第2因子の因子パターンの違いによって項目が2つの群に分かれる気配を感じます．

第2因子と負の関連がある項目は，「6. 友達が少ない*」「3. よく出かける」「4. 1人でいることが多い*」「1. 会話するのが好きである」ですから，[社交性]と関連すると考えることができそうです．一方，第2因子と正の関連がある項目は「7. 人を手助けすることが多い」「5. 話の輪に多くの人が入れるよう気を遣う」「2. 思ったことは何でも口にする*」となっており，[気配り]と関連しているように考えられます．社交性を測定しようとして考えられた7つの項目でしたが，どうやらその中には気配りと関連する項目も入っていそうです．いまの例の場合，1つの因子を仮定しただけではとらえきれなかった項目間の関係

●軸の回転
●バリマックス回転

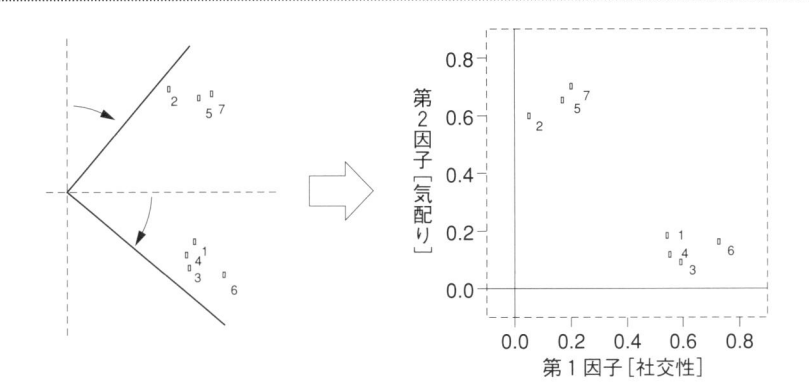

[図6-②]バリマックス回転後の因子パターンプロット

を，2つめの因子を仮定することにより見出すことができたわけです．この様子をもっとわかりやすくとらえるために，次に軸の回転という作業を行ってみましょう．

6-3 軸の回転

因子分析の結果をわかりやすくするために，しばしば軸の回転というものが行われます．ここでは，軸の回転方法としてよく用いられるバリマックス回転と，プロマックス回転について説明します．

★ バリマックス回転

バリマックス回転は，因子は互いに無相関であるとしたまま，各因子ごとに因子パターンの大きい項目と因子パターンの小さい項目のメリハリを強調するように，因子パターンプロット（**図6-①**）の軸を回転させ，新しく第1因子，第2因子の軸を与えるものです．具体的には**図6-②**のようになります．**図6-②**の左側の図の点線の軸が元の軸です．これを回転させて，実線の軸を新たに第1因子，第2因子とすると，［社交性］に関連する4項目は第1因子の因子パター

[表6-④] バリマックス回転後の因子パターン，共通性，寄与

項目	第1因子	第2因子	共通性
6．友達が少ない*	**0.725**	0.150	0.548
3．よく出かける	**0.591**	0.081	0.356
4．1人でいることが多い*	**0.552**	0.106	0.315
1．会話するのが好きである	**0.542**	0.176	0.324
7．人を手助けすることが多い	0.206	**0.695**	0.525
5．話の輪に多くの人が入れるよう気を遣う	0.172	**0.650**	0.453
2．思ったことは何でも口にする*	0.055	**0.596**	0.358
寄与	1.548	1.332	

＊：逆転項目

ンは大きく，第2因子の因子パターンは0に近くなります．反対に，[気配り]に関連する3項目の第1因子の因子パターンは0に近く，第2因子の因子パターンは大きい値になります．**図6-②**の右側の図は，回転した後の軸に沿って因子パターンプロットを見たものです．このように軸を回転すると，第1因子を社交性因子，第2因子を気配り因子と解釈することができるようになります．

　バリマックス回転をした後の結果を見てみましょう．**表6-④**はバリマックス回転後の因子パターン，共通性，寄与を示したものです．

　各因子の因子パターンは，太字で示した大きな値の部分と，0に近い値の部分に分かれ，第1因子と関連が強い4項目と，第2因子に関連が強い3項目にはっきり項目を分けることができます．それゆえ，第1因子を社交性因子，第2因子を気配り因子と名付けたわけです．

　共通性の値は回転の前後で変わっていません．共通性は各項目の観測得点の分散の何割をすべての因子で説明しているかを表すもので，それらの因子が何と考えられるかとは関係ありません．それゆえ，軸を回転する前と後で共通性の値は変わらないのです．

　各因子の寄与の大きさは回転の前と後で変化します．回転後の第1因子，第2因子の寄与はそれぞれ1.548，1.332となっています．各因子の寄与（寄与率）

●斜交回転
●プロマックス回転

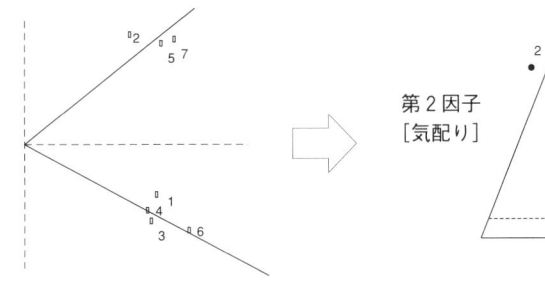

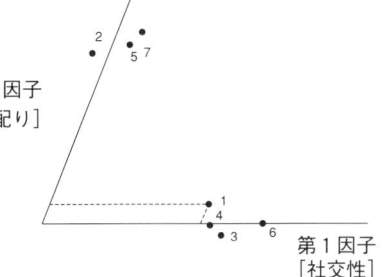

[図6-③] プロマックス回転後の因子パターンプロット

の値は変化しますが，因子数が同じであるかぎり累積寄与率は変化しません．累積寄与率は観測得点の分散の合計の何割をすべての因子で説明できるかを表すもので，やはりそれらの因子が何と考えられるかとは関係ないのです．

★ プロマックス回転

因子の軸を回転させて，[社交性]に関連する4項目の第1因子の因子パターンは大きく，第2因子の因子パターンは0に近くなるように，反対に，[気配り]に関連する3項目の第1因子の因子パターンは0に近く，第2因子の因子パターンは大きい値になるようにするのでしたら，**図6-②**のようにするよりも**図6-③**のようにする方が，よりメリハリをつけることができます．**図6-②**と異なるのは回転させた後の2つの軸が直角ではなく斜めに交わっていることです．このような軸の回転を斜交回転といい，その1つの方法としてプロマックス回転というものがあります．

プロマックス回転は，まずバリマックス回転をしてメリハリのある因子パターンを作り，そのメリハリをより強調するようにさらに軸を回転します．**図6-③**のように軸が斜めに交わる結果が出てくるのは，プロマックス回転では，因子は互いに無相関であるという仮定は置かず，因子間に相関を認めるからです．因子間に相関がある場合，それらの軸は斜めに交わります．

[表6-⑤] プロマックス回転後の因子パターン，共通性，寄与，因子間相関

項目	第1因子	第2因子	共通性
6．友達が少ない*	**0.740**	0.002	0.548
3．よく出かける	**0.612**	−0.043	0.356
4．1人でいることが多い*	**0.564**	−0.007	0.315
1．会話するのが好きである	**0.538**	0.070	0.324
7．人を手助けすることが多い	0.062	**0.698**	0.525
5．話の輪に多くの人が入れるよう気を遣う	0.036	**0.658**	0.453
2．思ったことは何でも口にする*	−0.077	**0.625**	0.358
他の因子の影響を除去したときの寄与	1.295	1.106	

＊：逆転項目

因子間相関	第1因子	第2因子
第1因子	1	0.400
第2因子	0.400	1

　プロマックス回転後の結果を**表6-⑤**に示します．まず因子パターンを見ると，**表6-④**において因子パターンが大きかったところの値はより大きな値になり，因子パターンが0に近かったところの値はより0に近い値となって，因子パターンのメリハリがより強調されていることがわかります．

　共通性は，因子が何と考えられるかに依存しませんから，回転の前後で値は変わりません．

　斜交回転したときの寄与にはいくつか考え方がありますが，ここでは，他の因子の影響を除去したときの寄与の値を報告しておきます．斜交回転を行った場合，一般に因子間には相関がありますから，普通に1つの因子の寄与を考えても，そこには相関のある他の因子の影響が入ってきてしまいます．それで，他の因子の影響を除いた部分の寄与を考えるのです．

　斜交回転をした場合には，一般に因子間に相関がありますから，因子間相関係数の値も報告します．いまの例では，2つの因子の相関係数の値は0.40となっています．社交性が高い人は周囲に気を配る必要が多くなり気を配る程度も高

● 因子構造
● 準拠構造
● 共通性の初期推定値

くなるという関係を考えることはそう不自然なことではなく，2つの因子間にこの程度の相関があることは納得できるでしょう．

なお，斜交回転を行うと，因子パターンのほかに因子構造とか準拠構造などといわれる値も出てきます．寄与についても，他の因子の影響を無視した（除去ではない）寄与という値が出力されます．これらの解釈は少し難しいので，詳細については他の成書を参照してください（例えば，南風原（2002）など）．

また，分析に使用する統計解析ソフトが異なると，初期設定されている計算手続きの違いのため，異なった結果が出てくることがあることにも注意が必要です．

6-4 因子分析に関するいくつかの議論

因子分析を実際に用いて尺度を作る場合には，項目を取捨選択したり，仮定する因子の数を変えたりして，試行錯誤的に分析を進め，尺度にどの項目を含めるべきかを考えていきます．また，バリマックス回転を用いるかそれともプロマックス回転を用いるかなどのように，どのような分析方法をとるかを考える必要もあります．ここでは，因子分析に関するこのようないくつかの事がらについて説明します．

✴ 共通性の初期推定値

統計解析ソフトは，**表6-①**に示したような相関係数の値と共通性の値を用いて，因子分析の計算をします．しかし，共通性は本来，因子分析の結果として出てくるものですから，最初から共通性の値はわかっているものではありません．そこで，とりあえずの共通性の値を指定して因子分析の計算を行います．このとりあえずの共通性の値を共通性の初期推定値といいます．統計解析ソフトによっては単に共通性の推定値と表示している場合もあります．

共通性の初期推定値として，どの項目に対しても1という値を用いる方法が

- ONE法
- MAX法
- SMC法
- 主因子法
- 最小2乗法

あります．これをONE法といいます．しかし，すべての共通性の値が1であることは，各項目の観測得点の分散を因子が全部説明していることに対応し，実際的ではありません．そこで別の初期値として，相関係数行列の各行の相関係数のうち，最も大きな値（1.0は除く）を用いる方法が考えられています．これをMAX法といいます．さらに別の方法として，当該の項目と他の項目との重相関係数の2乗という値を用いることもあります（この値についての詳しい説明は本書では省略します）．この方法をSMC (squared multiple correlation) 法といいます．

いずれの方法を用いても，所詮はとりあえずの共通性の値ですから，因子分析の結果を大きく左右することはないはずです．逆に，共通性の初期推定値の違いによって因子分析の結果が大きく変わってしまったり，因子分析そのものができなくなるようであれば，データがおかしいか，因子分析を適用すること自体がデータにふさわしいことではないのかもしれないと考えられます．そのようなことが起こらないかぎりは，どの初期推定値を用いてもかまわないといえるでしょう．

★ 主因子法よりも最小2乗法が良い

主因子法や最小2乗法などというのは，因子パターン（因子負荷）の値を推定する方法のことです．統計解析ソフトでは，どのような方法を用いて因子負荷の値を推定するかを指定します．

主因子法と最小2乗法がどのように因子負荷を推定しているかを**図6-④**にまとめてみました．ただし，よく主因子法といわれている方法は，正しくは反復主因子法のことですので注意してください．また，**図6-④**の最小2乗法も，正しくは重みなし最小2乗法のことを指しています．

図6-④を見ると，単なる主因子法は，相関係数と共通性の初期推定値を用いてダイレクトに結果を出力していることがわかります．それゆえ，単純な主因

●反復主因子法
●重みなし最小2乗法

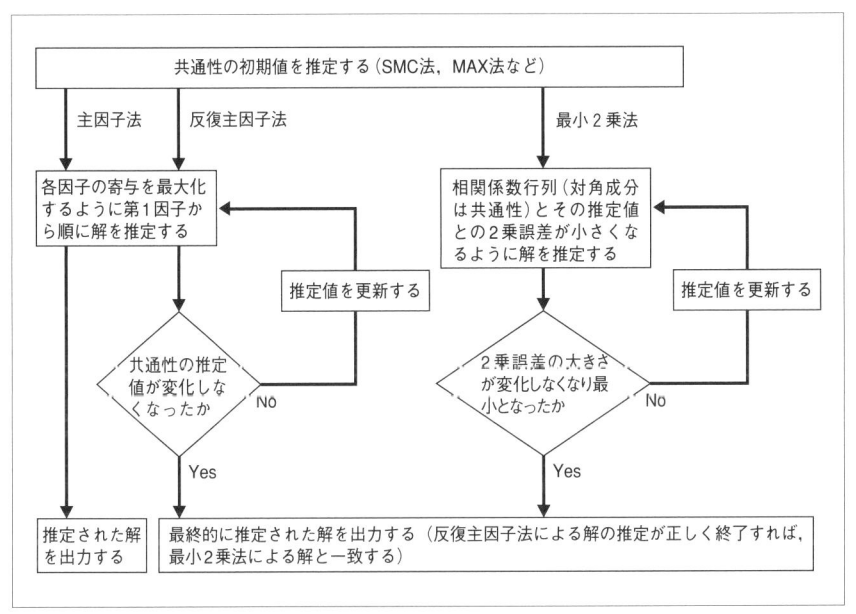

[図6-④] 因子負荷の推定法の比較

子法では共通性の初期推定値に結果が大きく左右される可能性があります．これに対し，反復主因子法や最小2乗法は，計算された結果で良いかどうかを判定し，良くないとなれば値を置き換えて計算をやり直すという作業を繰り返し行い，最終的に良いと判定された結果を出力します．こうなると共通性の初期推定値の影響はほとんどなくなります．共通性の初期推定値にどれを用いてもかまわないという理由はここにあります．

また，**図6-④**を見ると，反復主因子法も最小2乗法も，正しく推定が終了すれば同じ結果を出力すると書いてあります．つまり，どちらの方法を用いても出てくる結果は同じなのです．では，どちらを使ってもいいのかというと，実はそうではありません．結論からいうと，最小2乗法を用いる方が良いといえます．先ほど，反復主因子法も最小2乗法も，計算された結果で良いかどうかを判定し，良くないとなれば値を置き換えて計算をやり直すという作業を繰り

4. 因子分析に関するいくつかの議論

- ●最尤法
- ●バリマックス回転
- ●プロマックス回転

返すといいましたが，反復主因子法ではこの繰り返し数が大変多くなってしまうことがあります．統計解析ソフトでは，計算の繰り返し数に25回とか30回などの上限を設定しており，正しく推定が終了する前に計算をやめてしまうことがあります．その場合，途中段階の結果が表示されます．一方，最小2乗法の場合は，計算の繰り返しは数回で済むことが多く，このような問題はまず起こりません．もし，最小2乗法を用いても計算が途中で終わってしまうようなら，データがおかしいか，データを因子分析で分析すること自体がおかしいかのいずれかを疑う必要があります．以上のことから，(反復)主因子法と最小2乗法だったら，最小2乗法を用いる方が良いといえるのです．

　因子負荷の推定方法には，主因子法や最小2乗法の他にも最尤(さいゆう)法などいくつかの方法が考えられています．最尤法を用いると，6.1式や6.2式のような因子分析のモデルがどの程度データに適合するかを評価することができます．

★ バリマックス回転かプロマックス回転か

　バリマックス回転を行うと，**表6-④**のように因子パターンのメリハリがはっきりし，因子の解釈がしやすくなります．**図6-②**のような因子パターンプロットも統計解析ソフトで自動的に書くことができます．また，寄与や寄与率について考えるときも，プロマックス回転のときのような複雑な考え方はしないで済みます．それゆえ，とりあえずバリマックス回転後の結果を解釈することは必要であると考えられます．ただし，バリマックス回転では因子は互いに無相関であると仮定していますから，関連の強いいくつかの因子が考えられる場合には，プロマックス回転も行ってみる必要があります．

　プロマックス回転を行うと，**表6-⑤**のように因子パターンのメリハリがより一層はっきりしてきます．しかし，**図6-③**のような因子パターンプロットを統計解析ソフトは書いてくれません(因子軸が斜めに交わっていることを無視し

● 下位特性
● 因子数の決め方
● 固有値

た**図6-②**のような図なら書いてくれます).

　プロマックス回転は因子間に相関を認める方法ですから，いくつかの下位尺度からなる心理検査を作成するときなどによく用いられます．ある共通の心理特性の下位特性には互いに相関関係があることが予想されるからです．また，1つの心理特性を測定する尺度を作る場合においても，その心理特性と相関は高いが区別をしたい別の心理特性が考えられる場合には，プロマックス回転を行うことがすすめられます．2つの心理特性の相関が高ければ，バリマックス回転ではそれらを区別できない場合があるからです．

　プロマックス回転を行った場合には，必ず因子間相関係数の値をみます．結果を書くときも必ず因子間相関係数の値を報告します．

　相関がないと仮定される複数の因子を設定した場合でも，プロマックス回転を行って因子間相関が十分に小さいものとなっているかを確認するのは有意義なことです．因子間相関が小さければ，バリマックス回転でも十分だといえますが，因子間相関が大きい場合には，プロマックス回転の結果に基づいて因子の解釈を行う必要があると考えられます．

★ 因子数の決め方

　因子数を統計学的に決める明確な基準はありません．いくつかの方法は提案されていますが，それらは絶対的なものではなく，最終的には因子が具体的にどのように解釈できるかによって，因子数を決める必要があります．提案されているいくつかの方法は以下の通りです．

　まず，相関係数行列の固有値というものを利用する方法があります（固有値というものの詳細についてはとくに知らなくても大丈夫です）．共通性の初期推定値にONE法を用いておくと相関係数行列の固有値を計算してくれます．ONE法以外にした場合，相関係数行列とは多少異なるものの固有値しか計算しないソフトもありますので注意してください．相関係数行列の固有値の値が

- スクリープロット
- 適合度指標
- 項目の取捨選択

[図6-⑤]スクリープロット

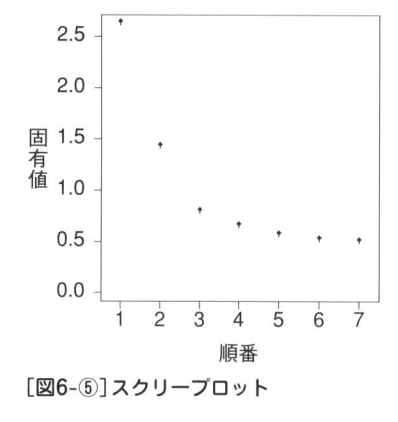

わかったら，その中で1より大きいものの個数を因子数とします．例の場合では，固有値は大きい順に2.62, 1.41, 0.78…となります．値が1より大きいものは2つありますから，因子数は2と予想されることになります．因子数の予想ができた後は，共通性の初期推定値を別の方法に変えてかまいません．

固有値の大きさの変化に注目する方法もあります．固有値の値は最初の数個で急激に小さくなり，あとは同じような値になるものです．**図6-⑤**に固有値の値が大きい順にその大きさをプロットした図を表示します．このような図をスクリープロットといいます．スクリープロットが書けたら，プロットが平坦になる直前のところまでの固有値の個数を因子数とします．例の場合，**図6-⑤**をみると3番目の固有値から平坦な状態が始まっているように見えますから，因子数は2と予想されます．因子数の予想ができた後は，共通性の初期推定値を別の方法に変えてかまいません．

因子パターンの推定方法として最尤法を用いた場合には，適合度指標というものが計算されますので，その値に基づいて因子数が適切であるかどうか判断することもできます．

最初に述べた通り，どの方法も絶対的なものではありません．自分が何個の因子を仮定しているか，または，先行研究で何個の因子数を用いているかも参考になるでしょう．いずれにしても重要なことは，因子をきちんと解釈することができるかどうかです．

★ 項目の取捨選択

尺度を作る場合，まず，1つの因子と関連が大きい（因子パターンの値の大

●共通性

きい)項目は少なくとも3つは必要です．これは因子分析の計算過程から要求されることであると同時に，因子と関連が大きい項目が2項目以下では，いくらなんでも妥当性に乏しいと考えられるからです．当該因子と関連が大きい項目が2項目以下である場合は，因子数を減らすか，それらの項目を除去する必要があるといえます．

　どの因子に対しても因子パターンの大きさが小さい(0に近い)項目も除外対象になります．因子パターンの大きさが小さければ因子との関連が小さいと考えられるからです．因子パターンの大きさは少なくとも0.4以上であることがその項目を当該因子に含めるために必要といわれているようですが，必ずしもそうでなければならないということはありません．場合によっては，0.35以上などとしてもよいでしょう．ただし，被験者数が少ない場合には(例えば100名以下)，データが変動する可能性が大きいですから，因子パターンの最低の値を0.4よりも大きい値に設定する必要があると思われます．

　共通性に基づいて考える方法もあります．共通性の値が0.1以下である項目は除外するというものです．共通性は，項目の観測得点の分散の何割を因子が説明しているかを表す値でしたから，因子によって1割も説明されないような項目は入れるべきではないという考えです．なお，共通性の値は，因子が互いに無相関であるとした場合の因子パターンの2乗値を横に足したものに等しくなります．よって，因子パターンの値は小さいけれど共通性は大きいとか，因子パターンの値は大きいけれど共通性は小さいということは起こり得ません．

　ある項目を除くと別の項目の因子パターンや共通性の値が大きくなったり小さくなったりします．第1因子との関連が強かったはずの項目が，別の項目を除いた場合には第2因子と関連が強くなってしまうこともあります．これらはいたしかたのないことであり，試行錯誤的に分析を繰り返し，最終的に安定した因子を解釈するしかありません．この部分が因子分析で一番時間のかかるところだといえましょう．

● 尺度得点
● 因子得点

　なお，先行研究との比較を行う場合や，いくつかの群で心理特性の程度の比較を行いたい場合は，因子分析の結果が多少くい違う程度であれば，先行研究と同じ項目，また，各群とも同じ項目を用いて，分析を進めることが望まれます．因子分析の結果が大きく異なる場合は，比較したい群同士で共通の心理特性を保有していない可能性がありますから，いくつかの群での心理特性の程度を比較することはできません．

★ 尺度得点 vs. 因子得点

　因子分析をした場合，心理特性の程度を反映している得点は2種類あります．1つは，因子と関連の大きい項目の項目得点を合計した尺度得点です．もう1つは，その因子の因子得点です．それぞれには長所，短所があるので，絶対的にどちらを用いるのが良いとは言い切れませんが，尺度得点の方が利用可能範囲は広いと考えられます．

　尺度得点は項目得点から直接計算することができますし，どの項目を用いているかがはっきりしているので，「それらの項目に対する回答の合計値」と意味が明確です．被験者をいくつかの群に分けて，尺度得点を比較することはもちろんできますし，同じ項目を用いていれば，先行研究との比較を行ったり，追試研究を行うことも可能です．

　これに対し因子得点は，直接データとして得られるものではなく，因子分析をして推定された得点ですから，データ収集時の誤差に加えて推定に伴う誤差を含みます．また，因子得点は因子パターンなどとセットになって推定されるものですから，因子パターンの値がちょっとでも異なる別の因子分析の因子得点との比較はできなくなってしまいます．事実上，異なる因子分析における因子得点間の比較は不可能です．それゆえ，先行研究との比較や追試研究は行えず，研究を発展させることはできないと考えられます．

　因子得点は解釈自体も難しくなります．因子との関連の大きい項目だけでな

く，関連の小さい項目すべての意味を考慮しなければならないからです．結局，因子との関連の大きい項目の意味を中心に考えるのだとしたら，それらの項目の得点だけから計算される尺度得点の方がすっきりしています．

以上のことから，心理特性の程度を比較する際には，尺度得点の利用がすすめられます．ただし因子得点には，被験者をいくつかの群に分けたとき，各群の因子得点の平均値を**図6-①**から**図6-③**のような因子パターンプロットの中に描き，各群の特性の傾向を把握するのに用いるという利用法があります．

★ 多群の因子分析結果の比較

いくつかの群別に因子分析をして，それらの結果が同じかどうか，異なるとすればそれぞれどのような因子が解釈されるかということに興味がある場合もあります．このような場合には，因子の軸を回転するときに，因子パターンのメリハリをはっきりさせるという方法ではなく，目標とするある因子パターンに近くなるようにするという方法を用いて因子軸を回転します．このような因子軸の回転方法をプロクラステス回転といいます（SASを用いれば実行できます．SPSSでは，少なくとも通常の画面からは実行できません）．目標とする他の群の因子パターンに関心下の群の因子パターンを近づけるようにして，同じような因子パターンになるかどうかを検証するのです．この検証は，現在のところ見た目で判断するしかないようです．

各群ごとの因子分析においてバリマックス回転やプロマックス回転を行った場合は，他の群の因子分析については全く考慮しないので，本当は同じような因子分析結果が得られるはずなのに，そうはならないことがあります．

見た目での判断ではなく，もっと統計学的に考えたい場合には共分散構造分析というものを利用することが考えられます．共分散構造分析については12章で説明します．

なお，多群の因子パターンの比較を行いたい場合には，各群ごとに十分な被

●群の合併
●見かけの相関

験者数が必要となることに注意しなければなりません．

✱ 群の合併

　いくつかの群の因子分析結果を比較する際，各群の因子分析の結果が多少異なる程度だったら，群ごとに別々に因子を解釈する意味はほとんどありませんので，群を合併してすべてのデータを合わせて因子分析を行い，共通の因子を解釈するようにします．

　このとき，群を合併したデータを因子分析すると，各群の因子分析結果とは異なる結果が出てしまう場合があります．例えば，性別で群を分けているときに，どちらの群でも同じような因子分析結果になる項目があるとします．その中に，男性なら低得点，女性なら高得点となる項目がいくつかあるとすると，男女のデータを合わせたとき，これらの項目間には相関関係が見られるようになります．このような相関を見かけの相関といいます（見かけの相関については 10-2 節で説明します）．それがデータを合わせたときの因子分析に影響してしまうのです．

　このような事態を避けるには，まず群ごとに各変数の平均値が0になるようデータを変換しておきます．つまり，個人の項目得点から各群の平均値を引いておきます．その個人が男性ならその項目の男性の平均値，女性ならその項目の女性の平均値を引きます．すべての被験者についてのデータをそのように変換したらデータを合併し，因子分析を行います．こうすれば，群を合併することによって見かけの相関が発生することを防ぐことができ，各群の因子分析結果と同様の因子分析結果が出てくるようになります．

　性別にかぎらず，いくつかの群のデータを合わせることによって見かけの相関が発生してしまう可能性が疑われる場合は，群ごとに各変数の平均値が0になるようにデータを変換しておいてから，因子分析を行うと良いでしょう．

7 統計分析の基本ツール

実験や質問紙調査を行ってデータを収集したら，いよいよ統計分析です．統計分析には大きく分けて，記述統計，統計的検定，統計的推定の3つがあります．ここではまず，それらの違いを整理します．次に，統計的検定の基本的な考え方を説明し，その問題点について考えます．そして，統計的推定の考え方について説明します．統計分析でよく出てくる「自由度」というものについても解説しておきます．

一口に統計分析といっても t 検定，分散分析，回帰分析などいろいろな方法があります．しかし，それぞれの分析結果を解釈する際には，本章で説明する基本的な考え方が必要になってきます．そういう意味では，本章は統計分析の基本ツールについて説明しているということができます．どんな方法もその基本的な使い方を知らなければ十分に使いこなすことはできません．統計分析を行うためには，本章の内容をしっかりと理解しておくことが望まれます．

7-1 統計分析の種類

統計分析には大きく分けて，記述統計，統計的検定，統計的推定があります．ここではそれらの違いをまとめます．**表7-①**に簡単な要約を示しておきます．統計的検定と統計的推定に関しては，以降の節でもう少し詳しく説明します．

★ 記述統計

記述統計は，データの持つ情報をわかりやすくまとめるものです．標本平均や標本標準偏差の値を求めたり，相関係数を計算したり，因子分析したりしてその結果を報告することをいいます．例えば，全国から小学6年生10,000名分の睡眠時間データを集めて，平均値7.75（時間），標準偏差1.0（時間）と報告することなどです．

● 記述統計
● 統計的検定

[表7-①] 記述統計，統計的検定，統計的推定の要約

記述統計	データの情報をまとめる．標本平均や標本相関係数の値や，因子分析の結果を報告するなど．
統計的検定	母集団において平均値に差があるか，相関係数の値がゼロでないかなどを判定する．統計的有意差があるとか，統計的有意差がないなどの判断をするなど．
統計的推定	母集団において平均値の差がどれくらいであるか，相関係数の値がどれくらいであるかなどを推定する．平均値の差や相関係数の信頼区間を求めるなど．

　記述統計はデータの情報をまとめるだけですから，報告された平均値などの値はその標本集団に対してのみ有効です．例えば，10,000名の小学6年生の平均睡眠時間は7.75時間であるとはっきりいえますが，日本国内の小学6年生全体の平均睡眠時間については議論しません．あくまでも10,000名という限られた中での話をします．

　研究では通常，研究対象となる母集団を考えます．母集団全体についてのデータが得られている場合は記述統計の結果を解釈すればよいのですが，多くの場合は母集団から標本を抽出して，標本の特性に基づいて母集団の特性を考えます．その場合に用いられるのが次の統計的検定や統計的推定です．

★ 統計的検定

　研究において知りたいのは，研究対象となる母集団のなんらかの特性です．統計的検定は，例えば，母集団において平均値に差があると主張できるかどうか，母集団において相関関係があると主張できるかどうかなどを，標本に基づいて判定する方法です．

　これまでにも述べてきた通り，標本は母集団の一部でしかなく，標本平均や標本相関係数の値はふらつく可能性があるものでした．ですから，例えば，2

●統計的推定
●点推定
●区間推定

つの母集団からそれぞれ標本を抽出して標本平均の値に差があったとしても，2つの母集団の平均値に差があるとすぐにいうことはできません．標本平均の値がふらついたせいで，標本平均の値に差があるだけかもしれないからです．

統計的検定では，この標本平均や標本相関係数の値がふらつく可能性を考慮して，平均値に差があると主張できるかどうか，母集団において相関関係があると主張できるかどうかなどを判定します．

しかし統計的検定では，母集団平均にどの程度の差があるのか，母相関係数の値がどのくらいであるかについては言及しません．単に，平均値に差があると主張できるかどうか，母集団において相関関係がある（ないとはいえない）と主張できるかどうかを判定するだけで，どの程度の差があるのか，どの程度の相関があるのかについての情報は与えてくれないのです．そのような情報を与えてくれるのが次の統計的推定です．

★ 統計的推定

統計的推定は，例えば，母集団において平均値にどの程度の差があるか，母相関係数の値がどれくらいの値であるかを推定する方法です．一番簡単なのは，標本平均の差や標本相関係数の値が，母集団における平均値の差や相関係数の値であると推定する方法です．このように母集団における平均値や相関係数などを1つの値で推定する方法を点推定といいます．

しかし，例えば2つの標本平均の値に差があり母集団平均にもそれだけの差があると推定しても，標本平均の差はふらつきによるもので母集団平均には差がないという場合もあります．このように点推定では，標本平均や標本相関係数の値はふらつく可能性があるものであったことを考慮することができません．

そこで，標本平均や標本相関係数の値はふらつく可能性があることを考慮して，母集団における平均値の差や母相関係数の値を，1つの値ではなく，ある程度の幅で推定する方法が考えられています．このような推定方法を区間推定

● 統計的検定
● 検定統計量

といいます．区間推定には，3章で被験者数の決め方を説明した際に利用した信頼区間などの方法があります．

7-2 統計的検定の考え方

本節では統計的検定の基本的な考え方について説明します．統計的検定には，t（ティー）検定，F（エフ）検定，χ^2（カイじじょう）検定，分散分析などいろいろなものがありますが，母集団のどのような特性について検定するか，または何個の母集団を対象としているかが異なるだけで，基本的な考え方はみな一緒です．そこで，それぞれの検定法については次章以降で説明することにして，ここでは，統計的検定とはこういうものですよ，ということを一括して押さえておきます．

本節にはいくつもの用語が出てきます．帰無仮説，検定統計量，有意水準（α），限界値，棄却，保持，有意確率（p値）などです．はじめて読むときはちょっと戸惑うかもしれませんが，細かいことは気にせずゆっくりと最後まで読み，統計的検定の大筋をつかんでください．そして，実際に統計分析を行った後にもう一度この節を読み返してみてください．そうすると，それぞれの用語の具体的な意味がよく理解できると思います．

★ 検定統計量

統計的検定は，例えば，母集団において平均値に差があると主張できるかどうか，母集団において相関関係があると主張できるかどうかなどを，標本に基づいて判定する方法です．ですから，基本的には，母集団において平均値に差があるとか，母集団において相関関係があるということを期待しているときに用います．

この期待通りのことを主張するために，統計的検定ではまず，否定されて欲しいこと，つまり，母集団において平均値に差がないとか，母集団において相

- 帰無仮説
- t 統計量
- F 統計量

関関係がないなどの仮説を立てます．このような仮説を帰無（きむ）仮説といいます．この仮説が否定されないと，母平均に差がないとか母集団において相関関係がないということになり期待に反してしまうので，この仮説は無に帰してほしいということから，この名前が付けられています．

期待しているのは帰無仮説が否定されることですから，データを見て，帰無仮説を否定できるかどうか判定します．しかしデータは，何十，何百，場合によっては何千個以上の数字の集まりですから，ただデータを眺めていただけでは帰無仮説を否定できるのかどうかよくわかりません．そこで，データをコンパクトにまとめた1つの値を作って，その値の大きさで帰無仮説を否定できるかどうか判定することにします．このデータをコンパクトにまとめた値のことを検定統計量といいます．

検定統計量は，母集団のどのような特性について検定を行いたいかによって，作られ方が異なります．例えば，2つの母平均の差を検討したい場合には t 統計量，2つの母分散の大きさを比較したい場合は F 統計量と呼ばれる検定統計量が作られます．

しかし，どのような検定統計量も，大まかにいって，もし帰無仮説が正しかったとしたら，その仮説を支持するような検定統計量の値が得られる可能性は大きく，反対に，その仮説を支持しないような検定統計量の値が得られる可能性は小さくなるように作られています．

例えば，2つの平均値の差を比較したい場合，標本平均の値はふらつく可能性があるにしても，母集団の平均値に差がなければ（帰無仮説が正しければ），標本平均の差は小さい可能性が大きく，反対に，標本平均の差が大きくなる可能性は小さいと予想されます．このことを利用して，2つの母平均の差を検討したい場合の検定統計量（t統計量）は，2つの標本平均の差を反映するものになっています．

2. 統計的検定の考え方

● 両側検定

★ 統計的検定のロジック

例えば2つの平均値の差を検討したい場合，データから計算した検定統計量（t統計量）の値（絶対値）が大きければ，もし帰無仮説が正しい（母平均に差がない）としたら大変まれなことが起きたものだと考えられるわけですが，そもそも帰無仮説が正しいとしていることに無理があると考えることも可能です．そこで，検定統計量の値（絶対値）が大きい方から考えて何%以内に入ったら，まれなことが起こったとするのではなく，帰無仮説が正しいとすることに無理があると考えるかの基準を決めます．**図7-①**にその様子を示します．

図7-①には2つの図があります．上の図**(1)**は，検定統計量の値がプラスにもマイナスにも大きくなることを考慮したもので，両側検定といわれます．下

(1) 両側検定の場合

この部分の合計の割合が α

限界値　限界値
帰無仮説を棄却する領域　帰無仮説を保持する領域　帰無仮説を棄却する領域
（棄却域）　（採択域）　（棄却域）

(2) 片側検定の場合

この部分の割合が α

限界値
帰無仮説を保持する領域　帰無仮説を棄却する領域
（採択域）　（棄却域）

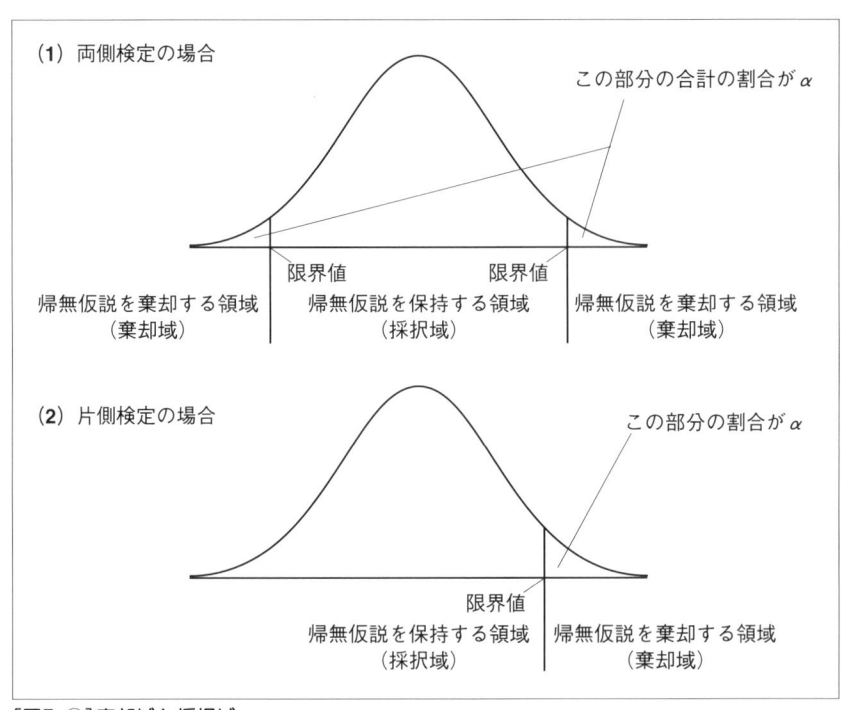

[図7-①] 棄却域と採択域

- ●片側検定　　　●F分布　　　　　　●限界値
- ●t分布　　　　●有意水準（危険率）　●棄却域
　　　　　　　　　　　　　　　　　　　●採択域

の図(2)は，検定統計量の値が一方（図の場合プラス）の方向に大きくなることを考慮したもので，片側検定といわれます．

図7-①の図の横軸は検定統計量の値を表します．縦軸は，検定統計量の値が得られる可能性を反映しています．曲線で書かれた山の形をしたグラフが，検定統計量の値が得られる可能性を表現しています．検定統計量として何を用いるかでこのグラフの種類は変わってきます．検定統計量がt統計量の場合はt分布，検定統計量がF統計量の場合はF分布と呼ばれるグラフになります．

検定統計量の値（絶対値）が大きい方から考えて何％以内に入ったら帰無仮説が正しいとすることに無理があると考えるかですが，その％の値のことを有意水準（または危険率）といいます．通常，有意水準は5％や1％などの値に設定します．例えば，有意水準を5％とするということは，検定統計量の値（絶対値）が大きい方から考えて5％以内のものであるならば，帰無仮説が正しいとすることには無理があると考えるということです．反対に検定統計量の値（絶対値）が大きい方から考えて5％以内に入らなければ，帰無仮説が正しいと考えることに無理はないとします．

有意水準を5％とする場合，両側検定でしたら左右から2.5％ずつのところ，片側検定の場合でしたら，一方の端において検定統計量の値（絶対値）が大きい方から考えて5％となるところの検定統計量の値を限界値といいます．すると，データから計算される検定統計量の値が限界値を超えれば帰無仮説が正しいとすることに無理があり，反対に，検定統計量の値が限界値を超えなければ帰無仮説が正しいとすることに無理はないとなります．そこで，検定統計量の値を，帰無仮説が正しいとすることに無理がある領域と，帰無仮説が正しいとすることに無理はない領域に分けます．帰無仮説が正しいとすることに無理がある場合は，帰無仮説を捨て去りますから，この領域を棄却域といいます．一方，帰無仮説が正しいとすることに無理がない場合は，帰無仮説を保持しておきますから，この領域を採択域といいます．

- 同等性
- 統計的有意性

統計的検定では，検定統計量の値が棄却域に入るか採択域に入るかで，帰無仮説を棄却するか保持するかを判定します．すなわち，データから計算される検定統計量の値が限界値を超えて棄却域に入る場合は，帰無仮説が正しいと考えることに無理があると判断します．例えば，帰無仮説として2つの母平均が等しいという仮説を立てていたなら，2つの母平均の値は等しいとは考えられないという結論を出します．

反対に，データから計算される検定統計量の値が限界値を超えずに採択域に入る場合は，帰無仮説が正しいと考えることに無理はないと判断します．例えば，帰無仮説として2つの母平均が等しいという仮説を立てていたなら，2つの母平均の値は等しいという考えは捨て去れないという結論を出します．

ここで1つ注意しておきたいのは，帰無仮説が棄却されずに保持されても，帰無仮説が正しいと考えることに無理はないというだけで，帰無仮説が正しいと積極的に帰無仮説の正当性を示しているわけではないことです．例えば，2つの母平均値に差がないこと（同等性）をいいたい場合には，帰無仮説が棄却されなかったというだけでは不十分です．帰無仮説が棄却されなかっただけでは，2つの母平均の値は等しいという考えは捨て去れないというだけであって，積極的に2つの母平均の値は等しいといっているわけではないからです．

★ 統計的有意性

データから計算される検定統計量の値が限界値を超えて帰無仮説を棄却する場合，その検定統計量は「統計的に有意である」または単に「有意である」といわれます．反対に，データから計算される検定統計量の値が限界値を超えずに帰無仮説を保持する場合，その検定統計量は「統計的に有意ではない」と表現されます．

統計的に有意であるとか有意でないという統計的有意性は，このように，本来は検定統計量に対していわれるものです．とはいえ，例えば，2つの平均値

●有意確率（p 値）

の比較を行う場合に用いられる検定統計量（t 統計量）は平均値差を反映するものであると先に述べましたから，「（統計的に）有意な平均値差」などと表現することは許容されるでしょう．しかし，仮説が統計的に有意であるとか有意でないなどと表現することはできません．統計的検定は帰無仮説が正しいと仮定したときの検定統計量の振る舞いに基づいて行われるものですから，統計的に有意であるとかないとかいうことは帰無仮説が正しいとした上での議論です．帰無仮説が正しいと仮定しているときに，それの仮説が有意であるとか有意でないなどと議論することはあり得ないのです．

★ p 値

　有意水準を5%として，ある検定統計量の値が限界値を超えて統計的に有意であるとき，その検定統計量の値は大きい方から考えて5%以内のものであるはずです．あらかじめ，大きい方から数えて5%になるところの値が限界値であると決めており，いま検定統計量の値は限界値を超えているからです．

　よって統計的検定では，統計的に有意であることを，$p<0.05$ とか $p<0.01$ などのように表現することがあります．0.05や0.01は有意水準です．有意水準5%で検定を行っているなら0.05，1%で検定を行っているなら0.01を用います．p はデータから計算される検定統計量の値が大きい方から数えて何%のところの値であるかを表すもので，有意確率（または p 値）と呼ばれるものです．統計解析ソフトは実際の p 値を計算してくれますので，$p=0.35$ のように，具体的にその値を報告することもあります．

　図7-②に検定統計量が限界値を超える場合の p 値を示します．**図7-②**の両側検定の図で，「効果の方向を逆転させたときの検定統計量の値」とあるのは，両側検定では検定統計量の値がプラスにもマイナスにも大きくなることを考慮するために必要になってくるものです．両側検定においてデータから計算される検定統計量の値が限界値を超えるのは，検定統計量の値がプラス方向に大き

両側検定の場合

この部分の合計の割合が p 値

限界値　限界値

効果の方向を逆転させたときの検定統計量の値

検定統計量の値

片側検定の場合

この部分の割合が p 値

限界値　検定統計量の値

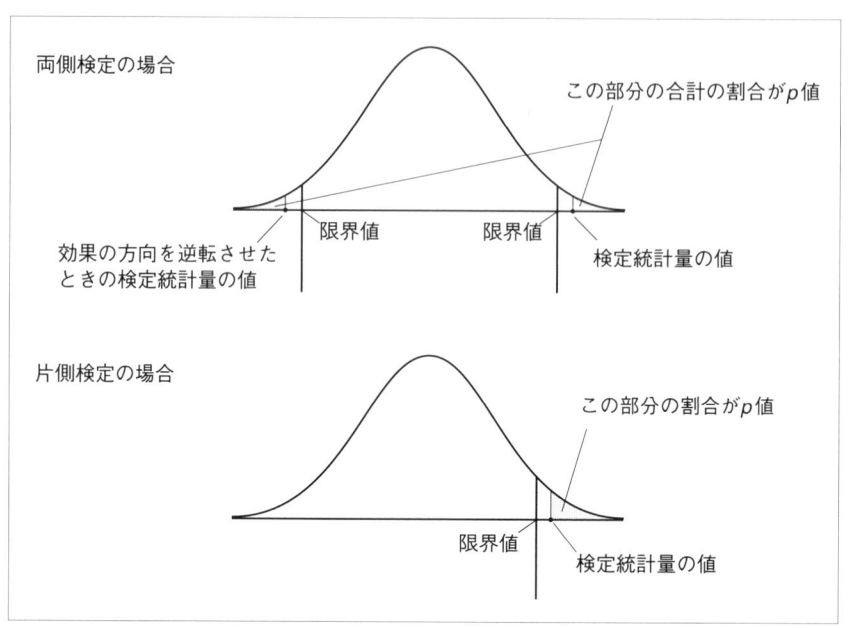

[図7-②] 検定統計量の値と p 値

い場合とマイナス方向に大きい場合の2つの場合があります．それゆえ，検定統計量の値が大きい方から何％以内かを考えるには，プラス方向に大きいものとマイナス方向に大きいものを合計する必要があります．そのために，効果の方向を逆転させたときの検定統計量の値を考える必要があるのです．

　さて，p 値が有意水準よりも小さいということは，検定統計量の値が限界値を超えており，統計的に有意であることに対応していますから，この場合，帰無仮説を棄却するという判断を下します．反対に p 値が有意水準より大きいということは，検定統計量の値が限界値を超えておらず，統計的に有意でないことに対応していますから，帰無仮説を保持するという判断をします．

★ 統計的検定を行った際に報告すべき値

以上見てきたように統計的検定では，有意水準（危険率），検定統計量，限界値，有意確率（p値）などいろいろな値が出てきます．検定の結果を報告する際には，このうち，少なくとも検定統計量の値とp値は報告するようにします．あとで説明する「自由度」と呼ばれる値も報告しておいた方が良いでしょう．また，被験者数や平均値，標準偏差，相関係数などの値もきちんと書いておく必要があります．

統計的に有意であるかどうかを見るだけだったら，p値だけでよいのではないかと思うかもしれません．確かに，統計的に有意であるかどうかを見るだけでしたらそれでもかまわないでしょう．しかし，統計的に有意であることは，必ずしも実際の世の中で意味があることを指し示すわけではありません．例えば，英語の特訓の効果を検証するために事前テストと事後テスト（どちらも100点満点）の平均値を比較する場合，事前テストの平均点が50.0点，事後テストの平均点が50.1点だったとしても，$p<0.01$となって統計的に有意になることがあり得ます．事後テストの平均点は事前テストの平均点よりも高く，統計的に有意です．統計的検定の結果からは特訓の効果があると判断するところです．しかし，わずか0.1点だけ平均点が上がったからといって，実際にその特訓方法が有効であるとは誰も考えないでしょう．

このように，統計的有意性だけ，すなわち，p値だけに頼っていたのでは，誤った結果の解釈をしてしまうことがあります．それゆえ，いろいろな値を報告しておく必要があるのです．

7-3 p値の正体

p値が小さいとき，一般的には0.05より小さいとき，統計的に有意であるとして，「有意な結果が得られた」と報告されます．研究論文などを読んでいると，p値が小さいことを強調するために「2群の平均値の間に有意な差がみられ

●対照群
●対応のあるt検定
●t値

た（$p<0.01$）」とか，「有意な相関があった（$p<0.0001$）」などという記述をよく見かけます．この背後には，p値が小さければ小さいほど，例えば$p<0.0001$とか$p<0.00001$などと報告されるほど，より大きな差なり相関があるという考えがあるようです．

このように考えることは，まったくの誤りというわけではないのですが，前節の英語の特訓の例で示したように，実際の効果を誤認してしまう可能性もあるので気をつける必要があります．どういう場合に実際の効果を誤認してしまうか，本節ではp値の正体を暴いてみましょう．

★ 2つの平均値の差の検定の場合

p値の正体を暴く例として，術後看護に関するCAI教材を用いて学習する前と後での，その単元に関するテストの平均値を比較する場合を考えてみましょう．母集団は看護学生，標本（被験者）は以下の実験に参加した学生です．

各被験者はまず術後看護に関するテスト（100点満点）を受け，次にCAI教材を用いて学習を行い，その後，先のテストをもう一度受けるという実験です．事前テストの平均点よりも事後テストの平均点の方が高ければ，CAI教材の学習効果が認められます．なお，本来であれば，CAI教材を用いた学習をしない群（対照群といいます）との比較を行う必要がありますが，説明を簡単にするためここでは省略します．

いま20名の被験者にこの実験を実施したところ，「差得点＝事後テストの得点－事前テストの得点」の平均値が5（点），標準偏差が10（点）という結果であったとします．差得点の平均値の5点は標本における値ですから，母集団において平均値に差があると判断できるかどうかを検証するため統計的検定を行います（対応のあるt検定というものを行います）．いま2つの平均値を比較していますから，検定統計量としてt統計量というものを計算します．例えば，データからt統計量の値（t値といいます）を求め$t=2.179$という値になったとす

[表7-②] 対応のあるt検定における差得点の平均値とt値，p値との関係（被験者数=20，標準偏差=10）

	差得点の平均値									
	1	2	3	4	5	6	7	8	9	10
t値	0.436	0.872	1.308	1.744	2.179	2.615	3.051	3.487	3.923	4.359
p値	0.668	0.394	0.207	0.097	0.042	0.017	0.007	0.002	0.001	0.000

ると，$p<0.05$となり5%水準で有意になります．このとき，CAI教材で学習することにより，テストの平均点は有意に上昇するという判断をします．p値を見て，それが0.05より小さいから有意な結果だとしているわけです．

● ● ●

　p値の正体を暴くには，検定統計量（いまの例ではt統計量）がどのような性質を持つものであるかを知る必要があります．そこで，上記の実験において，被験者数（20名）と標準偏差（10点）の値はそのままにして，仮に差得点の平均値が1,2,3,…,10点となった場合のt値とp値を計算してみると，**表7-②**のようになります．

　表7-②をみると，差得点の平均値が大きくなるにつれt値は大きくなり，p値は小さくなることがわかります．差得点の平均値が4点までのときは，t値はそれほど大きくなく，p値は0.05よりも小さくなりませんが，差得点の平均値が5点以上になるとt値は大きくなり，$p<0.05$となって5%水準で統計的に有意となります．さらに，差得点の平均値が7点以上になると，t値はさらに大きくなり，$p<0.01$となって1%水準で有意となります．差得点の平均値は，事後テストの成績と事前テストの成績の差ですから，差得点の平均値が大きくなるほどp値が小さくなって有意になるということは納得のいく話です．

　以上のことから，2つの平均値差の検定において，t値は差得点の平均値の大きさを反映するものであることがわかります．

● ● ●

[表7-③] 対応のあるt検定における被験者数とt値, p値との関係（差得点の平均値=4, 標準偏差=10）

	被験者数									
	5	10	15	20	25	30	35	40	45	50
t値	0.088	1.200	1.497	1.744	1.960	2.154	2.332	2.498	2.653	2.800
p値	0.469	0.261	0.157	0.097	0.062	0.040	0.026	0.017	0.011	0.007

　差得点の平均値が大きいとき, t値は大きくなりp値は小さくなりました. では, その逆も必ず成り立つでしょうか. つまり, p値が小さいとき差得点の平均値は大きいといえるでしょうか.

　このことを検証するために, 今度は事前テストと事後テストの差得点の平均値を4点, 標準偏差を10点に固定して, 被験者数を5,10,…,50名とした場合のt値とp値を調べてみましょう. その結果を表7-③に示します.

　表7-③をみると, 差得点の平均値は4点に固定しているのに, 被験者数が大きくなるとt値が大きくなってp値が小さくなることがわかります. 被験者数が25名以下であればt値はそれほど大きくなく, p値は0.05より小さくなりませんが, 被験者数が30名以上になるとt値が大きくなり, $p<0.05$となって5%水準で統計的に有意となります. さらに被験者数が50名以上になるとt値はさらに大きくなり, $p<0.01$となって1%水準で有意となります. 差得点の平均値は4点で変わらないのに, つまり, 事前テストと事後テストの平均点の差は変わらないのに, 被験者数が変わるだけで統計的に有意になったりならなかったりしていることがわかります.

● ● ●

　以上のことから, t統計量の値は, 差得点の平均値の大きさだけでなく, 被験者数も反映するものであることがわかります. t値が大きいほどp値は小さくなりますから, 差得点の平均値が大きいか, または, 被験者数が大きいときp値は小さくなります. p値は差得点の平均値の大きさだけでなく, 被験者数

[表7-④] 対応のあるt検定における平均値差および被験者数とp値との関係(標準偏差=10)

		平均値差									
		1	2	3	4	5	6	7	8	9	10
被験者数	5	0.851	0.710	0.581	0.469	0.374	0.296	0.234	0.185	0.146	0.116
	10	0.771	0.563	0.392	0.261	0.168	0.105	0.065	0.040	0.024	0.015
	15	0.714	0.467	0.281	0.157	0.082	0.041	0.020	0.010	0.005	0.002
	20	0.668	0.394	0.207	0.097	0.042	0.017	0.007	0.002	0.001	0
	25	0.629	0.337	0.155	0.062	0.022	0.007	0.002	0.001	0	0
	30	0.594	0.290	0.117	0.040	0.012	0.003	0.001	0	0	0
	35	0.564	0.252	0.089	0.026	0.006	0.001	0	0	0	0
	40	0.536	0.219	0.069	0.017	0.003	0.001	0	0	0	0
	45	0.511	0.191	0.053	0.011	0.002	0	0	0	0	0
	50	0.487	0.168	0.041	0.007	0.001	0	0	0	0	0
	55	0.466	0.147	0.032	0.005	0.001	0	0	0	0	0
	60	0.445	0.130	0.025	0.003	0	0	0	0	0	0
	65	0.427	0.115	0.019	0.002	0	0	0	0	0	0
	70	0.409	0.101	0.015	0.001	0	0	0	0	0	0
	75	0.392	0.090	0.012	0.001	0	0	0	0	0	0
	80	0.377	0.079	0.009	0.001	0	0	0	0	0	0
	85	0.362	0.070	0.007	0	0	0	0	0	0	0
	90	0.348	0.062	0.006	0	0	0	0	0	0	0
	95	0.335	0.055	0.005	0	0	0	0	0	0	0
	100	0.322	0.049	0.004	0	0	0	0	0	0	0

点線より右の範囲では,5%水準で統計的に有意となる.

にも影響されるものなのです.

　標準偏差を10点に固定して,被験者数と差得点の平均値の大きさを変化させたときのp値を表7-④に示します.表7-④を見ると,差得点の平均値が同じ値でも被験者数が大きくなるとp値が小さくなり統計的に有意となってしまうことがわかります.つまり,ごくわずかな平均値差しかなく実質的には意味のある差とはいえないような場合においても,被験者をたくさん集めれば,統計的に有意となってしまうのです.逆に,実質的には意味のある平均値差であるのに,被験者が少ないために統計的には有意にならないということも起こり得ます.このことにより,単にp値を見ていただけでは,実質的な意味があるのかないのか全く判断できないことがわかります.

●相関係数の検定

★ 相関係数の検定の場合

　例えば，外科病棟入院患者の入院生活に対する満足度と自己効力感との関連を研究するため，質問紙を用いて満足度と自己効力感を測定し相関係数を求めるという研究があったとします．母集団は大学病院の外科病棟に入院している患者，標本（被験者）はいくつかの大学病院の外科病棟に入院している患者の中で調査への協力が得られた人たちです．

　このような研究では，母集団において相関がある（なくはない）といえるかどうかを判断するために，相関係数の検定を行います．帰無仮説は「母集団において満足度と自己効力感には相関がない」です．相関係数の検定を行って統計的に有意であれば，帰無仮説を棄却し，満足度と自己効力感に相関がある（なくはない）と判断します．

　しかし，そうした際，「有意な相関」ということだけが重視され，実際どの程度の相関があるかはおかまいなしといった研究も多く見られます．平均値差の検定において述べたのと同じように，実質的に意味のある相関がなくても，被験者数を大きくさえすれば統計的に有意となってしまうことがあるので注意が必要です．

・・・

　表7-⑤は，被験者数と相関係数の値をいくつかの場合に設定したときのp値を表にしたものです．例えば，外科病棟入院患者の入院生活に対する満足度と自己効力感の関連の研究で，40名の被験者に質問紙調査を実施し相関係数の値が0.35であったとすると，p値は0.027で5%水準で統計的に有意となります．

　この研究で，被験者数は40名に固定して，仮に相関係数の値が，0.30以下になったとすると，**表7-⑤**において被験者数40名，相関係数0.30の場合のp値は0.060となっており統計的に有意ではなくなります．反対に，相関係数の値が0.45以上の場合は，被験者数40名，相関係数0.45の場合のp値が0.004で$p<0.01$となっているので，1%水準で有意な相関となります．これらの場合，

[表7-⑤] 相関係数の検定における相関係数および被験者数とp値との関係

		相関係数									
		0.05	0.10	0.15	0.20	0.25	0.30	0.35	0.40	0.45	0.50
被験者数	10	0.891	0.783	0.679	0.580	0.486	0.400	0.321	0.252	0.192	0.141
	20	0.834	0.675	0.528	0.398	0.288	0.199	0.130	0.081	0.046	0.025
	30	0.793	0.599	0.429	0.298	0.183	0.107	0.058	0.029	0.013	0.005
	40	0.759	0.539	0.356	0.216	0.120	0.060	0.027	0.011	0.004	0.001
	50	0.730	0.490	0.298	0.164	0.080	0.034	0.013	0.004	0.001	0
	60	0.704	0.447	0.235	0.125	0.054	0.020	0.006	0.002	0	0
	70	0.681	0.410	0.215	0.097	0.037	0.012	0.003	0.001	0	0
	80	0.660	0.377	0.184	0.075	0.025	0.007	0.001	0	0	0
	90	0.640	0.348	0.158	0.059	0.017	0.004	0.001	0	0	0
	100	0.621	0.322	0.136	0.046	0.012	0.002	0	0	0	0
	110	0.604	0.299	0.118	0.036	0.008	0.001	0	0	0	0
	120	0.588	0.277	0.102	0.029	0.006	0.001	0	0	0	0
	130	0.572	0.258	0.088	0.023	0.004	0.001	0	0	0	0
	140	0.557	0.240	0.077	0.018	0.003	0	0	0	0	0
	150	0.543	0.223	0.067	0.014	0.002	0	0	0	0	0
	160	0.530	0.208	0.058	0.011	0.001	0	0	0	0	0
	170	0.517	0.194	0.051	0.009	0.001	0	0	0	0	0
	180	0.505	0.182	0.044	0.007	0.001	0	0	0	0	0
	190	0.493	0.170	0.039	0.006	0.001	0	0	0	0	0
	200	0.482	0.159	0.034	0.005	0	0	0	0	0	0

点線より右の範囲では，5％水準で統計的に有意となる．

相関係数の値が大きくなればなるほどp値は小さくなり，p値が小さいことがより強い相関関係があることを示しています．

　今度は，相関係数の値を固定して，被験者数が増えた場合をみてみましょう．例えば，相関係数の値を0.20に固定してみます．この場合，被験者数が90名以下だとp値は0.059以上の値になって，統計的に有意な相関があるとはいえませんが，被験者数が100名以上になるとp値は0.046以下の値になって5％水準で有意となります．さらに，被験者数が170名以上になるとp値は0.009以下の値になって1％水準で有意となります．相関係数の値は0.2のままであ

●統計的に／実質的に
●p値の正体

るのに，被験者数が変わるだけで有意な相関になったりならなかったりしていることがわかります．

●●●

　以上のことから，相関係数の検定においてもp値は，相関係数の大きさだけでなく，被験者数にも影響されるものであることがわかります．相関係数の値が大きいか，または，被験者数が大きいとき，p値は小さくなります．よって，p値が小さい方がより相関が強いと単純に考えることはできません．被験者をたくさん集めただけの場合もあるからです．逆に，統計的に有意な相関にはならなかったからといって，実質的に意味のある相関がないともかぎりません．p値だけから，実質的に意味のある相関であるのか，そうでないのかを判断することはできないのです．

　相関係数の大きさが0.2よりも小さく，実質的にはほとんど相関なしといった場合でも，被験者数を多くすれば統計的に有意な相関となります．しかし，統計的に有意であろうとなかろうと，相関係数の大きさが小さく実質的にはほとんど相関なしということに変わりはありません．統計的に有意になった途端に，実質的に相関があるとなりはしないのです．

★ p値の正体

　p値の正体は，平均値差や相関係数の大きさのほかに，被験者数の影響も受けてしまう何とも当てにならないものです．本来意味のある平均値差があるのに被験者数が少ないから統計的には有意にならなかったり，本来意味のない相関係数の値なのに被験者数が多いから統計的に有意となってしまったりするものです．

　平均値差の検定，相関係数の検定に限らず，χ^2検定，分散分析など，ほかのいかなる統計的検定においても，被験者数が多くなればp値は小さくなり統計的に有意となります．

●統計的推定
●区間推定

　ですから，どんな検定を行うにしても，p値だけに頼って研究報告を行うのは，はなはだ危険なことです．先に述べたように，被験者数，平均値，標準偏差，相関係数などの値は必ず明らかにしておかなければなりません．先行研究を引用する場合も，どの程度の平均値差があるのか，相関係数の値はいくつであったかを具体的に示して引用する必要があります．

●●●●

　3章の冒頭で，被験者数は多ければ多いほど良いといったことと，いまここで，被験者数が多いと実質的には意味のないことでも統計的に有意となってしまうから注意が必要といったことは矛盾しています．標本は母集団の一部ですから，母集団をよく知るには，標本がたくさんあった方が良いことは直感的に理解できます．それなのに，統計的検定では標本がたくさんある場合に不都合が生じるのです．

　これは統計的検定の大きな欠点の1つです．統計的検定は，単に平均値に差があると主張できるかどうか，母集団において相関関係があると主張できるかどうかなどを判定するだけで，どの程度の差があるのか，どの程度の相関があるのかには言及しません．それゆえ，実質的には意味のない平均値差でも，統計的に有意であるとしてしまったりするのです．

7-4 統計的推定の考え方

　統計的推定は，母集団において平均値にどの程度の差があるか，母相関係数の値がどれくらいの値であるかなどを推定する方法で，点推定と区間推定があるということを 7-1 節で説明しました．点推定については 7-1 節の説明で理解できると思いますので，本節では区間推定について説明をします．区間推定は信頼区間と呼ばれるものを用いて行われることが多いので，まず信頼区間について説明します．

- 信頼区間
- 信頼係数
- 信頼性係数

★ 信頼区間

　信頼区間について説明するために，例として，大学生を対象とするある教育プログラムの効果を検討する場合を考えます．教育プログラム受講の前後にテスト（100点満点）を実施して平均点の変化を見ます．

　いま，この教育プログラムを5名の被験者に実施して，事前－事後テストの平均値の差を計算したら8点，標準偏差が4点であったとします．平均値が8点も上昇していますから，この5名に対しては教育プログラムの効果があったと考えられます．しかし，直感的に考えて，大学生一般を母集団としているのに5名の被験者とは何とも頼りない被験者数です．標本平均はふらつく可能性のあるものでしたから，同じ実験を別の5名に対して行ったら平均値差はもっと小さな値になったり，逆にもっと大きな値になったりするかもしれません．標本における平均値差が8点だから母集団（大学生一般）においても8点の平均値の変化があると考えるのは危険なことです．

　そこで，母集団における事前テストと事後テストの平均値の差を，ある程度の幅を持った区間で推定することにします．ある程度の幅で推定したとしても，標本平均がふらついた程度が大きすぎて，その区間が母集団における平均値の差の値を含まないということが起こるかもしれません．しかし，区間の幅を広くすれば，そのような確率は小さくなり，区間が母集団における平均値の差の値を含む確率は大きくなります．

　平均値差の区間推定を行う場合，この「区間が母集団における平均値の差の値を含む確率」をあらかじめ決めておき，それを実現するように作られる区間のことを信頼区間といいます．言い換えると「あらかじめ決めておいた確率で，母集団の平均値の差の値を含む区間」を信頼区間といいます．また，「あらかじめ決めておいた確率」のことを信頼係数といいます．5章に出てきた信頼性係数と同じような言葉ですが，信頼係数と信頼性係数は全く違うものですので注意しましょう．信頼係数の値は0.95とされる場合が多く，その場合の信

頼区間を95%信頼区間といいます．

　信頼区間の定義は少し難しいものですので，具体的な例で考えてみましょう．いま5名の被験者で事前テストと事後テストの平均値差が8点，標準偏差が4点でしたが，別の5名での平均値差は3点（標準偏差5点），また別の5名での平均値差は10点（標準偏差8点）になるかもしれません．しかし，そんなことは気にせず，とにかく被験者を変えて同じ実験を繰り返し，各実験ごとに95%信頼区間を求めていきます．この3回の実験の95%信頼区間はそれぞれ [6, 10]，[0.5, 5.5]，[6, 14] となります（信頼区間の算出は付録A3参照）．

　実験をもっとたくさん行い，仮に100回繰り返したとします．そうすると100個の信頼区間が作られます．このとき，100個作られた95%信頼区間のうちの95個(95%)は，母集団における平均値の差の値を含んでいることが期待されます．いまの例の場合，データから計算される信頼区間は[6, 10]です．この区間が母集団における平均値の差の値を含むかどうかは定かではありません．不運にも残り5%のうちの1個であるかもしれません．しかし，95%の確率で母集団における平均値の差の値を含むように作られたものの1つであることだけは確かです．信頼区間はこのような性質を持ったものになっています．

★ 被験者数と信頼区間の関係

　統計的検定では，被験者数（標本数）が多くなるとp値が小さくなり，実質的に意味がないことでも統計的には有意になってしまうという問題点があると指摘しました．では，信頼区間は被験者数とどのような関係があるでしょうか．以下，平均値差の信頼区間を例にとって，被験者数と信頼区間の関係について見ていくことにしましょう．

　表7-⑥は，ある教育プログラムの効果を検証するために事前-事後テストを行って平均値差の95%信頼区間を推定した結果を示したものです．比較のため，ケース①〜⑥の6通りの結果が得られたとしています．なお，いずれのケー

[表7-⑥] 対応のある平均値差の95%信頼区間（標準偏差=10）

ケース	被験者数	平均値差	p値	信頼区間の限界値	
				下限	上限
①	10	3	0.392	−4.540	10.540
②	50	3	0.041	0.129	5.871
③	100	3	0.004	1.006	4.994
④	10	7	0.065	−0.541	14.540
⑤	10	8	0.040	0.459	15.540
⑥	500	1	0.026	0.120	1.880

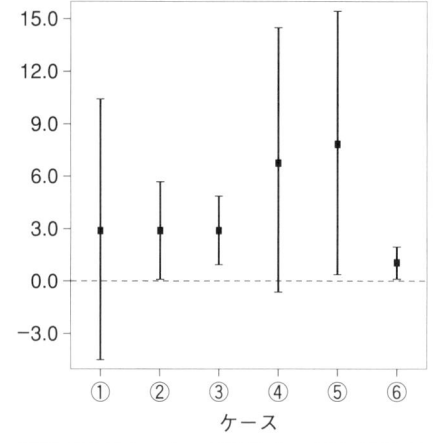

[図7-③] 対応のある平均値差の95%信頼区間の比較（標準偏差=10）

スにおいても差得点の標準偏差は10点です．**図7-③**は，各ケースの平均値差の95%信頼区間を図示したものです．

　ケース①〜③は，いずれも，事後テストの平均点が事前テストの平均点よりも3点だけ高くなっています．異なるのは被験者数で，ケース①は10名，ケース②は50名，ケース③では100名です．p値をみると，ケース①では有意にならず，ケース②では5%水準で有意，ケース③では0.5%水準で有意となっています．ケース①〜③は，平均値差は同じであるにもかかわらず，被験者数が多くなることにより統計的に有意になったりならなかったりすることを示しており，p値が小さい方が平均値差が大きいという解釈はできないことがわかります．

　一方，各ケースの平均値差の95%信頼区間の幅を見ると，ケース①＞ケース②＞ケース③となり，被験者数が多い方が区間幅が狭くなっていることがわ

かります．被験者数が10名しかいないケース①の信頼区間は－4.540から10.540で正負にまたがっています．このことから，事後テストの平均点は10点も上昇するのかもしれないし，逆に，4点も低くなってしまうのかもしれないという推定がなされます．ケース②では，被験者数が50名に増えたことにより，信頼区間は0.129から5.871と正の範囲に収まるようになります．この場合，事後テストの平均点は上昇しても6点弱までだけど，悪く見積もっても事後テストの平均点の方が事前テストの平均点よりも低くなるとは考えにくいという推定がなされます．さらにケース③になると，信頼区間の幅はより狭くなり，1.006から4.994となります．事後テストの平均点は，事前テストの平均点よりも1～5点程度高くなるという推定がなされることになります．

　以上の推定結果を見比べて，より有益な情報をもたらしているのはケース③，つまり，被験者数が一番多い場合だといえます．教育プログラムの効果がどれくらいあるかを，より狭い範囲で推定しているからです．一般に被験者数が多くなると信頼区間の幅は狭くなり，より精度の高い推定を行うことができるようになります．

　統計的検定では，被験者数が多くなると実質的に意味がないことでも統計的には有意になってしまうという問題がありましたが，区間推定ではそのような問題は起こらず，より精度が高い推定ができるようになります．

★ 統計的有意性と信頼区間の関係

　ケース①は統計的に有意ではありませんでしたが，ケース②とケース③は統計的に有意でした．それと対応するかのように，ケース①の信頼区間は正負にまたがり，ケース②とケース③の信頼区間は正の範囲になっています．実際，平均値差の信頼区間が0を含むか含まないかは，平均値差の検定が有意にならないか有意になるかと一致します．つまり，平均値差の95%信頼区間が0を含まなければ，平均値差の検定は5%水準で統計的に有意となり，反対に，95%

信頼区間が0を含めば，平均値差の検定は5%水準では統計的に有意にならないのです．

★「被験者数は少ないが統計的に有意」の危険

ケース④とケース⑤は，被験者数はともに10名と少なく，平均値差とp値は，ケース④では7点（p=0.065），ケース⑤では8点（p=0.040）となっています．よって，p値を解釈すると，ケース④では統計的に有意な平均値差はなく教育プログラムの効果はないが，ケース⑤では5%水準で統計的に有意な平均値差があり，教育プログラムの効果があるとなります．このように，p値に基づく判断では両者の結果に全く逆の解釈が生じてしまいますが，たかだか10名ずつの被験者における1点の平均値差の違いで，こんなにも結果の解釈が違ってよいものでしょうか．

95%信頼区間を見ると，確かにケース⑤の信頼区間は0を含まず統計的に有意かもしれませんが，実際どの程度の効果があるかを推定すると，ケース④とケース⑤の95%信頼区間はともに0前後～15前後となっており，いずれのケースにおいても，事後テストの平均値は15点程度も上昇するかもしれないが，ほとんど変化しないかもしれないという推定を行うことになり，p値に基づく判断結果のような劇的な違いはありません．

このことから，被験者数が少ないときに統計的に有意になったからといって，それが大きな効果を保証するものではないということが改めて確認されます．被験者数が少ないときは信頼区間の幅が広く，実際どの程度の効果があるかについては漠然とした推定しかできません．大きな効果があるかもしれませんが，ほとんど効果なしかもしれないのです．

★「わずかな差であるが統計的に有意」の危険

ケース⑥は，ケース①～⑤までと同様の実験を500名の被験者に実施したと

きの結果です．事前テストと事後テストの平均値差は1点と小さいものですが，5%水準で統計的に有意となっているから，教育プログラムの効果はあると結論づけたくなる状況です．

しかし，ケース⑥の95%信頼区間は0.120から1.880で，事後テストの平均はどんなに良くても2点弱しか上昇しないと推定されています．100点満点のテストでどんなに良くても平均点が2点弱しか上昇しないとしたら，統計的には有意かもしれませんが，実質的な効果があると考えるのは難しいかもしれません．

被験者数が多いときにはわずかな差でも統計的には有意となってしまうことがあります．このようなときは，有意となったから意味のある差があると思いこむのではなく，実際どの程度の差があるかを区間推定することが必要です．自然に考えて，より多くの被験者を集めてわずかな差であるならば，実際その程度の差しかないのです．統計的に有意になったから実質的にも意味があると短絡的に考えてはいけません．

★ 区間推定は必須

以上見てきたように，p値をみて有意だとか有意でないとかいっているだけでは，どの程度の効果があるかを推定することはできませんが，信頼区間を求めれば，統計的に有意か否かの情報が得られるばかりでなく，母集団における平均値差がどの程度であるかを推定することができます．医学系では，信頼区間を求めていない論文は受け付けないという雑誌も多くあります．信頼区間を求めることは，統計分析において必須になってきているのです．

本節では平均値差の区間推定を例にして信頼区間の説明をしましたが，相関係数や比率についても信頼区間を求めることができます．これらについても，平均値差の場合と同じように，母集団における相関係数や比率の値がどの程度のものであるかを推定することができます．例えば，200名の被験者がいるときに相関係数の値が0.15だと，統計的には有意な相関になりますが，信頼区間

● 自由度

は [0.01, 0.28] となって相関関係はほとんどないか，あったとしても低い相関であるということがわかります．研究結果を報告するときは，信頼区間も報告するように心がけましょう．

7-5 自由度とは

　平均値差の検定をしたいと思って統計学のテキストをみると「～は自由度 $n-1$ の t 分布に従い…」などと書かれています．本書でも今後，自由度という用語を用いることがあります．さて，「自由度」とは何のことでしょうか．

　自由度とは，平均，標準偏差，相関係数など，データから計算されるものとは異なります．また，t 値などの検定統計量や，それから計算される p 値のように有意であるとかないとかを判断するための数値とも違います．自由度とは，例えていうなら靴のサイズのようなものです．

　靴を選ぶときに基準とするものは，基本的には材質や色，デザインであり，気に入ったものがあれば，その靴で自分の足の大きさに合うものを買います．サイズが大きい方が良いとか小さい方が良いとかいうことは本来なく，自分の足の大きさに合うことが必要とされます．

　統計的分析においては，靴の材質や色，デザインに相当するものは，研究計画やその研究によって収集されるデータです．収集されたデータから平均値や標準偏差，相関係数などデータの特徴を表す数値が算出され，これらの値に基づいて具体的な解釈を行い結果がまとめられます．

　これに対し自由度は，その値がいくつだからどうだというような具体的な解釈は行われません．自由度は分析の仕方や収集したデータの個数などに応じて定まる値で，データがどんな値であるかは関係ありません．色やデザインに関係なく 22.5cm なら 22.5cm，23.0cm なら 23.0cm の靴があるのと同じようなことです．「これだけの数のデータでこんな分析をする」ということが決まれば自由度の値は決まります．大きいから良いとか小さいから悪いという性質を

●限界値
●自由度の個数

[表7-⑦] 分析方法と自由度の関係

分析方法		分析対象	被験者数	要因	水準数	自由度	統計量
t検定	2つの平均値	対応のある2つの平均値	n	被験者内	2	$n-1$	t
		異なる2群の平均値	n_1+n_2	被験者間	2	n_1+n_2-2	t
分散分析	複数の平均値	1つの被験者間要因	N	被験者間	a	$a-1, N-a$	F
		2つの被験者間要因	N	交互作用 被験者間1 被験者間2	a a b	$(a-1)(b-1), N-ab$ $a-1, N-ab$ $b-1, N-ab$	F F F
		1つの被験者内要因	N	被験者内	a	$a-1, (N-1)(a-1)$	F
		1つの被験者内要因と 1つの被験者間要因	N	交互作用 被験者内 被験者間	a a b	$(a-1)(b-1),(N-b)(a-1)$ $a-1, (N-b)(a-1)$ $b-1, N-b$	F F F
カイ2乗検定	分割表	2つのカテゴリ変数		変数1 変数2	a b	$(a-1)(b-1)$	χ^2

2つの平均値は，複数の平均値の場合の特殊例と考えることもできる．

持った数値ではないのです．

　自由度は，統計的検定において限界値を決めるときなどに用いられます．自由度の値がいくつだから限界値はこれくらいというように，自由度の値に応じて限界値が決められます．また自由度は，信頼区間の幅をどれくらいにするかを求めるときにも利用されます．このように自由度は，それ自体が重要なものではなく，統計分析をするために必要なものにすぎないといえます．

　さて，検定方法によって自由度の個数は1個であったり2個であったりします．それは「こんな分析をする」の部分がかかわっています．端的にいえば，検定統計量としてt統計量やχ^2統計量が出てくる場合は自由度は1個，F統計量が出てくる場合は自由度は2個です．このように自由度は，それぞれの統計量についてまわるものです．t統計量の自由度，χ^2統計量の自由度，F統計量の自由度などといった具合です．**表7-⑦**に分析方法と自由度の関係を示しておきますので，次章以降，具体的な検定方法の自由度が知りたい場合に参照してください．

8 2つの平均値の比較

本章以降では，実際の統計分析について，事例を挙げながら説明します．まず本章では，2つの平均値の比較を扱います．2つの平均値の比較には，対応のある場合と対応のない場合があります．また，一方の平均値が他方の平均値よりも劣らないことをいうための非劣性の検証法として提案されているものについても説明します．

8-1 対応のある2つの平均値の比較

★ 研究例1－「患者と家族の満足度の比較」

大学病院の内科病棟に入院している患者と家族（病棟に一番よく来る者）の看護に対する満足度の比較を行うという研究を考えます．満足度の測定には質問紙（5件法10項目，50点満点）を用います．回答するのは患者とその家族なので，家族ごとに2つのデータが得られます．よって，対応のあるデータとなります．

先行研究を調べてみると，患者の満足度と家族の満足度の差得点の標準偏差の大きさは6.5程度でした．平均値の95%信頼区間の幅を±2以内にしたいと考え，**表3-①**を参考にして，50組の家族を無作為に選んで調査することにしました．

図8-①は収集したデータの一部です．家族ごとに，患者のデータと家族のデータを横（同じ行）に並べて入力しています．

[図8-①] 対応のあるデータの入力例

★ 結果

　患者の満足度の平均値と家族の満足度の平均値を比較するため，対応のあるt検定を行ったところ，**表8-①**のような結果が得られました．なお，統計解析ソフトはSPSS ver. 11.0.1（エス・ピー・エス・エス株式会社）を用いています．以降の各章でもとくに断りのないかぎりこのソフトを使用しています．

　患者と家族の満足度の標本平均と標本標準偏差の値はそれぞれ38.57（6.27），40.03（5.51）で，家族の満足度の方が高くなっています．しかし，統計的検定の結果を見るとp値は.126となっており，5％水準で統計的に有意ではありません．よって，患者の満足度と家族の満足度の平均値に統計的な有意差はないという結果になります．

　差得点の平均値の95％信頼区間の範囲は[−3.34, 0.42]となっており，95％の確率で，この区間が患者の満足度と家族の満足度の母平均の差の値を含むと推定されます（信頼区間の算出は付録A2参照）．

[表8-①] 対応のあるt検定の出力結果

対応サンプルの統計量

		平均値	N	標準偏差	平均値の標準誤差
ペア1	患者	38.57	50	6.274	.887
	家族	40.03	50	5.514	.780

対応サンプルの相関係数

		N	相関係数	有意確率
ペア1	患者＆家族	50	.373	.008

対応サンプルの検定

	対応サンプルの差					t値	自由度	有意確率（両側）
	平均値	標準偏差	平均値の標準誤差	差の95％信頼区間				
				下限	上限			
ペア1 患者−家族	−1.46	6.628	.937	−3.34	.42	−1.558	49	.126

8-2 対応のない２つの平均値の比較

★ 研究例２－「初産婦と経産婦における産前不安の程度の比較」

初産婦と経産婦の産前不安の程度の違いを比較する研究を行うことを考えます．不安度の測定には他の研究で用いられている不安尺度（3件法7項目，21点満点）を用いることにします．初産婦と経産婦とでは回答者の群が異なるので，対応のないデータとなります．

予備調査を行ったところ，初産婦の不安得点の標準偏差が4，経産婦の不安得点の標準偏差が4.5程度となりました．今回の研究では平均値の差の95％信頼区間の幅を±２以内にしたいと考え，**表3-②**を参考にして，被験者は無作為に各群45名集めることにしました．

142

図8-②は収集したデータの一部です．各被験者ごとに，初産婦か経産婦かを表す変数（出産経験．1＝初産婦，2＝経産婦）のデータと不安尺度の得点が入力されています．

★ 結果

初産婦と経産婦の産前不安の平均値を比較するため，対応のないt検定を行ったところ，**表8-②**のような結果が得られました．なお，統計解析ソフトによっては，「対応のない」というところを「独立な」と表現していることもあります．

初産婦と経産婦の産前不安の標本平均と標本標準偏差の値はそれぞれ15.44（3.55），12.49（4.21）で，初産婦の

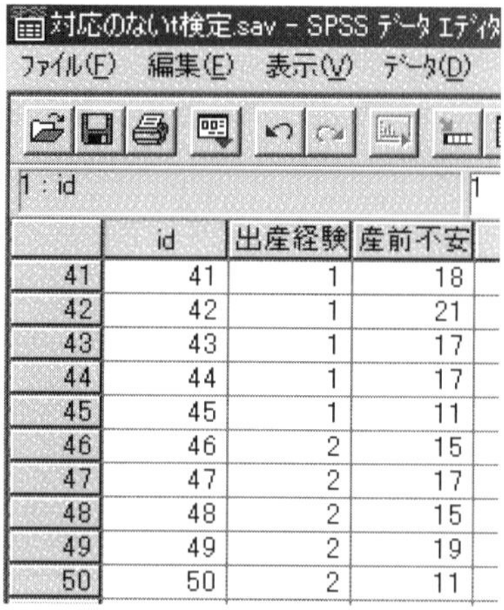

	id	出産経験	産前不安
41	41	1	18
42	42	1	21
43	43	1	17
44	44	1	17
45	45	1	11
46	46	2	15
47	47	2	17
48	48	2	15
49	49	2	19
50	50	2	11

［図8-②］対応のないデータの入力例

●等分散性の検定
●ウェルチの方法

不安度の方が高くなっています．

次に統計的検定の結果を見ますが，t検定の結果を見る前に，等分散性の検定の結果を見ます．これは，t検定では2つの変数の母分散の値が同じ値であることを必要としているからです．**表8-②**において等分散性の検定結果を見るとp値は0.433となっており，統計的に有意ではありません．このことは，2つの変数の分散の値が異なるとはいえないことを示します．よってt検定の結果は，「等分散性を仮定する」場合の結果を見ていきます．もし，等分散性の検定が統計的に有意となり2つの変数の分散の値が異なると判断された場合には，「等分散性を仮定しない」場合のt検定（ウェルチの方法といわれます）の結果を見ることになります．

t検定の結果を見るとp値は0.001となっており，1％水準で統計的に有意になっています．よって，初産婦と経産婦の産前不安の平均値には統計的な有意差があるという結果になります．

平均値の差の95％信頼区間の範囲は[1.32, 4.58]となっており，95％の確率で，この区間が初産婦の不安度と経産婦の母平均の差の値を含むと推定されま

[表8-②] 対応のないt検定の出力結果

グループ統計量

	出産経験	N	平均値	標準偏差	平均値の標準誤差
産前不安	初産婦	45	15.44	3.550	.529
	経産婦	45	12.49	4.210	.628

独立サンプルの検定

		等分散性のためのLeveneの検定		2つの母平均の差の検定						
		F値	有意確率	t値	自由度	有意確率（両側）	平均値の差	差の標準誤差	差の95％信頼区間	
									下限	上限
産前不安	等分散を仮定する	.619	.433	3.593	88	.001	2.95	.821	1.319	4.581
	等分散を仮定しない			3.593	85.560	.001	2.95	.821	1.318	4.582

●平均値の非劣性・同等性

す（信頼区間の算出は付録A3参照）．

8-3 平均値の非劣性・同等性の検証

　平均値を比較する場合には，一方が他方よりも大きい（または小さい）ことを主張したい場合以外に，一方の平均値が他方の平均値に劣らないとか同等であることをいいたい場合もあります．例えば，従来から定評のある学習指導方法があったとします．しかし，それが教える側に非常な負担をかけるものであったとすると，もし，同じくらいの指導効果があって，もっと負担の軽い指導方法が開発されれば，新しい指導方法に切り替えることが望まれます．新しい指導方法の方が指導効果が大きいわけではないのですが，教える側の負担が軽くなるというメリットを持っているからです．

　本節では，このように，一方の平均値が他方の平均値に劣らないことをいいたい場合の統計分析法について説明します．

★ 研究例3－「CAI教材の教育効果の非劣性の検証」

　術後看護教育用のCAI教材を開発しました．そして，従来行ってきた，講義と病棟見学を合わせた形式の指導法との教育効果の比較を行う研究を考えます．CAI教材を用いて学習する群と，従来の指導方法を行う群に被験者を無作為に分け，指導後に行うテスト（100点満点）の平均点を比較することにします．CAI教材を用いる群と従来の指導を行う群で被験者が異なりますから，対応のないデータとなります．

　毎年の傾向からテスト得点の標準偏差の値は9程度であると予想されました．今回の研究では，平均値の差の95%信頼区間の幅を標準偏差の1/3以内にしたいと考え，**表3-②**を参考にして，被験者を各群無作為に80名ずつ集めることにしました．

★ 平均値に有意差がないだけではダメ

　CAI法と従来法のテスト得点の標本平均と標本標準偏差の値はそれぞれ71.53（8.96），70.97（9.04）で，CAI法の方がテスト得点の平均値が高くなっています．

　CAI法と従来法のテスト得点の平均値の比較を行うため，対応のない t 検定を行いました．その結果を**表8-③**に表示します．検定結果を見ると，まず等分散性の仮定の検定結果は p 値が0.981で有意ではないので，「等分散性を仮定する」場合の t 検定の結果をみればよいことがわかります．等分散性を仮定する場合の t 検定の結果は p 値が0.694で5%水準で統計的に有意ではなく，CAI法

[表8-③] 平均値の非劣性検証のための出力結果

グループ統計量

	指導法	N	平均値	標準偏差	平均値の標準誤差
得点	CAI法	80	71.53	8.960	1.002
	従来法	80	70.97	9.040	1.011

独立サンプルの検定と95%信頼区間

		等分散性のためのLeveneの検定		2つの母平均の差の検定					
		F値	有意確率	t値	自由度	有意確率（両側）	平均値の差	差の標準誤差	差の95%信頼区間	
									下限	上限
得点	等分散を仮定する	.001	.981	.394	158	.694	.56	1.423	-2.251	3.371
	等分散を仮定しない			.394	157.988	.694	.56	1.423	-2.251	3.371

独立サンプルの検定と90%信頼区間

		等分散性のためのLeveneの検定		2つの母平均の差の検定					
		F値	有意確率	t値	自由度	有意確率（両側）	平均値の差	差の標準誤差	差の90%信頼区間	
									下限	上限
得点	等分散を仮定する	.001	.981	.394	158	.694	.56	1.423	-1.794	2.914
	等分散を仮定しない			.394	157.988	.694	.56	1.423	-1.794	2.914

- ●非劣性
- ●同等性
- ●優越性
- ●非劣性マージン
- ●同等性マージン

による教育と従来法による教育のテスト得点の平均値に統計的な有意差はありません．

　平均値に統計的な有意差がないから，2つの平均値は同等，つまり，CAI法による指導は従来法による指導と同等の教育効果があると考えたくなるところですが，残念ながらそう単純に考えることはできません．「有意差がない」ということは，有意差を示すほどのことではなかったというだけで，劣らないとか同等であると積極的にいうところまでは保証してくれないのです．たとえていうなら，交際を申し込んだ相手から「嫌い」とはっきり断られなかったとしても，それがすぐさま「好き」を意味するわけではないようなものです．「好き」と「嫌い」の間には，「嫌いじゃない」「好きでも嫌いでもない」などいろいろな段階があるのです．

★ 信頼区間を利用した非劣性の判定

　一方の平均値が他方の平均値に劣らない（非劣性），同程度である（同等性），勝る（優越性）というそれぞれのことを判定する方法の1つとして，平均値の差の信頼区間を利用した方法が提案されていますので紹介します．詳しくは広津（2004）などを読んでください．なお信頼区間の算出は，付録「信頼区間の推定」を参照してください．

　まず，平均値の差の信頼区間（平均値の差は，「劣らないことをいいたい方の平均値 − 比較対象の平均値」とします）の下限がどこまで低くなったら「劣る」ということにするかの限界値を決めます．この限界値の大きさを非劣性マージンといいます（同等性マージンという場合もあります）．非劣性マージンの大きさとしては，母集団における2つの変数の標準偏差の大きさの1/3が適当であるといわれています．t検定では2つの変数の分散の大きさは等しいと仮定しますから，2つの変数の標準偏差も同じ値であると仮定されます．しかし，母集団における標準偏差の値はわかりませんから，データから推定するこ

とになります.

　いまの例の場合，CAI法のテスト得点の標準偏差が8.96，従来法のテスト得点の標準偏差が9.04で被験者数は80名と同数になっていますから，標本標準偏差の中間の値を取って，母集団における2つの変数の標準偏差の値を9と推定することにします（詳しい計算は，付録A3の，2つの変数に共通な母分散の不偏推定量の正の平方根（s）の推定を参照してください）．すると非劣性マージンの大きさは9/3＝3となります.

　平均値の差の信頼区間を利用した，非劣性，同等性，優越性の判定方法は次のようにします．まず，信頼区間として，95%信頼区間（95%CI；confidence interval）と，90%信頼区間（90%CI）の2つを作成します．そして，それぞれの信頼区間の下限の値と，非劣性マージンをマイナス側に取った値（－Δと表現します）を比較します．比較した結果が以下のようになるとき，それぞれ非劣性，同等性，優越性がいえることになります.

```
    95%CIの下限  <  －Δ                              →  非劣性はいえない
－Δ ≦ 95%CIの下限 ≦ 0   かつ      90%CIの下限 < 0    →  非劣性まではいえる
－Δ ≦ 95%CIの下限 ≦ 0   かつ 0 ≦ 90%CIの下限         →  同等性までいえる
    0  <  95%CIの下限                                →  優越性がいえる
```

　いまの例でどうなるか見てみましょう．平均値の差の95%信頼区間は[－2.25, 3.37]，90%信頼区間は[－1.79, 2.91]と推定されています．信頼区間と非劣性マージンとの関係を**図8-③**に示します．**図8-③**を見ると，まず，95%信頼区間の下限は－3（－Δ）と0の間にありますから，非劣性か同等性がいえることがわかります．次に90%信頼区間の下限の値を見ると0よりも小さくなっていますから，非劣性まではいえますが，同等性はいえないことがわかります．つまり，CAI法による指導は従来法による指導に劣らない教育効果を持つといえることになります.

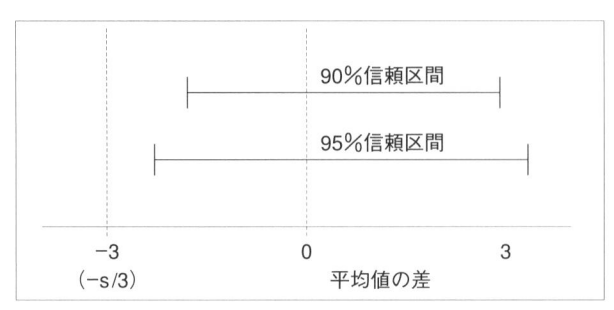

[図8-③] 平均値の非劣性の検証

　信頼区間を利用した非劣性・同等性の検証においては，非劣性マージン（Δ）の大きさをどのように決めたかが重要な問題になります．実際の研究でこの方法を用いる場合には，母集団における標準偏差の値をいくつと推定したか，非劣性マージンをどのように決めたかを明らかにしておく必要があるでしょう．

⑨ 多数の平均値の比較

本章では多数の平均値の比較を行う方法，すなわち，分散分析について説明します．分散分析の基本的な考え方についてまず説明し，その後，対応のない平均値の比較，対応のある平均値の比較などの具体例を見ていきます．多重比較や交互作用についても具体例の中で説明します．

9-1 分散分析の基本的な考え方

　平均値の比較をするのに，なぜ「分散」がでてくるのかと思う方も多いでしょう．簡単にいうと，多数の平均値があるからそれらの散らばりの大きさを考えて，平均値が大きく散らばっているようであれば平均値の間に統計的有意差があるということにする，というのが分散分析です．平均値の散らばり具合，すなわち，平均値の分散を考えるから，分散分析という呼び名になるのです．

★ データの散らばりと平均値の散らばり

　大学生のテレビ視聴時間を自宅生，下宿生，寮生別に調査して，その平均値を比較する場合を考えましょう．個々の学生は自宅生，下宿生，寮生のいずれかの群に属しますから対応のない平均値の比較になります．分散分析では，このような場合を被験者間要因の分析といいます．

　被験者全体のテレビ視聴時間の分布が図9-①のようになっているとします．図9-①の分布は，被験者が自宅生であるか，下宿生であるか，寮生であるかの区別はせず，全被験者のデータを込みにしてテレビ視聴時間の分布を表したものです．

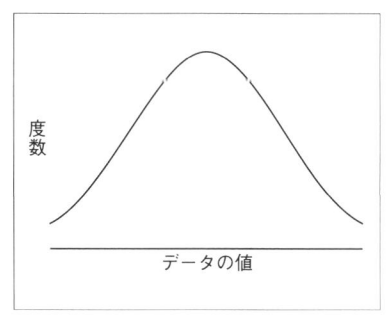

［図9-①］全体のデータの分布

●分散分析
●被験者間要因

　いまこの全体の分布は変わらないものとして，各群の平均テレビ視聴時間に差がある場合と差がない場合を考えてみましょう．**図9-②**にその様子を示します．

　図9-②の一番上の左側 (1) の図は，各群の平均テレビ視聴時間の差が大きい場合です．その右側 (2) の図は，各群の平均テレビ視聴時間にそれほど差がない場合の図です．

　図9-②の左側 (1) の図では，各群の平均値の周りに各群の被験者のテレビ視聴時間の分布が集まっており，各群ごとのテレビ視聴時間の分布が分かれているように見えます．よって，テレビ視聴時間が何時間であれば，どの群の学生かがだいたい予想がつきます．これに対し右側の図 (2) では，各群の被験者のテレビ視聴時間の分布の散らばりが大きく，各群ごとのテレビ視聴時間の分布が分離しているようには見えません．よって，テレビ視聴時間が何時間かわかっても，

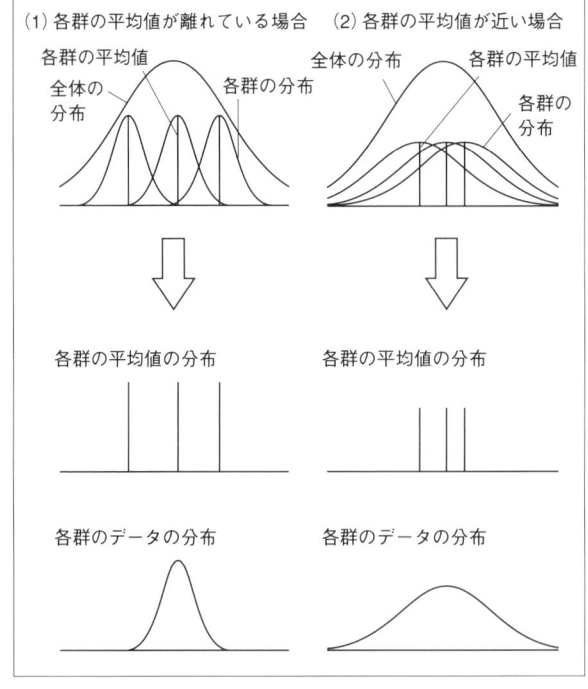

[図9-②] 平均値の分布と各群のデータの分布

9章 [多数の平均値の比較]

●平方和の分割
●全体平均
●全体平方和

どの群の学生かはっきり予想することは困難です．

　各群の平均値の分布と，各群ごとの被験者のテレビ視聴時間の分布を示したのが，**図9-②**の矢印の下の図です．この図のように，全体のデータの分布が変わらなければ，平均値の散らばりが大きければ各群の被験者のテレビ視聴時間の散らばりは小さく，反対に，平均値の散らばりが小さければ各群の被験者のテレビ視聴時間の散らばりは大きくなります．よって，各群の平均値の散らばり具合（**図9-②**の中段の図）が，各群の被験者のデータの散らばり具合（**図9-②**の下段の図）よりもどの程度大きかったら，平均値の間に統計的に有意な差があるといえるかどうかを考えることができます．

★ 三平方の定理と平方和の分割

　2-1節で統計学は三平方の定理が大好きであるといいました．そして**2-4**節では，分散は三平方の定理における正方形の面積を反映していると説明しました．多数の平均値の比較を行う分散分析も「分散」という名が付くことから予想されるように，三平方の定理を応用したものとなっています．

　データ全体の散らばり，平均値の散らばり，各群のデータの散らばりの関係を見てみましょう．データ全体の散らばりは，全体平均からのデータの散らばりということができます．全体平均とは，全被験者のデータを込みにして求めた平均値のことです．

　全体平均からのデータの散らばりのことを，分散分析では全体平方和と呼びます．**2-4**節でデータの散らばり具合を計算するときに，データから平均値を引いたものを2乗（平方）した値を求め，それを全被験者について計算し合計する（和を計算する）という作業を行いました．全体平方和は，各データの値から全体平均を引いて2乗（平方）したものを全被験者について合計する（和を計算する）ので，この名がつけられています．

　平均値の散らばりの前に，各群のデータの散らばりを考えておきましょう．

- 群内平方和
- 残差平方和
- 群間平方和

　各群のデータの散らばりは，各群の平均値からのデータの散らばりということができます．データから各群の平均値を引いて2乗した値を全被験者について足し合わせます．この値は群内平方和と呼ばれます．場合によっては残差平方和と呼ばれることもあります．

　さて，平均値の散らばりはどうでしょうか．平均値の散らばりは，全体平均からの平均値の散らばりといえます．平均値の散らばり具合を求めるには，各群の平均値から全体平均を引いて2乗したものの和を計算するのですが，データ全体の散らばりや各群のデータの散らばりと話を合わせるためには，全被験者数分の値を合計する必要があります．データ全体の散らばりや各群のデータの散らばりは全被験者数分のデータの散らばりを合計しているからです．そこで，平均値の散らばりを求めるときには，各群の平均値から全体平均を引いて2乗したものをその群の人数分作り，それら全体の合計を計算することにします．これを群間平方和と呼びます．

　このようにして計算される3つの平方和は，全体平方和はデータ全体の散らばり，群内平方和は各群のデータの散らばり，群間平方和は平均値の散らばりを表します．そして，これら3つの平方和には，

$$全体平方和 = 群間平方和 + 群内平方和 \tag{9.1}$$

という関係が成り立ちます．平方和は正方形の面積で表されますから，9.1式は三平方の定理と同じ形式になっています．よって，この3つの平方和の関係を**図9**-③のように表すことができます．平均値の散らばりが大きければ群間平方和は大きくなります．反対に，平均値の散らばりが小さければ群間平方和は小さくなります．

★ 散らばりの大きさの比較

　分散分析では，平均値の散らばりと各群のデータの散らばりの大きさを比較

● F 統計量
● 自由度

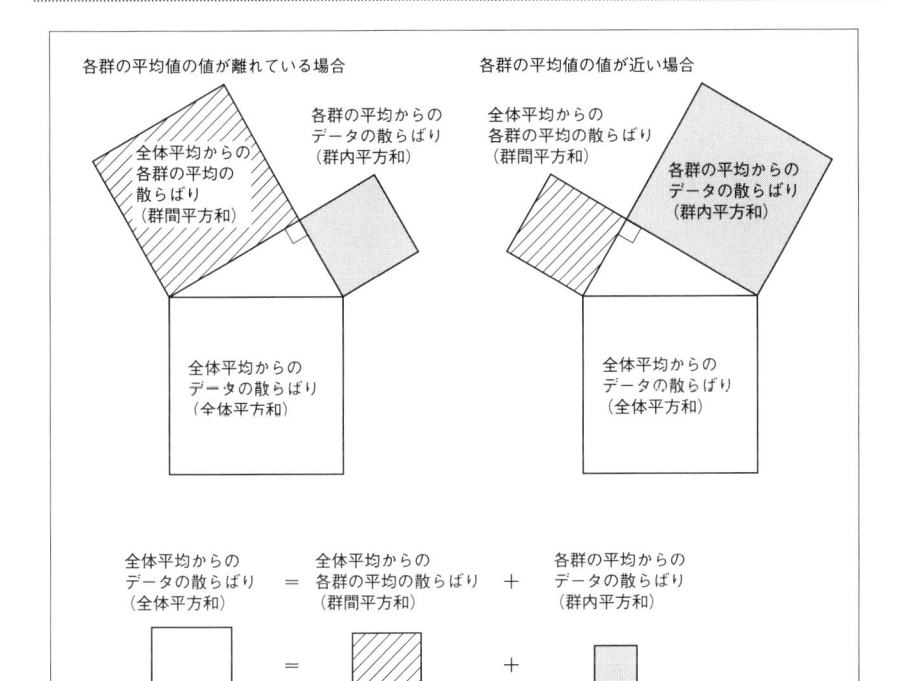

[図9-③] 平方和の分割

して，平均値に統計的有意差があるかどうかを判定しますが，群間平方和や群内平方和をそのまま使うことはしません．散らばり具合の比較を行うときには F 統計量というものを計算するのですが，これは平方和を自由度で割った値を利用するようにできています．

群間平方和の自由度は「群の数 − 1」，群内平方和の自由度は「被験者数 − 群の数」ということが知られていますので，まず群間平方和をその自由度で割ります．これを群間平均平方といいます．群内平方和もその自由度で割って群内平均平方を求めます．そうすると，群間平均平方と群内平均平方の比が F 統計量になります．

1．分散分析の基本的な考え方

- F 検定
- 分散の等質性
- t 検定

　F 統計量の値が計算できたら，あとは2つの平均値の比較のときに行った t 検定と同じです．すなわち，F 検定というものを行います．F 統計量の値がある限界値よりも大きければ，統計的に有意であるとして，平均値の間に統計的に有意な差があると判定します．反対に，F 統計量の値が限界値よりも小さければ，平均値の間に統計的に有意な差はないと判定します．

★ 分散の等質性について

　分散分析では，各変数の母分散の大きさが同じ（等質）であるということを仮定します．しかし，現実のデータを扱うときに，各変数の母集団における分散の値が全く同じであるということはあまりありません．それでは母分散が等質でない場合，分散分析はできないのかというと，そうでもありません．分散分析はけっこう頑健な分析方法で，母分散が等質でなくとも分析結果がそんなに変にはならないことが知られています．データの標準偏差の値が極端に異なる場合は別ですが，データの標準偏差の値に少々差があっても，分散分析は実用に耐える分析方法であるといえます．

★ 分散分析と t 検定

　分散分析は多数の平均値の間に統計的有意差があるかどうかを判定する方法です．一方，t 検定は2つの平均値の間に統計的有意差があるかどうかを判定する方法です．慣例として，2つの平均値の比較は t 検定，3つ以上の平均値の比較は分散分析ということになっていますが，分散分析でいう「多数」とは2以上のことを指しますので，2つの平均値の比較を分散分析で行っても間違いではありません．また，t 統計量と F 統計量には一定の関係がありますので，2つの平均値の比較を t 検定で行っても分散分析で行っても検定結果は全く同じになります．

●多重比較法
●テューキー法

　では，平均値が3つあるとき，その中から2つずつ平均値を取り出してきてt検定を行うということを繰り返したら分散分析と同じ結果になるかというと，残念ながらそうはなりません．分散分析は，3つの平均値が等しいといえるかどうかの検定なので，統計的に有意となる場合には，3つの平均値のうち少なくとも1つはほかと異なるということはいえますが，どの平均値がほかと異なるかまではわかりません．一方t検定は，2つの平均値が等しいといえるかどうかの検定なので，統計的に有意になればこの平均値とこの平均値は異なるとなって，どの平均値が異なるかまでわかってしまうことになります．また，検定を繰り返すとそれだけ判断が甘くなるという問題も別に発生してきます．よって，t検定を繰り返したものと分散分析との結果は一般には一致しません．

9-2 多重比較法について

　3つ以上の平均値の比較を分散分析で行って統計的に有意となっても，どの平均値がほかと異なるかまではわからないと前節で説明しました．しかし，それでは実際の研究をするとき，どの平均が高いのか，どの平均が低いのかを具体的にいうことができなくて困ってしまいます．平均値が3つ以上あるときにどれがほかのものと異なるといえるのかを判定する方法はないのでしょうか．

　平均値が3つ以上ある場合も，どれとどれの間に統計的有意差があるとかないとかいう方法があります．多重比較法といわれる方法です．多重比較法にはいろいろな方法があり，統計解析ソフトではどの方法を使うかを研究者が決められるようになっています．ここでは，よく用いられる3つの方法と，用いるべきではないとされているいくつかの方法について説明します．

✱ テューキー（Tukey）法

　入院患者の看護に対する満足度を，「消化器系疾患」「呼吸器系疾患」「循環器系疾患」の患者を対象に調査して，疾患別の満足度の比較を行う場合を考え

- テューキー・クレマー法
- ダネット法
- シェッフェ法

ましょう．比べるべきは，消化器系疾患患者の満足度の平均値，呼吸器系疾患患者の満足度の平均値，循環器系疾患患者の満足度の平均値です．

　この例で，消化器系と呼吸器系，消化器系と循環器系，呼吸器系と循環器系のように，すべての平均値間の対比較を行いたい場合にはテューキー（Tukey）法を用いるのが良いとされています．当初テューキー法は各群の被験者数が同じでなければならないといわれていましたが，その後の研究で，テューキー法は各群の被験者数が同じでなくても十分実用に耐えることが示されています．被験者数が不揃いの場合の方法をテューキー・クレマー（Tukey-Kramer）法ということもあります．なお，テューキー法とテューキーのb法といわれるものは異なるので注意してください．

★ ダネット（Dunnett）法

　新薬の開発において，自社従来薬と他社従来薬に対する自社新薬の効果の検討を行いたい状況を考えます．つまり，自社従来薬と他社従来薬の比較には関心がなく，自社従来薬と自社新薬，他社従来薬と自社新薬の比較だけを行いたい場合です．このように1つの群が特別な意味を持ち（いまの場合，自社新薬），その群と他の群との比較を行いたい場合はダネット（Dunnett）法を用いるのが一般的です．特別な群を含まない平均値間の比較（いまの場合，自社従来薬と他社従来薬）には関心がないことが条件です．実験群がいくつかあるとき，実験群同士の比較は行わなくてよく，対照群と実験群の比較だけを行う場合も，対照群を特別な群と考えてダネット法を用いることができます．

★ シェッフェ（Scheffé）法

　テューキー法やダネット法では，分散分析の結果は有意ではないのに多重比較を行うと有意な結果が出るという場合があります．これは，分散分析が，とにかく従来薬（自社従来薬と他社従来薬の平均）と自社新薬との比較や，とに

かく自社薬（自社従来薬と自社新薬の平均）と他社従来薬との比較など，群を結合した上での平均値の比較を行うことも想定した検定を行っているのに対し，テューキー法やダネット法は個々の平均値間の比較だけを対象とした検定を行っていることによります．分散分析の方がより多くのことに対応することを考えているため，控えめな（有意になりにくい）結果を示すようになっているのです．分散分析とこれらの多重比較は本来異なる原理に基づいた統計手法なので，結果の不整合が起きてしまうわけです．

　このような不整合が起きない多重比較法としてシェッフェ（Scheffé）法があります．シェッフェ法で多重比較を行ってどこかの比較が有意になれば，分散分析の結果も有意となっていますし，シェッフェ法の多重比較を行ってどこの比較も有意にならなければ，分散分析の結果も有意ではありません．分散分析で有意でないのに多重比較で有意になることに気持ち悪さを感じる場合にはシェッフェ法を用いることがすすめられます．

★ 良くないとされている多重比較法

　多重比較法の開発途上段階で提案されたものや，開発後に問題が指摘されたものなどとして，SASのマニュアルでは，GT2，ダンカン（Duncan），スチューデント・ニューマン・クールズ（Student-Newman-Kuels，SNK）などの方法は使用するべきではないとしています．まれにスチューデント・ニューマン・クールズが良いとしている統計学の本を見かけますが，研究が進んだ現時点では良くない方法の部類に入れられています．また，いくつかの統計解析ソフトで出力されるフィッシャーのLSD法も，t検定の繰り返しのようになるので良くないとされています．

●被験者内要因計画　　●多変量分散分析
●対応のある1要因　　●Pillai のトレース

9-3　対応のある1要因の平均値の比較

★ **研究例4**－「看護学生における医学，心理学，教育学の有用感の比較」

　看護学科に在籍する学生が医学，心理学，教育学のそれぞれをどの程度有用と考えているかを測定し，有用感の比較を行う研究を考えます．有用感の測定には質問紙（4件法3項目，12点満点）を用います．

　各被験者が医学，心理学，教育学の有用感について回答しますので，対応のあるデータとなります．対応のあるデータを収集する研究計画を被験者内要因計画といいます．

　先行研究はとくに見あたらなかったので，とりあえず平均値に大きな差があるかどうかを把握するため信頼区間の幅を±0.8標準偏差程度とすることにし，被験者は20名集めることにしました．

★ **結果**

　看護学生の医学，心理学，教育学に対する有用感の平均値を比較するため，対応のある1要因の分散分析を行ったところ，**表9-①**のような結果が得られました．なお，統計解析ソフトはSPSSを用いています．

　各科目の有用感の標本平均と標準偏差は，医学7.73（1.54），心理学8.12（1.00），教育学7.43（1.85）となっており，心理学の有用感が高くなっています．

　さて，対応のある要因の分散分析については，いくつかの方法が提案されており，現在も研究が続けられています．それゆえ，統計解析ソフトの出力結果もいくつかの方法における分析結果を出力します．

● ● ●

　分析方法としてまずあるのは（一般化）多変量分散分析といわれるものを用いる方法です．**表9-①**において「多変量検定」と書いてあるものです．多変量検定にもいくつかの方法があり，統計解析ソフトではPillai（ピライ）のトレー

[表9-①] 対応のある1要因の分散分析の結果

記述統計量

	平均値	標準偏差	N
医学	7.73	1.540	20
心理学	8.12	1.000	20
教育学	7.43	1.850	20

多変量検定

効果		値	F値	仮説自由度	誤差自由度	有意確率
科目	Pillaiのトレース	.202	2.277	2.000	18.000	.131
	Wilksのラムダ	.798	2.277	2.000	18.000	.131
	Hotellingのトレース	.253	2.277	2.000	18.000	.131
	Royの最大根	.253	2.277	2.000	18.000	.131

Mauchlyの球面性検定
測定変数名:MEASURE_1

被験者内効果	MauchlyのW	近似カイ2乗	自由度	有意確率	イプシロン		
					Greenhouse-Geisser	Huynh-Feldt	下限
科 目	.935	1.216	2	.544	.939	1.000	.500

正規直交した変換従属変数の誤差共分散行列が単位行列に比例するという帰無仮説を検定します。

被験者内効果の検定
測定変数名:MEASURE_1

ソース		タイプIII平方和	自由度	平均平方	F値	有意確率
科 目	球面性の仮定	4.788	2	2.394	2.354	.109
	Greenhouse-Geisser	4.788	1.877	2.550	2.354	.113
	Huynh-Feldt	4.788	2.000	2.394	2.354	.109
	下限	4.788	1.000	4.788	2.354	.141
誤 差(科目)	球面性の仮定	38.642	38	1.017		
	Greenhouse-Geisser	38.642	35.669	1.083		
	Huynh-Feldt	38.642	38.000	1.017		
	下限	38.642	19.000	2.034		

- Wilksのラムダ
- Hotellingのトレース
- Royの最大根
- Mauchlyの球面性検定

ス，Wilks（ウィルクス）のラムダ，Hotelling（ホテリング）のトレース，Roy（ロイ）の最大根という代表的な4つの方法の分析結果を出力します．

　これらの分析結果を見るときは，p値（有意確率）が一番大きなものに注目して，それが統計的有意性を示しているかどうかを確認するというのが安全な方法です．いまの例の場合，4つの方法のp値はどれも0.131ですので，いずれにしろ統計的有意性は示されないと解釈できます．いま，4つのp値はたまたま同じ値でしたが，例えば各変数の標準偏差の大きさに大きな違いがあるとき，4つのp値は異なる値になってきます．

● ● ●

　対応のある要因の分散分析としてほかにある方法は，通常の分散分析を行う方法ですが，それが適切な結果を示すためには，任意の2つの変数の差得点の母分散が等質であるという球面性の仮定が必要になってきます．そこで，通常の分散分析を行う前に球面性の検定を行います．**表9-①**の「Mauchly（モクリー）の球面性検定」というものです．そのp値を見ると0.544となって統計的に有意ではありませんから，球面性の仮定は満たされていると判断します．よって，分散分析の結果（**表9-①**の「被験者内効果の検定」のところ）の「球面性の仮定」と書かれている行のp値を見て統計的有意性を判断します．いまその値は0.109ですから統計的に有意ではない（母集団平均に差があるとはいえない）と判断されます．

　球面性の検定のp値が0.05よりも小さく統計的有意となる場合は，球面性の仮定は満たされないことになります．この場合は，「被験者内効果の検定」の表のGreenhouse-Geisser（グリーンハウス・ガイサー），Huynh-Feldt（ハイン・フェルト），下限の3つの場合のp値のうち一番大きなものに注目して，それが統計的有意性を示しているかどうかを確認するというのが安全な方法です．いまの例では下限のところのp値が0.141と一番大きく，いずれにしろ統計的有意性を示していないことがわかります．

●被験者間要因
●対応のない1要因

分析結果を具体的に判断すると，看護学生の医学，心理学，教育学に対する有用感の平均値に大きな差があることを指し示すような統計的有意差は見られなかったという判断になります．

9-4 対応のない1要因の平均値の比較

★ 研究例5－「自宅生，下宿生，寮生のテレビ視聴時間の比較」

大学生のテレビ視聴時間を自宅生，下宿生，寮生別に調査し，それらの平均値を比較する研究を考えます．各被験者には1週間テレビを見た時間を記録してもらいそれを日数（7日）で割って，その被験者のテレビ視聴時間とすることにします．

被験者は自宅生，下宿生，寮生のいずれかの群に属しますから，対応のないデータとなります．対応のないデータを収集する研究計画を被験者間要因計画といいます．

先行研究はとくに見あたらなかったので，平均値の差に中程度の効果があるかどうかを把握することにし，信頼区間の幅を±0.5標準偏差程度とすることにしました．よって，被験者は各群40名合計120名集めることになりました．

★ 結果

自宅生，下宿生，寮生のテレビ視聴時間の平均値を比較するため，対応のない1要因の分散分析を行ったところ，**表9-❷**のような結果が得られました．

各群のテレビ視聴時間の標本平均と標準偏差は，自宅生1.76（0.56），下宿生2.68（0.79），寮生1.63（0.34）となっており，下宿生の平均値が高くなっています．

分散分析の結果を見ると，p値（有意確率）は.000と表示されており，平均値間に統計的有意差があることが確認されます．

そこで，どの群とどの群の平均値の間に統計的有意差があるかを調べるた

[表9-②] 対応のない1要因の分散分析の結果

記述統計
視聴時間

	度数	平均値	標準偏差	平均値の95%信頼区間	
				下限	上限
自宅生	40	1.76	.56	1.58	1.94
下宿生	40	2.68	.79	2.43	2.93
寮生	40	1.63	.34	1.52	1.74
合計	120	2.02	.75	1.89	2.16

分散分析
視聴時間

	平方和	自由度	平均平方	F値	有意確率
グループ間	26.211	2	13.105	37.326	.000
グループ内	41.079	117	.351		
合計	67.289	119			

多重比較
従属変数：視聴時間
Tukey HSD

(I) 住居	(J) 住居	平均値の差(I−J)	標準誤差	有意確率	95%信頼区間	
					下限	上限
自宅生	下宿生	−.92*	.13	.0000	−1.23	−.61
	寮生	.13	.13	.5902	−.18	.44
下宿生	自宅生	.92*	.13	.0000	.61	1.23
	寮生	1.05*	.13	.0000	.74	1.36
寮生	自宅生	−.13	.13	.5902	−.44	.18
	下宿生	−1.05*	.13	.0000	−1.36	−.74

*平均の差は.05で有意

視聴時間
Tukey HSD[a]

住居	度数	α=.05のサブグループ	
		1	2
寮生	40	1.63	
自宅生	40	1.76	
下宿生	40		2.68
有意確率		.59	1.00

[a] 調和平均サンプルサイズ=40.000を使用

●対応のない2要因
●水準

め，テューキーの多重比較の結果を見ます．多重比較の結果を見ると，自宅生と下宿生，寮生と下宿生の平均値の間に統計的有意差があるとなっています．そして，自宅生と寮生の平均値で1つのグループ，下宿生の平均値で別のグループ（**表9-②**の一番下の表）と考えられることがわかります．

　以上から，下宿生は，自宅生や寮生に比べ，テレビ視聴時間が少なくとも中程度の効果以上長いという判断がなされます．なお，テューキーの多重比較における95％信頼区間を見ると，下宿生と自宅生の平均テレビ視聴時間の差の信頼区間は[0.61，1.23]，下宿生と寮生の差の信頼区間は[0.74，1.36]となっており，95％の確率で，これらの区間が母平均の差の値を含むと推定されます．

9-5 対応のない2要因の平均値の比較

★ 研究例6 −「専攻への適応度と学年の違いによる文章力の比較」

　大学生の専攻への適応度および学年の違いによる文章力の平均値を比較する研究を考えます．各被験者は，学年（1〜4年），専攻への適応度を測定する質問項目（3件法10項目，30点満点），文章力に関する質問項目（5件法6項目，30点満点）に回答するようにします．専攻への適応度の得点に基づいて，今回の研究では，各学年ごとに高適応群と低適応群に被験者を2等分することにします（実際には，学年ごとではなく全学年の分布を使って被験者を2分する方が適切ですが，ここでは被験者数を決めるときの都合上，各学年ごとに適応度の群分けをするとしています）．

　各被験者は，高適応群か低適応群のいずれか，また，1〜4年のいずれかに属しますから，対応のない要因が2つあることになります．このようなデータを収集する研究計画を2要因の被験者間計画といいます．

　平均値の差に中程度の効果があるかどうかを把握することにし，信頼区間の幅を±0.5標準偏差程度とすることにしました．また，学年の水準数が4水準あることを考慮して，被験者は各群50名合計400名集めることにしました．な

[表9-③] 対応のない2要因の分散分析結果

記述統計量
従属変数：文章力

適応度	学年	平均値	標準偏差	N
高適応群	1	12.00	1.860	50
	2	13.80	2.010	50
	3	17.10	2.900	50
	4	20.40	3.110	50
低適応群	1	10.20	1.880	50
	2	10.60	1.950	50
	3	11.10	2.790	50
	4	12.30	3.030	50

被験者間効果の検定
従属変数：文章力

ソース	タイプIII平方和	自由度	平均平方	F値	有意確率
修正モデル	4468.939[a]	7	638.420	102.385	.000
切片	72226.554	1	72226.554	11583.167	.000
適応度	2280.065	1	2280.165	365.660	.000
学年	1591.690	3	530.563	85.088	.000
適応度＊学年	597.184	3	199.061	31.924	.000
誤差	2444.306	392	6.235		
総和	79139.800	400			
修正総和	6913.246	399			

[a] R2乗＝.646（調整済みR2乗＝.640）

お，水準とは，高適応か低適応かということ，または，どの学年かということです．適応度の場合は2水準，学年の場合は4水準あるということになります．

★ 結果

各群の文章力の標本平均と標準偏差を**表9-③**および**図9-④**に示します．これらの図表をみると，各学年において低適応群よりも高適応群の方が文章力が高く，また，学年が上であるほど文章力が高いことが推察されます．

分散分析の結果をみると，適応度，学年，適応度＊学年のそれぞれの行のp値はいずれも.000と表示されており，どれも統計的に有意になっています．適応度の違いによる平均値の違いを適応度の主効果といいます．学年の違いによ

● 主効果
● 交互作用

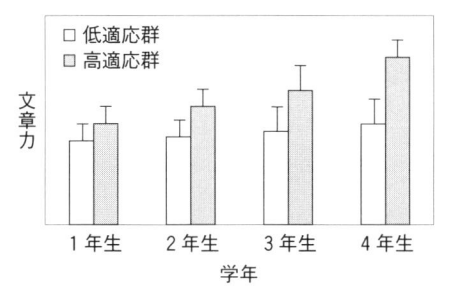

[図9-④] 対応のない2要因の平均値の比較

る平均値の違いを学年の主効果といいます．適応度と学年を掛け合わせたときの平均値の違いを適応度と学年の交互作用といいます．よって，いまの分析結果は，主効果も交互作用もみんな統計的に有意となっている状況です．

さて，結果を解釈するにはこれらをどのように見ていけばよいでしょうか．

★ まず交互作用を見る

2要因以上ある分散分析では，まず，交互作用に着目します．交互作用とは，2つ以上の要因があるとき，1つの要因の水準ごとに，測定変数に対するほかの要因の効果が異なることをいいます．

いまの場合，交互作用が有意ですから，専攻への適応度の違いによって文章力に対する学年要因の効果が異なるということになります．平均値を見てみると，高適応群では高学年になるにつれ文章力が著しく高くなりますが，低適応群では高学年になってもそれほど文章力は高くはならないと解釈できます．

★ 主効果の検討

交互作用が有意である場合，それぞれの要因の主効果の吟味は意味がないという主張があります．高適応群と低適応群とでは文章力に対する学年の効果が異なるのだから，適応度別に学年の効果を見るべきであって，高適応群と低適

● 単純主効果　　●対応のある要因と対応の
● ICH E9　　　　　ない要因

応群のデータを込みにした学年の効果を見ても仕方がないというわけです．同様に，交互作用があるということは，学年ごとに高適応群と低適応群の文章力の違いに差があるということでもありますから，学年別に適応度の効果を見るべきであって，1年から4年までのデータを込みにした適応度の効果を見ても意味がないということになります．

　適応度別の学年の効果や，学年別の適応度の効果は，単純主効果と呼ばれます．先ほどのように，高適応群では高学年になるにつれ文章力は著しく高くなるけれど，低適応群では高学年になってもそれほど文章力は高くはならないと統計学的に解釈するためには，本来なら単純主効果というものの検討をしなければならないのですが，残念ながら現在の統計解析ソフトでは，標準では単純主効果の検討は行ってくれないようです．

　交互作用が統計的に有意でなければ，適応度や学年の主効果の検定結果を見て，適応度の主効果（適応度の違いによる文章力の差）があるかどうか，学年の主効果（学年の違いによる文章力の差）があるかどうかを検討します．その際，どの水準間に差があるかを把握するため，多重比較も行うとよいでしょう．

　なお，臨床試験の国際的なガイドラインであるICH E9には，まず主効果から検討するように書かれていますが，交互作用があれば主効果の意味はあまりなく，結局は交互作用の解釈が中心的となりますから，いずれにしても検定結果を見るときは，まず交互作用が統計的に有意であるかどうかに着目する必要があるといえます．

9-6 対応のある要因と対応のない要因がある場合の平均値の比較

★ 研究例7－「英語の特訓効果の検証－実験群と対照群の事前・事後平均点の比較」

　ある英語の特訓方法が有効であるかどうかを調べるため，特訓を行う群（実

●実験群
●対照群
●事前・事後テスト

験群）と通常の講義だけを行う群（対照群．統制群，コントロール群などということもあります）の事前・事後の英語テストの平均値を比較する研究を考えます．各被験者は無作為に実験群か対照群に振り分けられ，事前・事後テスト（100点満点）を受けます．なお，テスト問題を記憶していると得点が高くなってしまうことが予想されるため（記憶効果），2回のテストは内容は異なるが難易度は同じであることがわかっているテスト問題を用いることにします．

各被験者は実験群か対照群かのいずれかに属しますから，対応のない要因が1つあります．また，各被験者は事前テストと事後テストの両方に解答しますから，対応のある要因も1つあります．このようなデータを収集する研究計画を1つの被験者内要因と1つの被験者間要因がある計画といいます．

被験者間要因の方がより多くの被験者数を必要としますから，被験者間要因の平均値の差に中程度の効果があるかどうかを把握することにし，信頼区間の幅を±0.5標準偏差程度とすることにしました．よって，実験群と対照群の被験者数は50名ずつ，合計100名の被験者を集めることにしました．

なお，SPSSでこのような研究計画のデータを分析する際は，一般線型モデ

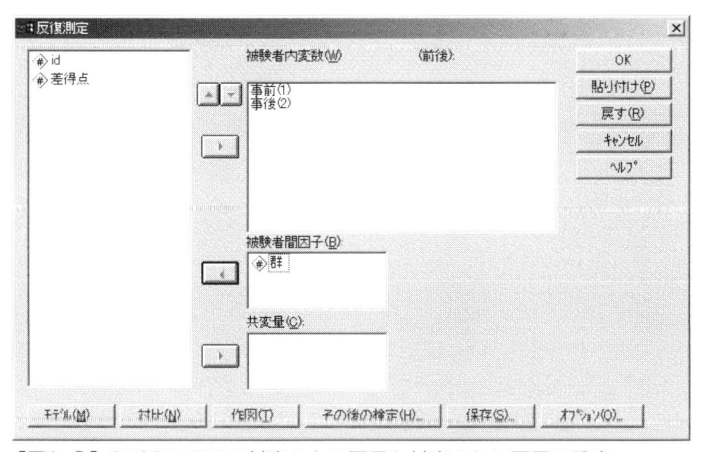

［図9-⑤］ SPSSにおける対応のある要因と対応のない要因の設定

● 交互作用

ルの反復測定の分析において，**図9-⑤**に示すような変数の設定を行うことになります．

★ 結果

分析結果を**表9-④**に示します．事前・事後テストの実験群・対照群の標本平均と標準偏差は，事前テストは実験群51.40（17.2），対照群50.70（13.0），事後テストは実験群65.50（16.0），対照群57.60（15.8）という結果です．事前テストの平均点はそれほど変わらず，事後テストの平均点は実験群でかなり高くなっています．

分散分析の結果をどう見るかですが，まず，被験者内要因がある場合の見方に2通りあったこと（**9-3**節参照），また，要因が2つ以上ある場合はまず交互作用に着目すること（**9-5**節参照）に従って見ていきます．

被験者内要因がある場合の分析の見方の1つめの方法は（一般化）多変量分散分析の結果を見るというものでした．よって，**表9-④**の多変量検定のところを見ます．そして，交互作用をまず見るのですから，「前後×群」となっているところの検定結果を見ます．いま4つの検定法のp値はいずれも0.038となっており，被験者内要因と被験者間要因の交互作用は統計的に有意であることが示されています．

一方，**表9-④**において通常の分散分析を用いた場合の結果（「被験者内効果の検定」の表）をみると，「前後×群」の交互作用のp値は0.038となり，やはり交互作用の統計的有意性が示されています．なお，被験者内要因の水準数が2であるとき，（一般化）多変量分散分析と通常の分散分析とでは，結果が全く同じになることが知られています．

「前後×群」の交互作用が統計的に有意となっていますから，事前テストと事後テストの平均値の違いは，実験群と対照群とで異なるとなります．具体的には，対照群よりも実験群の方が，事後テストの平均値の上昇が高いと解釈さ

[表9-④] 対応のある要因と対応のない要因がある場合の分散分析結果

記述統計量

群		平均値	標準偏差	N
事前	実験群	51.40	17.200	50
	対照群	50.70	13.000	50
事後	実験群	65.50	16.000	50
	対照群	57.60	15.800	50

多変量検定

効果		値	F値	仮説自由度	誤差自由度	有意確率
前後	Pillaiのトレース	.277	37.628	1.000	98.000	.000
	Wilksのラムダ	.723	37.628	1.000	98.000	.000
	Hotellingのトレース	.384	37.628	1.000	98.000	.000
	Royの最大根	.384	37.628	1.000	98.000	.000
前後×群	Pillaiのトレース	.043	4.423	1.000	98.000	.038
	Wilksのラムダ	.957	4.423	1.000	98.000	.038
	Hotellingのトレース	.045	4.423	1.000	98.000	.038
	Royの最大根	.045	4.423	1.000	98.000	.038

被験者内効果の検定
測定変数名：MEASURE_1

ソース		タイプIII平方和	自由度	平均平方	F値	有意確率
前後	球面性の仮定	5512.521	1	5512.521	37.628	.000
	Greenhouse-Geisser	5512.521	1.000	5512.521	37.628	.000
	Huynh-Feldt	5512.521	1.000	5512.521	37.628	.000
	下限	5512.521	1.000	5512.521	37.628	.000
前後×群	球面性の仮定	648.007	1	648.007	4.423	.038
	Greenhouse-Geisser	648.007	1.000	648.007	4.423	.038
	Huynh-Feldt	648.007	1.000	648.007	4.423	.038
	下限	648.007	1.000	648.007	4.423	.038
誤差(前後)	球面性の仮定	14356.891	98	146.499		
	Greenhouse-Geisser	14356.891	98.000	146.499		
	Huynh-Feldt	14356.891	98.000	146.499		
	下限	14356.891	98.000	146.499		

被験者間効果の検定
測定変数名：MEASURE_1
変換変数：平均

ソース	タイプIII平方和	自由度	平均平方	F値	有意確率
Intercept	633937.324	1	633937.324	1871.448	.000
群	924.491	1	924.491	2.729	.102
誤差	33196.677	98	338.742		

- 対応のない1要因
- 対応のないt検定

れ，特訓の効果があると判断されます．

　これこそが，この実験でいいたかったことですから，実験群と対照群を設定して事前・事後の比較をする場合には，1つの被験者内要因と1つの被験者間要因がある場合の分散分析を行って交互作用が統計的に有意になるかどうかを検討すれば良いことがわかります．群の主効果や，事前・事後の主効果は，実験群と対照群を設定する研究では，関心の対象にはなりません．特訓の効果があったかどうかをいいたいわけですから，事前テストと事後テストの得点を込みにした群間比較や，実験群と対照群を込みにした事前‐事後比較には意味がないからです．

　ただし，例えば，自己開示に関する研究で，自己開示する対象者との親密度と，回答者の情緒安定性の高低を要因とするような研究も，1つの被験者内要因と1つの被験者間要因がある計画になり得ます．このような研究の場合は，親密度の主効果や，情緒安定性の主効果も研究対象となります．

★ 差得点を利用した分析方法

　実験群と対照群の事前・事後テストの平均値を1つの被験者内要因と1つの被験者間要因がある場合の分散分析で分析する例を見てみましたが，このデータには別の分析方法も適用することができます．事前テストと事後テストの差得点の平均値を実験群と対照群で比較するという方法です．

　「差得点＝事後テストの得点－事前テストの得点」として各被験者の差得点を計算し，実験群および対照群の標本平均と標準偏差を見てみると，実験群14.1（18.21），対照群6.90（15.95）となります．この平均値を対応のない1要因の平均値の比較を行う分散分析，および，対応のないt検定で分析した結果を**表9-⑤**に示します．

　表9-⑤を見ると，分散分析のp値もt検定のp値もともに0.038という値になって，前の分析結果と全く同じ結果になっていることがわかります．

[表9-⑤] 実験群と対照群の事前-事後平均値の比較の別方法

グループ統計量

	群	N	平均値	標準偏差
差得点	実験群	50	14.10	18.212
	対照群	50	6.90	15.947

分散分析
差得点

	平方和	自由度	平均平方	F値	有意確率
グループ間	1296.014	1	1296.014	4.423	.038
グループ内	28713.782	98	292.998		
合計	30009.797	99			

t検定
独立サンプルの検定

		等分散性のための Leveneの検定		2つの母平均の差の検定					
		F値	有意確率	t値	自由度	有意確率(両側)	平均値の差	差の標準誤差	差の95%信頼区間 下限	上限
差得点	等分散を仮定する	.493	.484	2.103	98	.038	7.20	3.423	.406	13.994
	等分散を仮定しない			2.103	96.321	.038	7.20	3.423	.405	13.995

　このように事前・事後テストという2時点の被験者内要因のデータであれば，1つの被験者間要因と1つの被験者内要因がある場合でも，差得点を計算してその平均値を比較するということも考えられます．ただしこれは，被験者内要因と被験者間要因の交互作用だけに関心がある場合には有効ですが，被験者内要因や被験者間要因の主効果にも関心がある場合には通用しません．先に示した自己開示に関する研究のような場合には，開示対象との親密度という被験者内要因や，回答者の情緒安定性という被験者間要因の主効果にも関心がありますので，1つの被験者内要因と1つの被験者間要因がある場合の分散分析を行う必要があります．

10 相関係数を用いる研究

本章では相関係数を用いる研究法について説明します．まず，相関係数の統計的検定と，信頼区間について説明します．相関関係を検討する際に気をつけなければならない注意点がいくつかありますので，それらについてもまとめておきます．

10-1 相関関係の分析

★ 研究例8 —「独居老人における不潔恐怖傾向と孤独感の関連の検討」

独居老人の不潔恐怖傾向と孤独感の相関関係を調べる研究を考えます．各被験者は既成の不潔恐怖尺度（0.0～10.0）と孤独感尺度（0.0～10.0）の質問紙に回答するものとします．

一般成人を対象とした先行研究では，不潔恐怖傾向と孤独感の相関係数は0.2程度となっていました．相関係数の95%信頼区間の幅を±0.1程度にしたいと考え表3-④を見ると，300名の被験者でも足りないことがわかったので，被験者は350名集めることにしました．

★ 統計的検定

独居老人の不潔恐怖傾向尺度と孤独感尺度の基本統計量，および，相関係数（ピアソンの積率相関係数）を計算したところ表10-①のような結果になりました．また，不潔恐怖傾向得点と孤独感得点の散布図は図10-①のようになっています．

表10-①を見ると，不潔恐怖傾向の標本平均と標準偏差は5.43（1.22），孤独感の標本平均と標準偏差は6.14（1.32）で，両者の相関係数の値は0.35です．

有意確率（p値）を見ると，.000と表示されており，相関係数の値は統計的に有意であることが確認されます．よって，独居老人において不潔恐怖傾向と孤独感との間の相関係数0.35は統計的に有意であると判断されます．

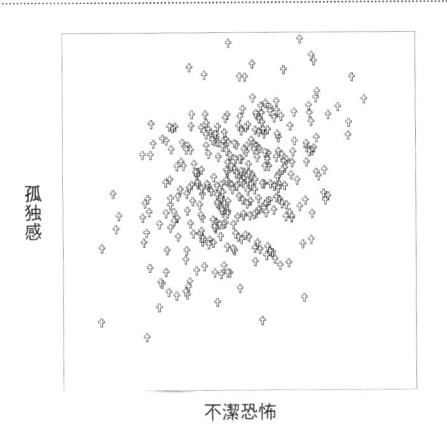

[図10-①] 相関係数の値が0.35である場合の散布図の例

[表10-①] 記述統計量と相関係数

記述統計量

	平均値	標準偏差	N
不潔恐怖	5.43	1.220	350
孤独感	6.14	1.320	350

相関係数

		不潔恐怖	孤独感
不潔恐怖	Pearsonの相関係数	1	.350
	有意確率（両側）	.	.000
孤独感	Pearsonの相関係数	.350	1
	有意確率（両側）	.000	.

7-3 節で述べたように，p 値は被験者数が多くなると小さくなり，実際に意味のある相関係数の大きさでなくても統計的に有意となることがありますから，単に，不潔恐怖傾向と孤独感との間に（統計的に）有意な相関が認められたというだけでは不十分です．実際の標本相関係数の大きさがどれくらいであったかもきちんと報告しておく必要があります．

[表10-②] 相関係数の95%信頼区間の限界値

被験者数	相関係数									
	0.00	0.05	0.10	0.15	0.20	0.25	0.30	0.35	0.40	0.45
10	-.63, .63	-.60, .66	-.57, .69	-.53, .71	-.49, .74	-.45, .76	-.41, .78	-.36, .80	-.31, .82	-.25, .84
20	-.44, .44	-.40, .48	-.36, .52	-.31, .56	-.27, .59	-.22, .62	-.16, .66	-.11, .69	-.05, .72	.01, .74
30	-.36, .36	-.32, .40	-.27, .44	-.22, .48	-.17, .52	-.12, .56	-.07, .60	-.01, .63	.05, .66	.11, .70
40	-.31, .31	-.27, .36	-.22, .40	-.17, .44	-.12, .48	-.07, .52	-.01, .56	.04, .60	.10, .63	.16, .67
50	-.28, .28	-.23, .32	-.18, .37	-.13, .41	-.08, .45	-.03, .49	.02, .53	.08, .57	.14, .61	.20, .65
60	-.25, .25	-.21, .30	-.16, .35	-.11, .39	-.06, .43	-.00, .47	.05, .51	.11, .55	.16, .59	.22, .63
70	-.23, .23	-.19, .28	-.14, .33	-.09, .37	-.04, .42	.02, .46	.07, .50	.13, .54	.18, .58	.24, .62
80	-.22, .22	-.17, .27	-.12, .31	-.07, .36	-.02, .40	.03, .45	.09, .49	.14, .53	.20, .57	.26, .61
90	-.21, .21	-.16, .25	-.11, .30	-.06, .35	-.01, .39	.05, .43	.10, .48	.15, .52	.21, .56	.27, .60
100	-.20, .20	-.15, .24	-.10, .29	-.05, .34	.00, .38	.06, .43	.11, .47	.16, .51	.22, .55	.28, .59
110	-.19, .19	-.14, .24	-.09, .28	-.04, .33	.01, .37	.07, .42	.12, .46	.17, .50	.23, .55	.29, .59
120	-.18, .18	-.13, .23	-.08, .27	-.03, .32	.02, .37	.07, .41	.13, .45	.18, .50	.24, .54	.29, .58
130	-.17, .17	-.12, .22	-.07, .27	-.02, .31	.03, .36	.08, .40	.13, .45	.19, .49	.24, .54	.30, .58
140	-.17, .17	-.12, .21	-.07, .26	-.02, .31	.04, .35	.09, .40	.14, .44	.20, .49	.25, .53	.31, .57
150	-.16, .16	-.11, .21	-.06, .26	-.01, .30	.04, .35	.09, .39	.15, .44	.20, .48	.26, .53	.31, .57
160	-.16, .16	-.11, .20	-.06, .25	-.01, .30	.05, .34	.10, .39	.15, .43	.21, .48	.26, .52	.32, .57
170	-.15, .15	-.10, .20	-.05, .25	-.00, .29	.05, .34	.10, .39	.16, .43	.21, .48	.27, .52	.32, .57
180	-.15, .15	-.10, .19	-.05, .24	.00, .29	.06, .34	.11, .38	.16, .43	.21, .47	.27, .52	.33, .56
190	-.14, .14	-.09, .19	-.04, .24	.01, .29	.06, .33	.11, .38	.16, .42	.22, .47	.27, .51	.33, .56
200	-.14, .14	-.09, .19	-.04, .24	.01, .28	.06, .33	.12, .38	.17, .42	.22, .47	.28, .51	.33, .55

表中, 左=下側限界値, 右=上側限界値であることを示す.

[表10-②]（つづき）

被験者数	相関係数									
	0.50	0.55	0.60	0.65	0.70	0.75	0.80	0.85	0.90	0.95
10	-.19, .86	-.12, .88	-.05, .89	.03, .91	.13, .92	.23, .94	.34, .95	.47, .96	.62, .98	.80, .99
20	.07, .77	.14, .80	.21, .82	.29, .85	.37, .87	.46, .90	.55, .92	.65, .94	.76, .96	.88, .98
30	.17, .73	.24, .76	.31, .79	.38, .82	.45, .85	.53, .87	.62, .90	.71, .93	.80, .95	.90, .98
40	.22, .70	.29, .74	.35, .77	.42, .80	.50, .83	.57, .86	.65, .89	.73, .92	.82, .95	.91, .97
50	.26, .68	.32, .72	.39, .75	.45, .79	.52, .82	.60, .85	.67, .88	.75, .91	.83, .94	.91, .97
60	.28, .67	.34, .71	.41, .74	.47, .78	.54, .81	.61, .84	.69, .88	.76, .91	.84, .94	.92, .97
70	.30, .66	.36, .70	.42, .73	.49, .77	.56, .80	.63, .84	.70, .87	.77, .90	.84, .94	.92, .97
80	.31, .65	.38, .69	.44, .72	.50, .76	.57, .80	.63, .83	.70, .87	.78, .90	.85, .93	.92, .97
90	.33, .64	.39, .68	.45, .72	.51, .76	.58, .79	.64, .83	.71, .86	.78, .90	.85, .93	.92, .97
100	.34, .63	.40, .67	.46, .71	.52, .75	.58, .79	.65, .82	.72, .86	.78, .90	.85, .93	.93, .97
110	.35, .63	.40, .67	.46, .71	.53, .75	.59, .78	.65, .82	.72, .86	.79, .89	.86, .93	.93, .97
120	.35, .62	.41, .66	.47, .70	.53, .74	.60, .78	.66, .82	.72, .86	.79, .89	.86, .93	.93, .96
130	.36, .62	.42, .66	.48, .70	.54, .74	.60, .78	.66, .82	.73, .85	.79, .89	.86, .93	.93, .96
140	.36, .61	.42, .66	.48, .70	.54, .74	.60, .78	.67, .81	.73, .85	.80, .89	.86, .93	.93, .96
150	.37, .61	.43, .65	.49, .69	.55, .73	.61, .77	.67, .81	.73, .85	.80, .89	.86, .93	.93, .96
160	.37, .61	.43, .65	.49, .69	.55, .73	.61, .77	.67, .81	.74, .85	.80, .89	.87, .93	.93, .96
170	.38, .60	.44, .65	.49, .69	.55, .73	.61, .77	.68, .81	.74, .85	.80, .89	.87, .93	.93, .96
180	.38, .60	.44, .64	.50, .69	.56, .73	.62, .77	.68, .81	.74, .85	.80, .89	.87, .92	.93, .96
190	.39, .60	.44, .64	.50, .68	.56, .73	.62, .77	.68, .81	.74, .85	.81, .89	.87, .92	.93, .96
200	.39, .60	.45, .64	.50, .68	.56, .72	.62, .76	.68, .80	.74, .84	.81, .88	.87, .92	.93, .96

表中, 左=下側限界値, 右=上側限界値であることを示す.

✱ 信頼区間

相関係数の95％信頼区間を調べてみましょう．**表10-②**は，被験者数と相関係数の値を与えたときの95％信頼区間の限界値を示しています（信頼区間の算出は付録A4参照）．例えば，相関係数の値が0.5で被験者数が10名だとすると，相関係数の95％信頼区間は［－0.19, 0.86］という範囲になります．また，相関係数の値が0.35で被験者数が150名だとしたら，95％信頼区間は［0.20, 0.48］という範囲になります．

いまの研究では，被験者数が350名であり表の外になってしまっていますから，この表から信頼区間を知ることはできません．そこで，信頼区間の限界値を図で表示している**図10-②**を利用します．

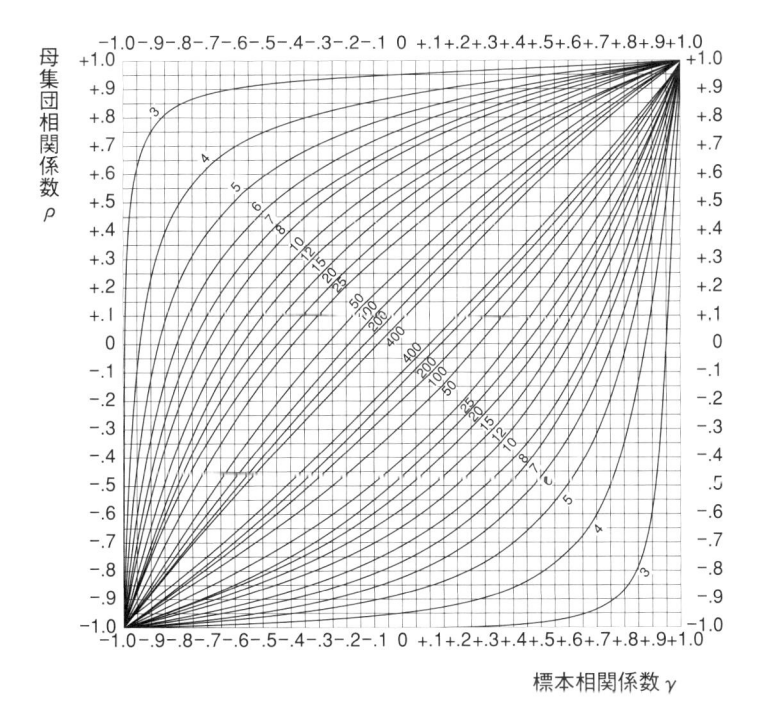

［図10-②］相関係数の95％信頼区間の限界ライン

●相関研究
●相関関係と因果関係

　図10-②は次のように利用します．まず横軸の標本相関係数のところで，0.35に相当する場所を探します．次に，そこから縦軸に沿って上に見ていき，被験者数が350名の場合の下に凸な曲線と交わるところの縦軸の値を読みとります．**図10-②**で下に凸な曲線は，被験者数が200名の場合の次は400名となっており被験者数350名に相当する曲線はありませんが，それら2つの曲線の中間よりも400名の曲線に少し近いところに被験者数350名に相当する曲線があると思って，縦軸の値を推定します．いまの研究の場合，およそ0.25と推定されます．

　さて，標本相関係数が0.35であるところをさらに上に見ていき，今度は被験者数が350名の場合の上に凸な曲線と交わるところの縦軸の値を読み取ります．やはり，被験者数350名に相当する曲線はありませんから，被験者数400名と200名の場合の2つの曲線の間に，被験者数350名の曲線があると思って，その縦軸の値を推定します．いまの研究の場合，およそ0.45と推定されます．

　すると，いま読み取った2つの値で挟まれる範囲［0.25，0.45］が，相関係数のだいたい95％の信頼区間になります．およそ95％の確率で，この区間が母集団における相関係数の値を含むと考えられるわけです．

　なお，相関係数の値が0.35で被験者数が350名である場合の95％信頼区間の値を計算により求めると，［0.25，0.44］という範囲になります．

10-2　相関研究におけるいくつかの注意点

　相関関係を検討する際に気をつけなければならないことがいくつかあります．ここでは，相関関係と因果関係の違い，見かけの相関，選抜効果というものについて説明します．

★ 相関関係は因果関係を保証しない

　例えば，勉強量とテスト得点との間に正の相関があるとき，「たくさん勉強

すればテスト得点は高くなる」と考えることはできるかもしれませんが，不潔恐怖傾向と孤独感との間に正の相関関係があるからといって，「孤独感が高くなると不潔恐怖傾向が増す」などと考えるのには難があります．

勉強量とテスト得点のように，2つの変数間にはじめから因果関係が考えられるものであれば，それらの変数間に相関関係が観察されます．しかし，不潔恐怖傾向と孤独感のように，とくに因果関係がない（またははっきりしない）場合でも，2つの変数間に相関関係が観察されることはあります．

このように2つの変数間の相関関係は，必ずしもそれらの変数間の因果関係を意味するものではありません．2つの変数間に因果関係があれば相関関係が観察されますが，逆は必ずしも成り立たないのです．

相関関係は，「一方の変数の値が大きいとき他方の変数の値も大きい（または小さい）」という実態を表しているだけであって，「一方の変数の値が大きくなれば，他方の変数の値も大きくなる（または小さくなる）」という因果関係を意味するものではありません．相関関係を解釈するときは，誤って因果関係があるような解釈をしないように注意する必要があります．

なお，2つの変数XとYに因果関係があることをいうためには，「XがYよりも時間的に先行していること」「因果関係が理論的に納得できること」「他の変数の影響を除いてもXとYに関連（共変関係）があること」という少なくとも3つのことがいえる必要があるといわれています（服部・海保（1996）など参照）．

★ 見かけの相関

本人の心がけによってある程度コントロール可能な進行性の疾患について，患者がその疾患についてどの程度の知識を有しているかと，疾患の進行度との関連を調べる研究を考えましょう．本人の心がけで進行度をコントロールできるのですから，疾患についての知識を多くもっている患者ほど疾患の進行度は遅いと予想されます．

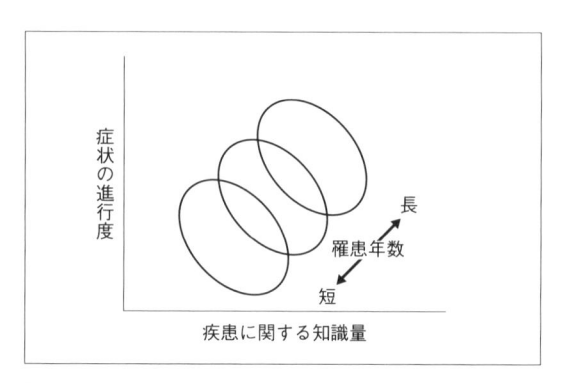

[図10-③] 見かけの相関

　しかし，実際にデータを集めてみると，疾患についての知識量と疾患の進行度には正の相関が観察され，知識量が多い患者ほど，疾患が進行しているという結果が得られてしまいました．この結果をどう理解したらよいでしょうか．

　図10-③は，疾患についての知識量と疾患の進行度の関係を，罹患年数別に群を作って模式的に表した散布図です．罹患年数の群をある1つの群（1つの楕円）に固定して見てみると，疾患に対する知識量と症状の進行度との間には負の相関があり，予想した通り，知識が多い患者ほど疾患の進行度が遅いという関係が見られます．罹患年数が長い群でも罹患年数が短い群でも，この傾向は変わりません．

　しかし，知識を多くするのにはある程度の年月を要しますし，また，どんなにコントロールがよくても，完全にコントロールできるわけではないとすると，罹患年数が長くなるにつれ疾患は進行してしまいます．それゆえ，罹患年数別の各群の散布図（楕円）は負の相関関係にあっても，それらを合わせて全被験者について相関関係を見てしまうと（楕円を全部つなげてしまうと），あたかも疾患に関する知識と症状の進行度との間には正の相関関係（右上がりの楕円）があるように見えてしまうのです．

● 共変数
● 疑似相関
● 選抜効果

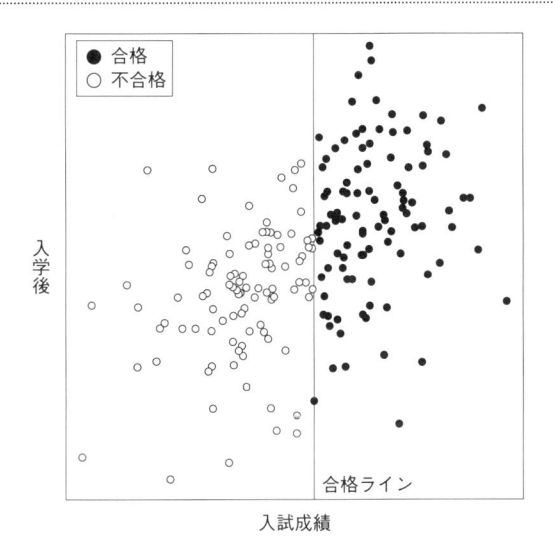

[図10-④] 相関関係に与える選抜効果の影響

このように，罹患年数という第3の変数（共変数といいます）の影響があるために観察されてしまう相関関係を見かけの相関といいます（疑似相関といわれることもあります）．

実際的な知識や経験などに照らしておかしいと思われる相関関係が観測された場合には，その値を鵜呑みにせず，第3の変数による見かけの相関が観察されているのではないかと考えてみる必要があります．

★ 選抜効果

大学の入学試験の成績と入学後の成績との相関係数を計算すると，かなり0に近い値になることがあります．入学後の成績を基準変数と考えると，入学試験成績には基準関連妥当性がないということになってしまいます（ 5-4 節参照）．入学試験成績で受験者の合否を決めるのは妥当ではないのでしょうか．

図10-④は入学試験の成績と入学後の成績の散布図を示したものです．ただ

し，入学試験で不合格となった受験生についての入学後の成績も得られているものとしています．入学成績に基づいて受験者の合否を決め，合格者のデータを黒丸，不合格者のデータを白丸で表しています．入試倍率は2倍です．ただし，合格者は全員入学したものとします．

図10-④の散布図の相関係数の値は0.5になります．入学試験成績と入学後の成績には中程度の相関があり，入学試験成績にはある程度妥当性があると考えられます．

しかし，実際に入手することのできるデータは黒丸だけです．不合格者の入学後の成績は実際にはありませんから，白丸部分は観察されず，黒丸のデータだけを用いて入学試験の成績と入学後の成績の相関係数を計算することになります．**図10-④**のデータでその値を計算すると0.17という小さな値になります．

このように，被験者の選抜を行った後に相関係数を計算すると，一般に相関係数の値は小さくなります．これを選抜効果といいます．

選抜効果がある場合の相関係数は，選抜された被験者集団についてのものであることを意識して考える必要があります．入学者だけのデータを使って求めた相関係数は入学者に対して解釈されるべきもので，不合格者も含めた入学試験成績の妥当性を評価するものにはならないのです．

なお，入学試験の合否という明確な選抜でない場合でも，選抜効果が起きる場合があります．例えば，仕事におけるミスの回数と責任感との関係の調査を留置法または郵送法を用いて実施したとすれば，責任感の高い人からの回答は得られても，責任感の低い人からの回答は集まりにくく，責任感の高低による選抜が起きる可能性があります．データを収集する際には，研究目的に影響を及ぼすような選抜効果が発生しないように注意しましょう．

11 回帰分析

相関係数を用いる分析は2つの変数の相関関係の強さを検討する分析です．これに対し，一方の変数のある値に対し，他方の変数の値はどれくらいになると予想されるかを分析するのが回帰分析です．本章ではこの回帰分析について説明します．予測をする変数（独立変数）が1つだけである単回帰分析，独立変数が2つ以上ある重回帰分析の，それぞれの考え方と研究事例を見ていきます．また，回帰分析におけるいくつかの注意点についてまとめておきます．

11-1 回帰分析の基本的な考え方

勉強時間からテスト得点を予測する場合を考えてみましょう．勉強時間がどれくらいであると，テスト得点はどれくらいになると予想されるかを考えようというわけです．本節では，このような予測を行う，単回帰分析の基本的な考え方について説明します．

★ 独立変数の値から従属変数の値を予測する式を立てる

回帰分析では，予測の基になる側の変数（いまの例では勉強時間）のことを独立変数といいます（説明変数，予測変数という場合もあります）．これに対し予測される側の変数（テスト得点）は従属変数と呼ばれます（基準変数，目的変数と呼ばれる場合もあります）．これらの用語を用いると回帰分析は，独立変数の値から従属変数の値を予測するための分析法であるということができます．

回帰分析では，独立変数の値から従属変数の値を予測する最もシンプルな方法として，次のような式を考えます．

$$\text{従属変数の値} = \underbrace{\text{切片} + \text{回帰係数} \times \text{独立変数の値}}_{\text{従属変数の予測値}} + \text{残差} \quad (11.1)$$

●単回帰分析	●予測変数	●目的変数
●独立変数	●従属変数	●切片
●説明変数	●基準変数	●残差

11.1式において「切片」と「回帰係数」と書かれているものの値が，回帰分析で推定する対象となるものです．「残差」についてはこのあと説明します．

さて，切片と回帰係数の値が決まれば，

　　従属変数の予測値　＝　切片　＋　回帰係数　×　独立変数の値　　（11.2）

という直線が定まります．この直線のことを回帰直線といいます．11.1式と同じような式ですが，左辺は「従属変数の値」から「従属変数の予測値」に変わり，右辺は「残差」がなくなっています．11.2式は直線を表す式なので，回帰係数はこの直線の「傾き」に相当します．

残差とは，従属変数の値と従属変数の予測値との差の値を表します．信頼性係数（5章参照）を考えるときや因子分析（6章参照）を行うときには「誤差」と書いていたものに相当しますが，回帰分析では「残差」という用語を用います．**図11-①**に，ある1名の被験者のデータの残差を示してあります．データを表す点から縦軸に平行に回帰直線に引いた線が残差を表します．ほかの被験者に

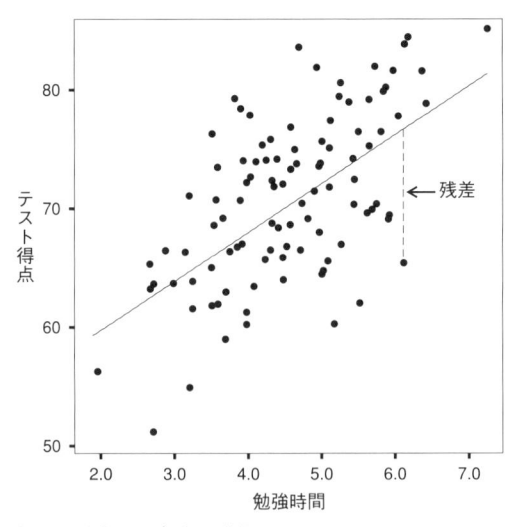

[図11-①] 回帰直線と残差

●回帰係数
●回帰直線
●残差

ついても同様に残差が求められます．

　切片と回帰係数の値が決まれば，11.2式の独立変数のところに具体的な値（データ）を入れることによって，従属変数の予測値が定まります．よって，11.2式で表される回帰直線は，独立変数の値に対応する従属変数の予測値を表す直線であるといえます．回帰分析はこの直線の切片と回帰係数（傾き）の値を推定するのです．

★ 切片と回帰係数の値の推定

　切片と回帰係数の値を推定する方法を考えましょう．11.1式と11.2式を組み合わせると，

　　従属変数の値　＝　従属変数の予測値　＋　残差　　　　　　　　(11.3)

となります．予測値は実際の従属変数の値に近いに越したことはありませんから，どのデータに対しても残差の大きさは小さいことが望まれます．

　さて，**図11-①**において，直線の高さや傾きを変えたら，残差の大きさはどうなるでしょうか．仮に，直線の高さを低くしたり，傾きを小さくしたとしたら，図に書き込まれている残差（データを表す点から縦軸に平行に直線に引いた線）の長さは短くなります．しかし，例えば，図の一番右上のデータの残差を考えると，直線の高さを低くしたり，傾きを小さくすると，逆に残差を表す線は長くなってしまいます．

　図11-①のように，データが散らばって分布しているかぎり，直線の高さや傾きを変えると，あるデータについての残差は小さくなるけれど，ほかのデータについての残差は大きくなるということが起きてしまいます．どのデータに対しても残差が小さくなる直線というのはなかなか難しそうです．

　そこで，残差の大小の散らばりが最も小さくなるような直線を引くことを考えます．残差が大きいデータや逆に残差が小さいデータがあるのは仕方ないこ

● 回帰(regression)

ととして，せめてその大小の散らばりを最小にしようというわけです．

それを実現した直線が回帰直線です．回帰直線は残差の散らばり，すなわち残差の分散が最小の値になるように，切片と傾きを決めた直線です．その直線の傾きが回帰係数となります．回帰係数と切片の値は次のように求めることができます．

$$\text{回帰係数} = \text{独立変数と従属変数の相関係数} \times \frac{\text{従属変数の標準偏差}}{\text{独立変数の標準偏差}} \quad (11.4)$$

$$\text{切片} = \text{従属変数の平均値} - \text{回帰係数} \times \text{独立変数の平均値} \quad (11.5)$$

余談になりますが，相関に相当する英語はcorrelationですから，相関係数を表す記号としてはcを使いそうなものです．しかし，通常，相関係数を記号で表すときはrを用います．これは相関係数が回帰係数を計算する11.4式に出てくることに由来します．回帰に相当する英語はregressionであり，相関係数は回帰(regression)係数を計算するときに使われるものであることからrという記号が用いられるようになったのです．

✴ 回帰係数の解釈

回帰係数の意味を解釈するために，独立変数の値を変えたときに従属変数の予測値がどう変化するかを見てみましょう．

11.2式にあるように，従属変数の予測値は，「従属変数の予測値 = 切片 + 回帰係数×独立変数の値」と表されます．よって，独立変数の値が「1」だけ変われば，従属変数の予測値は回帰係数の値だけ変化することがわかります．例えば，勉強時間からテスト得点を予測する回帰直線の回帰係数が4.11だとしたら，勉強する時間が1時間長いと，テスト得点の予測値は4.11点高くなるという具合です．

なお，回帰係数を解釈するときは，独立変数と従属変数がどのような単位で

●標準(化)回帰係数
●ベータ係数

測定されているかをきちんと押さえておく必要があります．勉強時間とテスト得点の例で，勉強時間の単位を誤って「分」と考えてしまうと，1分長く勉強するとテスト得点が4.11点高くなるという誤った解釈をしてしまうことになります．このように回帰係数は，独立変数と従属変数の単位に依存するものとなっています．

★ 標準(化)回帰係数とは

　独立変数や従属変数の単位に依存する回帰係数に対し，各変数の単位に依存しない回帰係数もあります．標準(化)回帰係数といわれるものです(ベータ係数と呼ばれる場合もあります)．

　標準回帰係数は，回帰分析を行う前に，各データをそれぞれの変数の標準偏差の値で割っておいてから回帰分析を行ったときに計算される回帰係数のことです．独立変数が1つしかない場合は，標準回帰係数の値は相関係数の値に一致します．

　標準回帰係数を用いると次のような解釈を行うことができます．独立変数の値が「独立変数の1標準偏差」だけ変われば，従属変数の予測値は「標準回帰係数×従属変数の1標準偏差」だけ変化するということです．例えば，勉強時間からテスト得点を予測する場合，勉強時間の標準偏差が1.02，テスト得点の標準偏差が6.99であり，回帰直線の標準回帰係数が0.6だとしたら，勉強する時間が1標準偏差(＝1.02)時間長いと，テスト得点の予測値は0.6標準偏差(0.6×6.99＝4.19)点高くなるという具合です．

　標準回帰係数は，独立変数に性格検査の得点などの心理的変数を用いた場合に有効です．独立変数が「時間」などのように単位のはっきりした変数であれば，独立変数の値が1大きいことは1時間長いことを表すというように，値が1だけ大きい場合というものを具体的に考えることができるので，回帰係数を解釈する方が良いのですが，被験者の心理的変数を測定する尺度では，多くの

- ●偏回帰係数
- ●標準偏回帰係数

場合，単位が決まっておらず，性格検査の得点が1点高いとその性格特性がどれくらい高いということを具体的に考えることができません．

このような場合には，回帰係数を用いるよりも標準回帰係数を解釈した方が，回帰分析の結果の具体的な意味がわかりやすくなります．**2-6** 節で述べたように，標準偏差はデータの散らばり具合の標準的な値ですから，標準回帰係数の解釈は，独立変数の値がその標準的な散らばりの大きさだけ変わるとき，従属変数の値は，従属変数の標準的な散らばりの大きさの何倍変化するかというようになります．この「何倍」の部分が標準回帰係数の値です．

このほか，標準回帰係数は，独立変数が2つ以上ある場合の回帰分析，すなわち重回帰分析を行ったときの回帰係数を解釈するときに利用されることもあります．例えば，勉強時間と前学期の成績という2つの独立変数の値からテスト得点の値を予測する分析において，それぞれの独立変数の回帰係数の値を見比べるときには標準回帰係数を用います．

なお，重回帰分析を行った場合，回帰係数は偏（へん）回帰係数，標準回帰係数は標準偏回帰係数というものになります．重回帰分析については後で説明します．

★ 予測の精度

回帰直線を推定して独立変数の値から従属変数の値を予測するとき，予測の精度が悪かったら意味がありません．正確な値は予測できないとしても，だいたいのところくらいは言い当てられるようでないと，予測は成立しないのです．よって，回帰分析を行うときは予測の精度を考える必要があります．

回帰直線を推定して，11.3式のように従属変数を予測値と残差の和に分解できると，従属変数，従属変数の予測値，および残差のそれぞれの分散の関係は次のようになります．

● 決定係数(分散説明率)

従属変数の分散 ＝ 従属変数の予測値の分散 ＋ 残差の分散　　(11.6)

つまり，従属変数の分散は，従属変数の予測値の分散と残差の分散を足したものになるということです．

　予測の精度が良いということは，各被験者の従属変数の値と予測値とがほとんど同じ値になるということですから，その場合，従属変数の分散と従属変数の予測値の分散は近い値になり，残差の分散は小さくなります．とくに，残差が全くなく，従属変数の値と予測値とが完全に一致する場合は，残差の分散は0になり，従属変数の分散と従属変数の予測値の分散は同じ大きさになります．反対に，予測の精度が悪く，各被験者の従属変数の値と予測値とがあまり近い値にならない場合は，残差の分散は大きくなります．

　そこで予測の精度を表す指標として，従属変数の予測値と従属変数の分散の比を考えます．従属変数の分散の何％を予測値の分散が説明しているかを考えるのです．これを決定係数といいます(分散説明率ということもあります)．

$$\text{決定係数} = \frac{\text{従属変数の予測値の分散}}{\text{従属変数の分散}} \quad (11.7)$$

　決定係数は，予測値と従属変数の値が完全に一致するとき1という値になります．逆に，予測が全く立たないとき，決定係数の値は0になります．予測が全く立たないとは，回帰係数の値が0（すなわち相関係数が0）であり，従属変数の予測値＝切片＝従属変数の平均値　となる場合のことです．この場合，独立変数の値が何であれ，従属変数の予測値は一定（従属変数の平均値）になります．

　さて，11.6式は3つの分散の関係を示したものです．これまで何回か見てきたように，分散は正方形の面積を反映するもので，11.6式は$a^2 = b^2 + c^2$という三平方の定理を表したものになっています．よって，3つの分散の関係を**図11-②**のように表すことができます．

●重相関係数
●R2乗

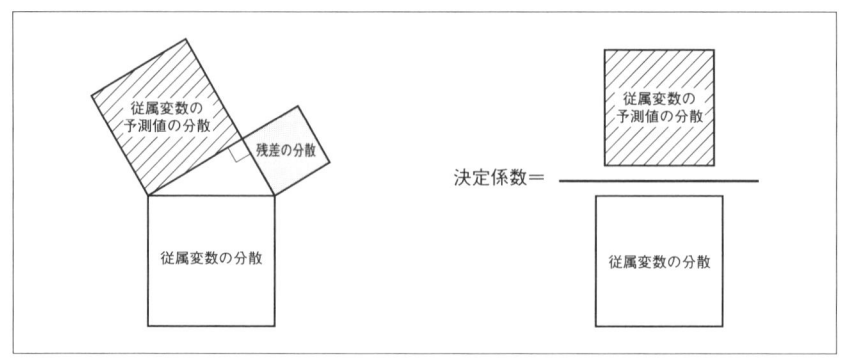

[図11-②] 分散の分割と決定係数

★ 重相関係数

　従属変数と，独立変数から予測される従属変数の予測値との相関係数を，重相関係数（Rと表されることがあります）といいます．予測の精度が良いとき，従属変数の値とその予測値は近い値になりますから，重相関係数の値は1に近くなります．反対に予測の精度が悪いときは，重相関係数の値は0に近くなります．

　重相関係数と決定係数の間には「重相関係数の2乗＝決定係数」という関係があります．それゆえ，統計解析ソフトによっては，決定係数を「R2乗」と書くことがあります．なお，独立変数が1つだけの場合は，重相関係数は，独立変数と従属変数の相関係数に一致します．

11-2 単回帰分析を用いた研究事例

★ 研究例9－「勉強時間からテスト得点を予測する研究」

　一般教養の英語の期末テストにおいて，どれくらい試験勉強をするとテスト得点が何点になると予想されるかを調べる研究を考えます．試験勉強時間からテスト得点を予測するわけです．各被験者には，テストを実施する前に，何時間試験勉強をしたかを聞く質問紙に答えてもらいます．そのあとで期末テスト

を実施し採点します（100点満点）．学生数はちょうど100名でしたので，100名全員からデータを得ることにします．

[表11-①] 単回帰分析の結果

記述統計量

	平均値	標準偏差	N
得点	70.41	6.990	100
勉強時間	4.550	1.0200	100

相関係数

		得点	勉強時間
Pearsonの相関	得点	1.000	.600
	勉強時間	.600	1.000
有意確率（片側）	得点	.	.000
	勉強時間	.000	.

モデル集計

モデル	R	R2乗	調整済み R2乗	推定値の標準誤差
1	.600	.360	353	5.620

分散分析[b]

モデル		平方和	自由度	平均平方	F値	有意確率
1	回帰	1741.373	1	1741.373	55.125	.000[a]
	残差	3095.776	98	31.590		
	全体	4837.149	99			

[a] 予測値（定数）：勉強時間
[b] 従属変数：得点

係数[a]

モデル		非標準化係数 B	非標準化係数 標準誤差	標準化係数 ベータ	t	有意確率	Bの95%信頼区間 下限	Bの95%信頼区間 上限
1	(定数)	51.701	2.582		20.026	.000	46.578	56.825
	勉強時間	4.112	.554	.600	7.425	.000	3.013	5.211

[a] 従属変数：得点

★ 結果

　記述統計量，および，回帰分析の結果を**表11-①**に示します．勉強時間とテスト得点の標本平均と標準偏差の値は，勉強時間4.55（1.02）時間，テスト得点70.41（6.99）点でした．また，勉強時間とテスト得点の相関係数（R2乗）の値は0.6という結果でした．先に見た**図11-①**はこのデータの散布図です．

　回帰分析の結果を見てみます．まず，予測の精度がどれくらいであるかを確認するために決定係数の値を見ます．**表11-①**において，決定係数（R2乗）の値は0.36で，前節で説明したように，確かに相関係数0.6の2乗になっています．従属変数の分散の36%を予測値の分散が説明していると解釈されます．

　重相関係数の値が0でないかどうかを検定しているのがその下の分散分析表です．重相関係数が0であるとその2乗の値である決定係数も0となりますから，予測が全く成り立たず，回帰分析の結果を解釈する意味がなくなってしまいます．いま重相関係数の検定の p 値は.000と表示されているので，重相関係数の値は統計的に有意であると判断されます．つまり，重相関係数の値が0であるという仮説は棄却されます．

　そこで，回帰係数の値を見ると，回帰係数は4.11となっています．よって，勉強する時間が1時間長いと，テスト得点の予測値は4.11点高くなると考えられます．また，標準回帰係数は0.6となっており，勉強する時間が1標準偏差（＝1.02）時間長いと，テスト得点の予測値は0.6標準偏差（0.6 × 6.99 = 4.19）点高くなるという解釈がなされます．

　統計解析ソフトでは，回帰係数の値が0でないかどうかの検定結果も表示します．いま，勉強時間の回帰係数4.11に対する p 値は.000（ t 値は7.425）と表示されており，統計的に有意であることがわかります．切片に対する p 値も表示されていますが，回帰直線の切片の値に興味がないかぎり，切片の検定に積極的な意味はありません．

　回帰係数の95%信頼区間も計算されています．その区間は [3.01，5.21] であ

り，95％の確率で，この区間が母集団における回帰係数の値を含むと解釈されます．

11-3 重回帰分析の考え方

残業時間と疎外感得点からストレス得点を予測する場合を考えてみましょう．残業時間や疎外感得点がどれくらいであると，ストレス得点はどのくらいの値になると予想されるかを考えようというわけです．本節では，このような予測を行う，重回帰分析の考え方について説明します．

★ 複数の独立変数の値から従属変数の値を予測する式を立てる

独立変数が1つだけである単回帰分析の場合には，11.1式のように従属変数を予測する式を考えました．独立変数が2つ以上ある場合は，11.1式を拡張して，次のような式を考えます．ただし，11.1式で回帰係数と書いていたものは，重回帰分析では偏回帰係数というものになります．偏回帰係数については後で説明します．

従属変数の値
＝$\underbrace{切片＋偏回帰係数1×独立変数1の値＋偏回帰係数2×独立変数2の値}_{従属変数の予測値}＋残差$ （11.8）

11.8式は独立変数が2つある場合を示していますが，独立変数が3つ以上ある場合は，「偏回帰係数3×独立変数3の値」などを従属変数の予測値のところに加えていくことになります．

11.8式において，「切片」「偏回帰係数1」「偏回帰係数2」と書かれているものの値が，回帰分析で推定したい対象となるものです．「偏回帰係数1」は，1番目の独立変数に対する偏回帰係数，「偏回帰係数2」は2番目の独立変数に対する偏回帰係数を表します．

ここから後の考え方は，独立変数が1つだけの場合と同様です．残差の散ら

ばり（すなわち分散）が最小になるように，切片と偏回帰係数の値を推定します．

★ 偏回帰係数の解釈

　独立変数が1個である場合，回帰係数の意味を解釈するために，独立変数の値を変えたときに従属変数の予測値がどう変化するかということを考えました．そして，独立変数の値が「1」だけ変われば，従属変数の予測値は回帰係数の値だけ変化するという解釈ができることを述べました．

　重回帰分析でもこのようなことを考えるのですが，独立変数が2つ以上あるため，少し話が複雑になります．例えば，残業時間と疎外感得点からストレス得点を予測する場合，残業時間と疎外感得点に相関関係があると，残業時間が「1」だけ変わるとき，疎外感得点もある程度変わってしまうことが予想されます．疎外感得点も変わってしまうとしたら，ストレス得点の予測値もその分だけ余計に変わってしまいます．これでは，残業時間が「1」だけ変わったときにストレス得点の予測値がどれくらい変化したかをきちんと知ることができません．単純に，残業時間が「1」だけ変わる，と考えるのではどうも駄目なようです．

　そこで，疎外感得点は変わらないとしたときに残業時間が「1」だけ変わると，ストレス得点の予測値はどれだけ変化するか，ということを考えてみます．この考えだと，疎外感得点が変わることによってストレス得点の予測値が変化する影響を取り除いていますから，ストレス得点の予測値の変化は残業時間が「1」だけ変わった場合のものとなります．この変化の大きさが偏回帰係数です．

　ある独立変数に対する偏回帰係数は，他の独立変数の影響を除いたときに，その独立変数の値が「1」だけ変わったとき，従属変数の予測値がどれだけ変化するかを表しています．例えば，残業時間に対する偏回帰係数の値が1.64だと

●標準(化)偏回帰係数

したら,疎外感得点が同じ被験者であれば,残業時間が1時間長い人の方がストレス得点の予測値が1.64点高くなるということです.

疎外感得点が異なる2人の残業時間の差が1時間であったとしても,ストレス得点の予測値の違いは1.64にはなりません.1.64という偏回帰係数の値は,疎外感得点が変わらない(同じ)という条件が付いたものだからです.

単回帰分析の場合でしたら「疎外感得点が同じ被験者であれば」のような条件は付かないのですが,重回帰分析になると,独立変数間の相関関係の影響を取り除く必要があるため,「他の独立変数の値は変わらないものとすると」という条件の上に立って,従属変数の予測値に対する独立変数の影響を考える必要があるのです.

★ 標準(化)偏回帰係数

分析を行う前に,すべてのデータをその変数の標準偏差の値で割っておいてから重回帰分析をした場合に計算される偏回帰係数を,標準(化)偏回帰係数といいます.標準偏回帰係数についても,標準回帰係数と同様に解釈することができます.すなわち,ある独立変数に対する標準偏回帰係数は,ほかの独立変数の値が変わらないとしたとき,その独立変数の値が1標準偏差だけ変わったら,従属変数の予測値が従属変数の標準偏差の大きさの何倍変化するかという解釈がなされます.

独立変数が1つだけの場合の標準回帰係数は相関係数に一致しましたが,独立変数が2つ以上ある場合,各独立変数に対する標準偏回帰係数は,一般には各独立変数と従属変数との相関係数には一致しません.

標準偏回帰係数は,従属変数に対するそれぞれの独立変数の影響の強さを比較する場合に利用することができます.独立変数間の相関関係がほとんどない場合には,標準偏回帰係数の大きさが大きい独立変数の方が,従属変数に対する影響度が大きいと解釈できます.しかし,独立変数間の相関関係が強い場合

- ●多重共線性　　　　●重相関係数
- ●重決定係数　　　　●自由度調整済みの決定係数

には，このような解釈をすると間違った結論を導くことがあるので注意が必要です．これは多重共線性の問題といわれるものです（**11-5**節参照）．

★ 予測の精度

重回帰分析の場合も，単回帰分析の場合と同様に予測の精度を考えることができます．従属変数の予測値を与える式が少し複雑になるだけで，重回帰分析の場合でも，11.6式のように，従属変数の分散を予測値の分散と残差の分散の和に分けることができます．よって，11.7式によって決定係数を求めることができます．重回帰分析の場合の決定係数を重決定係数と呼ぶ場合もあります．

なお，先にも述べた通り，決定係数の正の平方根のことを重相関係数といい，従属変数の予測値と従属変数との相関係数を表します．

★ 自由度調整済みの決定係数

従属変数の値を予測するための独立変数の個数が増えると，一般に決定係数の値は大きくなります．予測に全く有効でない独立変数であったとしても，その独立変数を分析に加えると，決定係数の値は変わらないか増加するかのどちらかで，決定係数が小さくなるということはありません．

予測に全く役に立たない独立変数を加えても決定係数が大きくなってしまうのでは，予測の精度を過大評価してしまう危険性があります．そこで，何個の独立変数を使ったかということを考慮した決定係数が考えられています．それが自由度調整済みの決定係数（自由度調整済みR2乗）です．

自由度調整済みの決定係数は，予測に有効でない独立変数が加えられると値が小さくなりますので，加えた独立変数が有効なものかどうか判断する1つの指標になります．また，決定係数と自由度調整済みの決定係数の値が大きく異なる場合には，予測の精度を過大評価している可能性がありますので，そのような場合は，分析に含める独立変数を減らして分析してみる必要があります．

なお，決定係数と自由度調整済みの決定係数の値を比べると，自由度調整済みの決定係数の方が値が小さくなります．

11-4 重回帰分析を用いた研究事例

★ 研究例10－「残業時間と疎外感からストレスの程度を予測する研究」

残業時間と疎外感からストレスの程度を予測する研究を考えます．質問紙を用いて，週平均残業時間（時間），疎外感尺度（20点満点），ストレス尺度（25点満点）に回答してもらいます．

重回帰分析のほかに，ストレス尺度の平均点をある2群で比較するということも考えているので，平均値の差の信頼区間に基づいて被験者数を決めました．先行研究ではストレス尺度得点の標準偏差の値は5程度であり，平均値の信頼区間の幅を±1以内にしたいと考え，**表3-②**を参考にして，被験者は200名集めることにしました．

[表11-②] 記述統計量と相関係数

記述統計量

	平均値	標準偏差	N
残業時間	2.330	.5600	200
疎外感	12.11	2.730	200
ストレス	19.57	4.310	200

相関係数

		残業時間	疎外感	ストレス
残業時間	Pearsonの相関係数	1	.220**	.310**
	有意確率（両側）	.	.002	.000
疎外感	Pearsonの相関係数	.221**	1	.490**
	有意確率（両側）	.002	.	.000
ストレス	Pearsonの相関係数	.310**	.490**	1
	有意確率（両側）	.000	.000	.

**相関係数は1%水準で有意（両側）です．

★ 記述統計量の値

記述統計量の値を**表11-②**に示します．残業時間，疎外感尺度得点，ストレス尺度得点の標本平均と標準偏差の値は，残業時間2.33（0.56），疎外感得点12.11（2.73），ストレス得点19.57（4.31）でした．各独立変数と従属変数との相関係数は，残業時間とストレス得点間0.31，疎外感とストレス得点間0.49であり，独立変数間，つまり，残業時間と疎外感得点間の相関係数は0.22という結果でした．

★ 単回帰分析の結果

重回帰分析の結果を見る前に，独立変数を1つずつ用いた場合の単回帰分析の結果を見ておきましょう．**表11-③**は，独立変数に残業時間を用いた場合と疎外感得点を用いた場合のそれぞれの単回帰分析の結果を示したものです．独立変数が1つの場合，重相関係数は相関係数に一致し，その値はそれぞれ，0.31，0.49です．重相関係数の検定の結果は，どちらの重相関係数も統計的に有意という結果でした（表は省略しています）．

独立変数として残業時間を用いた場合の回帰係数の値を見ると，回帰係数は

[表11-③] 各単回帰分析の結果

係数[a]

モデル		非標準化係数 B	標準誤差	標準化係数 ベータ	t	有意確率	Bの95%信頼区間 下限	上限
1	（定数）	14.011	1.246		11.245	.000	11.554	16.468
	残業時間	2.386	.520	.310	4.588	.000	1.360	3.411

[a] 従属変数：ストレス

係数[a]

モデル		非標準化係数 B	標準誤差	標準化係数 ベータ	t	有意確率	Bの95%信頼区間 下限	上限
1	（定数）	10.202	1.214		8.404	.000	7.808	12.596
	疎外感	.774	.098	.490	7.910	.000	.581	.966

[a] 従属変数：ストレス

2.39となっています．よって，残業時間が1時間長いと，ストレス得点の予測値は2.39点高くなると考えられます．また，標準回帰係数は0.31となっており，残業時間が1標準偏差だけ長いと，ストレス得点の予測値は0.31標準偏差だけ高くなると解釈されます．

　回帰係数の95%信頼区間は［1.36，3.41］であり，95%の確率で，この区間が母集団における回帰係数の値を含むと解釈されます．

　独立変数として疎外感得点を用いた場合の回帰係数の値を見ると，回帰係数は0.77となっています．よって，疎外感得点が1点高いと，ストレス得点の予測値は0.77点高くなると考えられます．また，標準回帰係数は0.49となっており，疎外感得点が1標準偏差だけ高くなると，ストレス得点の予測値は0.49標準偏差だけ高くなると解釈されます．

　回帰係数の95%信頼区間は［0.58，0.97］であり，95%の確率で，この区間が母集団における回帰係数の値を含むと解釈されます．

★ 重回帰分析の結果

　残業時間と疎外感得点という2つの独立変数からストレス得点を予測する重回帰分析の結果を見てみましょう．**表11-④**に重回帰分析の結果を示してあります．

　まず決定係数をみると，決定係数の値は0.283となっています．つまり，ストレス得点の分散の3割弱を，残業時間と疎外感得点という2つの独立変数で説明できていることがわかります．自由度調整済みの決定係数の値は0.276で0.283と近い値ですから，予測に全く役に立たない独立変数が混入していて決定係数が過大評価されているということはなさそうです．

　重相関係数（決定係数の正の平方根）は0.532という値になっています．分散分析表の結果を見るとp値は.000と表示されていますから，0.532という重相関係数の値は統計的に有意になっていることがわかります．

[表11-④] 重回帰分析の結果

モデル集計

モデル	R	R2乗	調整済み R2乗	推定値の 標準誤差
1	.532[a]	.283	.276	3.668

[a] 予測値(定数)：疎外感, 残業時間

分散分析[b]

モデル		平方和	自由度	平均平方	F値	有意確率
1	回帰	1046.394	2	523.197	38.891	.000[a]
	残差	2650.254	197	13.453		
	全体	3696.648	199			

[a] 予測値(定数)：疎外感, 残業時間
[b] 従属変数：ストレス

係数[a]

| モデル | | 非標準化係数 | | 標準化係数 | t | 有意 | Bの95%信頼区間 | |
		B	標準誤差	ベータ		確率	下限	上限
1	(定数)	7.285	1.455		5.006	.000	4.415	10.155
	残業時間	1.635	.476	.212	3.436	.001	.697	2.574
	疎外感	.700	.098	.443	7.168	.000	.507	.892

[a] 従属変数：ストレス

●●●

　偏回帰係数の値を見てみると，まず残業時間に対する偏回帰係数の値は1.64（小数第3位を四捨五入）となっています．つまり，疎外感得点が同じ被験者であれば，残業時間が1時間長い人の方がストレス得点の予測値は1.64点高くなります．偏回帰係数の95%信頼区間は [0.70, 2.57] であり，95%の確率で，この区間が母集団における偏回帰係数の値を含むと解釈されます．

　偏回帰係数の値が1.64である一方，単回帰分析の回帰係数の値は2.39であり，残業時間が1時間長いとストレス得点の予測値は2.39点高くなるとなっていましたから，この2.39点の中には，残業時間が変わることにより疎外感得点が変化する影響もある程度入っていたことがわかります．

　疎外感得点に対する偏回帰係数の値は0.70となっています．つまり，残業時

間が同じ被験者であれば，疎外感得点が1点高い人の方がストレス得点の予測値は0.7点高くなります．偏回帰係数の95%信頼区間は [0.51, 0.89] であり，95%の確率で，この区間が母集団における偏回帰係数の値を含むと解釈されます．

偏回帰係数の値が0.70である一方，単回帰分析の回帰係数の値は0.77であり，残業時間が1時間長いとストレス得点の予測値は0.77点高くなるとなっていましたから，この0.77点の中には，疎外感得点が変わることにより残業時間が変化する影響も多少入っていたことがわかります．

・・・

いま，独立変数間，つまり，残業時間と疎外感得点との相関係数は0.22と高くありませんから，標準偏回帰係数の大きさを比較して，ストレス得点に対する両変数の影響の程度を比較することが可能です．

標準偏回帰係数の値を見てみると，残業時間に対する標準偏回帰係数は0.21，疎外感得点に対する標準偏回帰係数は0.44となっています．よって，残業時間と疎外感得点という2つの独立変数においては，ストレス得点に対する影響度は疎外感得点の方が高いと考えられます．

標準偏回帰係数に基づいて，ストレス得点の予測値を考えてみましょう．疎外感得点が同じ被験者であれば，残業時間が1標準偏差 (0.56時間) 長くなると，ストレス得点の予測値は0.21標準偏差 ($0.21 \times 4.31 = 0.91$) 点高くなります．一方，残業時間が同じ被験者であれば，疎外感得点が1標準偏差 (2.73) 高いと，ストレス得点の予測値は0.44標準偏差 ($0.44 \times 4.31 = 1.90$) 点高くなるということがわかります．

11-5 回帰分析におけるいくつかの注意点

11-3 節で少し説明した多重共線性を含め，回帰分析を行うときに注意する必要があることがいくつかあります．本節ではそれらについて説明します．

● 決定係数
● 重相関係数

★ 決定係数はどれくらいの大きさならよいか

　予測の精度を確認するために決定係数というものを考えました．その値は0から1までの値となり，予測値が正確に従属変数の値に一致するときに1，予測が全く成り立たず，独立変数の値が何であっても予測値は従属変数の平均値となる場合に0になると説明しました．では決定係数の値はどれくらいの大きさであればよいのでしょうか．

　決定係数を定義している11.7式，および，そのもととなっている11.6式は，5章で尺度得点の信頼性を考えたときの信頼性係数の定義式(5.3式)とそのもとになっている5.2式と同じような形をしています．そして，信頼性係数については，0.5を下回るような尺度は使うべきではないと述べています（ 5-3 節参照）．

　回帰分析の場合もこれと同様にして，決定係数の値が0.5以上であれば，その回帰直線を用いた従属変数の予測値は実用に耐えるという1つの目安があります．決定係数が0.5のとき，その正の平方根である重相関係数は0.7くらいになりますから，従属変数の予測値と従属変数の値の相関が高く，ある程度予測ができていると実感されるからです．

　しかし，場合によっては，決定係数の値が0.5でも予測が実用に耐えなかったり，逆に，大まかな予測値がわかればよいというのであれば，決定係数が0.5を下回る場合でも許容されることがあります．つまり，決定係数の値がいくつであれば良いかに対する明確な基準はないということです．予測値が実用に耐えるものであるかどうかは，分析者が主観的に判断するしかありません．

　なお，予測値を使うわけではなく，従属変数に対するいくつかの独立変数の影響の強さを比較したいという場合でしたら，決定係数の値は0.5より小さくても分析に耐えるといわれています．重相関係数（決定係数の正の平方根）の値が小さく，その検定が統計的に有意にならないようでは困りますが，回帰係数や偏回帰係数の解釈が無理なくできるようであれば，決定係数の値がある程

●多重共線性
●回帰効果

度小さくても許容されると考えられます.

★ 多重共線性の問題

多重共線性の問題とは，重回帰分析を行うときに出てくる可能性のある問題点で，独立変数間の相関関係が強いときに，偏回帰係数（または標準偏回帰係数）の推定値が不安定になる問題のことをいいます．

独立変数間に強い相関関係がある場合には，従属変数との相関が大きい独立変数に対する偏回帰係数（または標準偏回帰係数）の推定値が0に近くなったり，相関係数と回帰係数の符号が逆転したりします．

例えば，残業時間と疎外感得点からストレス得点を予測する例で，残業時間と疎外感得点の相関係数を0.82に変えると，各独立変数に対する偏回帰係数と標準偏回帰係数の値は，残業時間 −2.16（−0.28），疎外感得点1.14（0.72）となります．残業時間とストレス得点との相関係数はもとの0.31のままにしてありますから，偏回帰係数（または標準偏回帰係数）として負の値が出てきてしまっているのは，独立変数間の相関が強いことによるものと考えられます．

このような場合は回帰分析の結果を解釈するのが困難になります．重回帰分析を行うときは，多重共線性の問題が起きないように，分析前に独立変数間の相関関係を調べておく必要があります．もし，相関関係の高い独立変数があったら，どちらかを分析からはずすなり，2つの変数の得点を合成した新しい変数を作るなりの措置を行ってから，重回帰分析を行うことがすすめられます．

★ 回帰効果

回帰分析は，独立変数の値から従属変数の値を予測するための分析ですから，予測分析などと呼んでもよさそうなのに，何で回帰分析というのでしょうか．それを理解するためにも，回帰効果というものについて知る必要があります．

例えば，プラセボ効果(本当は効果を持たない偽薬なのに，「○○に効く薬です」といわれて服用していると，あたかも本物の薬を服用したかのような効果が現れること)に関する研究をするため，少量の小麦粉を「この薬は食欲を適正にコントロールする薬で，太りぎみにも痩せぎみにも効く薬です(太りぎみの場合には食欲が抑えられ体重は減る方向に，痩せぎみの場合は食欲が高まり体重は増える方向に効く)」といって，同意の得られた100名の健康成人女性に1週間服用してもらう実験をしたとします(実験終了後に，薬は偽薬であったことと実験の目的を説明します)．

そして，実験前と実験後の各被験者の体重を測定し標本平均と標準偏差を求めたところ，実験前50.0 (10.0) kg，実験後50.1 (10.2) kg，また，実験前と実験後の体重の相関係数は0.7であったとします．実験前と実験後で平均体重はほとんど同じです．

プラセボ効果があるかどうかを確認するために，回帰分析を行ってみます．このデータを用いて切片と回帰係数の値を推定すると，実験後の体重を予測する式として，次のような式が得られます．

$$\text{実験後の体重の予測値} = 19.5 + 0.612 \times \text{実験前の体重} \quad (11.9)$$

この式に何人かの人の実験前の体重データを入れてみて，実験後の体重を予測してみます．まず，実験前の体重が平均値と同じ50kgの人の場合，実験後の体重は $19.5 + 0.612 \times 50 = 50.1$ と予測されます．これは実験後の平均体重です．つまり，実験前に平均体重である人の実験後の体重の予測値は，実験後の平均体重に一致します．

次に，平均よりも体重の重い人について考えます．例えば，実験前に65kgだった人の実験後の体重の予測値は，$19.5 + 0.612 \times 65 = 59.28$ kgとなり，65kgよりも小さくなっています．

今度は，平均よりも体重が軽い人について考えてみます．例えば，実験前に

35kgだった人の実験後の体重の予測値は，19.5 + 0.612 × 35 = 40.92kgとなり，35kgよりも大きくなっています．

　この結果を見ると，太りぎみの場合には体重は減る方向，痩せぎみの場合は体重は増える方向の予測値が得られ，プラセボ効果があるように見えます．

　しかし，この結果を受けてプラセボ効果があると解釈するのは誤りです．なぜなら，実験前と実験後の平均体重はほとんど変わらず，標準偏差もほとんど同じ値（むしろ実験後の方が大きい）からです．もし，太りぎみの場合には体重は減る方向に，痩せぎみの場合は体重は増える方向に効くという効果があったなら，実験後の体重の散らばりは実験前よりも小さくなりますから，実験後の標準偏差は小さくなるはずです．

　プラセボ効果があるように見えたのは，実は回帰効果と呼ばれるものです．回帰効果とは，従属変数の予測値が従属変数の平均値に近づく効果のことをいいます．実験後の体重の予測値は，実験前の体重が平均値よりも大きい被験者は下がる方向に，反対に，実験前の体重が平均値よりも小さい被験者は上がる方向に推定され，どちらも実験後の平均値に近づくようになるのです．

　予測値が平均に近づくことを統計用語では，予測値が平均に「回帰」するといいます．これを受けて，独立変数の値から従属変数の値を予測する式で表される直線を回帰直線といい，その直線の切片や傾きの値を推定する分析を回帰分析というようになったのです．

12 共分散構造分析

コンピュータ技術の進歩と統計解析ソフトの発展により，共分散構造分析という分析方法も広く用いられるようになってきました．本章では，共分散構造分析の基本的な考え方と分析例を紹介します．いくつかのモデルの比較についても考えます．本章で分析するデータは，6章「因子分析」で用いたデータと同じものを用います．因子分析との比較を行ってみてください．

12-1 共分散構造分析の基本的な考え方

共分散構造分析は，因子分析や回帰分析の親玉みたいな分析方法で，きちんと説明をしようとすると，それだけで何冊もの本になってしまいます（豊田(1998, 2000)など）．ここでは，共分散構造分析の基本的な考え方を簡潔に説明します．

★ パス図

5章でテスト得点の信頼性を考えたとき，「観測得点＝真の得点＋誤差」というモデルを立てました．また11章では，勉強量からテスト得点を予測するモデルを考えました．これらのモデルを図で表すことを考えてみましょう．**図12-①** がこれらのモデルを図で表現したものです．このような図をパス図といいます．

パス図では，観測変数，つまり，実際にデータが得られる変数を四角で表し，潜在変数，つまり，心理的な構成概念とか誤差など実際にデータは得られない変数を円や楕円で表します．四角や楕円の中にその変数名が書かれています．変数間の矢印は，その始点の変数から終点の変数に影響があることを示すものでパスと呼ばれます．また，変数間の相関関係は両端に矢頭がある矢印（パス）で表します．

● パス図　　　　　● パス係数
● パス　　　　　　● 共分散構造分析

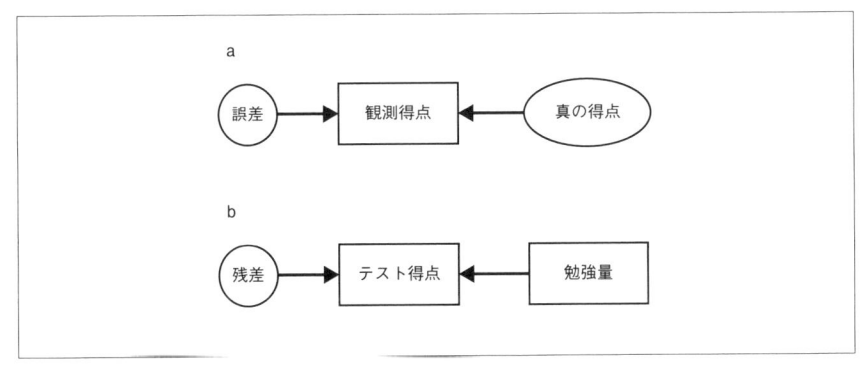

[図12-①] パス図の例

　図12-①の上の図（a）は，観測得点が真の得点と誤差の和になるというモデルを表しています．観測得点は実際にデータが得られますから四角で囲まれています．真の得点と誤差は実際にデータは得られませんから，円や楕円で囲まれています．観測得点を構成するモデルとして，真の得点と誤差という2つの変数が考えられているというわけです．

　図12-①の下の図（b）は，勉強量からテスト得点を予測するモデルを表しています．勉強量もテスト得点も実際にデータを得ることができますから観測変数であり，四角で囲まれています．残差は実際にデータは得られないので円で囲まれます．勉強量からテスト得点に向かう矢印（パス）の係数が，テスト得点を予測するために勉強量にかかる係数，つまり回帰係数となります．矢印の係数は，回帰係数を表す場合のほかに因子パターンなどを表す場合もあるので，一般的にはパス係数と呼ばれます．

　共分散構造分析は，変数間の関係を表すパス図を考え，そのパス係数の値を推定する分析法です．パス図は**図12-①**のように単純なものから，非常に複雑なものまで考えることができます．ある種のパス図は因子分析に対応し，またある種のパス図は回帰分析に対応するなど，共分散構造分析はいろいろな分析法を中に含めることが可能な分析法です．

1. 共分散構造分析の基本的な考え方

● 構造方程式モデル（SEM）

図12-①の上のパス図は「観測得点＝真の得点＋誤差」という式を表すものでした．これを拡張して，一般にパス図に表された変数間の関係は，いくつかの式の組み合わせを表現しているということができます．この式の組み合わせを構造方程式といいます．このことから，共分散構造分析は，構造方程式モデル（structural equation model, SEM）による分析といわれることもあります．

★ 研究例11 －「社交性を測る項目の分析」

共分散構造分析がどのようにしてパス係数の値を推定しているかを見てみましょう．例として6章「因子分析」で用いたデータを共分散構造分析で分析することを考えてみます．

6章では社交性を測定する項目の候補として「1．会話するのが好きである」

[表12-①] 項目間相関係数

項目	項目1	項目2	項目3	項目4	項目5	項目6	項目7	項目8	項目9	項目10
1．会話するのが好きである	1									
2．思ったことは何でも口にする*	0.08	1								
3．よく出かける	0.30	0.12	1							
4．1人でいることが多い*	0.29	0.10	0.39	1						
5．話の輪に多くの人が入れるよう気を遣う	0.24	0.40	0.14	0.14	1					
6．友達が少ない*	0.46	0.13	0.43	0.39	0.23	1				
7．人を手助けすることが多い	0.25	0.43	0.16	0.21	0.48	0.24	1			
8．年賀状や暑中見舞などをこまめに出す	0.28	0.24	0.40	0.37	0.35	0.34	0.37	1		
9．人との集まりが好きである	0.43	0.39	0.32	0.31	0.17	0.29	0.35	0.44	1	
10．話し上手とか聞き上手などと言われる	0.31	0.28	0.23	0.30	0.38	0.28	0.32	0.41	0.39	1

＊：逆転項目

●共分散構造

「2. 思ったことは何でも口にする」「3. よく出かける」「4. 1人でいることが多い」「5. 話の輪に多くの人が入れるよう気を遣う」「6. 友達が少ない」「7. 人を手助けすることが多い」という7つの項目を考えました．**表12-①**は200名の被験者から得られたデータを用いて計算したこれらの項目間の相関係数の値を示したものです．逆転項目の得点は変換してあります．なお，**表12-①**には「8. 年賀状や暑中見舞などをこまめに出す」「9. 人との集まりが好きである」「10. 話し上手とか聞き上手などといわれる」という3つの項目も加わっていますが，項目1から項目7の間の相関係数の値は**表6-①**と同じになっています．項目8から項目10については後で説明します．

★ 共分散構造

6章ではまず1つの因子を仮定したモデルを考えましたから，ここでも1つの因子を仮定したモデルを立ててみましょう．**図12-②**が項目1から項目7に1つの因子を仮定したパス図です．ただし，変数名は項目内容を表す略記で表示されており，項目の順番も**表6-②**などと対応するように入れ替えています．

各項目に対して，因子1という潜在変数とそれぞれの項目についての誤差（error）からパスが引かれていますから，例え

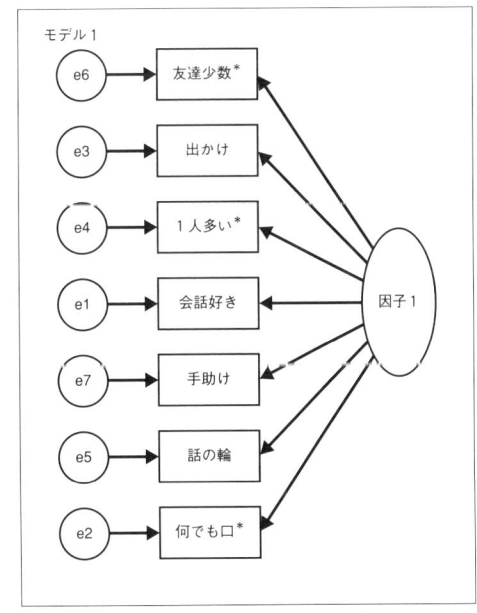

[図12-②] 1つの因子を仮定したモデル

1. 共分散構造分析の基本的な考え方

ば，「1. 会話するのが好きである」と「2. 思ったことは何でも口にする」という2つの項目については，6.1式と同様にして，

「会話好き」の得点 ＝ $\underbrace{\text{パス係数1} \times \text{因子1の得点}}_{\text{「会話好き」の得点の予測値}}$ ＋ 誤差1　　　（12.1）

「何でも口」の得点 ＝ $\underbrace{\text{パス係数2} \times \text{因子1の得点}}_{\text{「何でも口」の得点の予測値}}$ ＋ 誤差2　　　（12.2）

というモデルが立てられていることになります．ほかの項目についても同様の式が立てられます．

さて，「会話好き」と「何でも口」という2つの変数は観測変数ですから，それぞれデータから分散の値，すなわち，標本分散（または不偏分散）を計算することができます．また，それらの変数間の標本相関係数の値もデータから計算できます．

一方，12.1式と12.2式からそれぞれ予測される「会話好き」の得点と「何でも口」の得点からも，「会話好き」という変数の分散の推定値，「何でも口」という変数の分散の推定値，および，それらの変数間の相関係数の推定値を求めることができます．

これらデータから計算される分散や相関係数の値と，12.1式や12.2式を用いて求められるそれらの推定値とは，一般には異なる値になります．11章の**図11-①**で示されるように，実際のデータの値とその予測値との間には隔たり（残差，誤差）があるからです．

データから計算される分散や相関係数の値とそれらの推定値との隔たりが大きくては，12.1式や12.2式が観測得点の値をよく予測しているとはいえません．そこで共分散構造分析では，データから計算される分散や相関係数とそれらの推定値との隔たりがなるべく小さくなるように，パス係数の値を推定します．項目がたくさんある場合には，すべての項目の分散とその推定値，および，す

●パス係数の推定
●最尤法
●一般化最小2乗法

べての項目間の相関係数とその推定値を計算し，それらの隔たりが全体として小さくなるようにパス係数の値を推定するようにします．

いまは分散と相関係数を用いて説明しましたが，2章の2.9式にあるように相関係数は2変数間の共分散といわれる値を各変数の標準偏差で割った値です．標準偏差は分散の正の平方根ですから，分散の値が決まればその項目の標準偏差の値も決まります．その場合，相関係数の値を求めるのにあと必要なものは共分散の値です．よって，分散や相関係数の値を計算したり，それらの推定値を求めるということは，分散や共分散の値を計算したり，それらの推定値を求めることと言い換えることができます．

また，2章の2.9式の分子，すなわち，共分散を計算する式において，2つの変数が全く同じものであったとすると，それは2.5式，すなわち，分散の式になることがわかります．つまり，分散は同一変数間の共分散といえます．

そうすると共分散構造分析は，データから計算されるすべての共分散とそれらの推定値との隔たりがなるべく小さくなるようにパス係数の値を推定する分析法であるということができます．なお，12.1式や12.2式などのモデルから推定される共分散のことを共分散構造といいます．それゆえ，共分散構造分析という名がつけられているわけです．

★ パス係数の推定

因子分析において，因子パターンの値を推定する方法に最小2乗法とか主因子法などいくつかの推定方法があったのと同様に（**6-4**節参照），共分散構造分析においてパス係数の値を推定する方法にもいくつかの方法が考えられています．よく用いられる方法は，最尤法と呼ばれるものや，一般化最小2乗法といわれるものです．

表12-①の項目1から項目7に対し**図12-②**の1因子モデルを仮定して，最尤法を用いてパス係数の値を推定した結果を**表12-②**に示します．計算には

● 適合度
● χ^2統計量

[表12-②] 1つの因子を仮定したモデルによる分析結果（最尤法，標準化解）

項目	因子1	共通性
6．友達が少ない*（友達少数）	0.838	0.702
3．よく出かける（出かけ）	0.598	0.358
4．1人でいることが多い*（1人多い）	0.573	0.328
1．会話するのが好きである（会話好き）	0.628	0.394
7．人を手助けすることが多い（手助け）	0.474	0.225
5．話の輪に多くの人が入れるよう気を遣う（話の輪）	0.442	0.195
2．思ったことは何でも口にする*（何でも口）	0.314	0.099

df=15，　χ^2=98.651，p =0.000，GFI=0.857，AGFI=0.732，RMR=0.171，RMSEA=0.167，AIC=124.651，CAIC=180.529．
＊：逆転項目

Amos（ver.4.02）というソフトを用いています．6章の**表6-②**と比較すると，どちらも1つの因子を仮定しているのに，パス係数（因子パターン）の値が違っていることがわかります．これは，パス係数の値を推定する方法が異なることによります．とはいえ，どちらも同じデータを分析しているわけですから，パス係数の値の傾向はだいたい似通っていて，「6．友達が少ない」に対する値が大きく，「2．思ったことは何でも口にする」に対する値が小さくなっています．

★ 適合度統計量

共分散構造分析では，パス図で表されるモデルがデータにどの程度良くあてはまっているか，また，同一データに対しいくつかのモデルを考えたとき，どのモデルがよりあてはまりが良いかを評価することができます．

表12-②の下段に，あてはまりの良さ，すなわち，適合度を評価するための統計量の値が示されています．あてはまりの良さを評価するのも一通りではなく，いくつかの指標があり，その代表的なものを挙げています．

まずはχ^2統計量の値とそれによるp値があります．χ^2統計量の自由度（df）も表示しておくのが普通です．モデルの適合度に統計的検定を利用するもの

● GFI
● AGFI

で，p値が有意水準より小さくなり統計的に有意となったらそのモデルを棄却します．つまり，適合度が良くないと判断します．p値が有意水準を下回らず統計的に有意とならない場合は，そのモデルを保持します．ただし，被験者数が多くなればp値は小さくなりますから，あてはまりの良いモデルだとしても被験者数が多いとそのモデルは棄却されてしまいます．p値は参照する程度にとどめ，モデルの適合度の評価には他の指標を利用することがすすめられます．**表12-②**では，p=0.000と表示されており，このデータに対して1因子モデルは棄却されます．

次にあるGFIという指標は，値が1に近いほどモデルのあてはまりが良いことを表す指標です．データがモデルに完全にあてはまるとき，GFIの値は最大値1になります．モデルのあてはまりが良いことをいうためにはGFIの値は0.9以上必要という経験的な目安があります．しかし，分析に含める観測変数の数が多くなると（例えば30項目以上）GFIの値は小さくなる傾向にあり，観測変数が多い場合には0.9という目安は厳しすぎることがあります．**表12-②**ではGFI=0.857となり，0.9を下回っています．項目数が7項目と少ないことから，モデルのあてはまりは良くないと考えられます．

反対に，パス図においてパスをたくさん引くと，それがたとえ科学的意味のないものであっても，GFIの値は大きくなる傾向があります．重回帰分析において，従属変数を予測する変数を増やしたら決定係数の値が増加することと似ています（**11-3**節参照）．この問題を回避するものとして，決定係数に対し自由度調整済み決定係数があったように，GFIに対しても自由度調整済みGFIというものがあります．AGFIというものです．パス図において意味のないパスを引いてもAGFIの値は大きくはならず，GFIとの差が大きくなります．よって，GFIとAGFIの値の差が大きいときは，意味のないパスが引かれている可能性を考える必要があります．AGFIの値はGFIの値以下になりますが，やはり1に近いほどモデルのあてはまりが良いことを示します．**表12-②**では，

1. 共分散構造分析の基本的な考え方

- RMR
- RMSEA
- CAIC
- AIC
- SBC

AGFI=0.732となっています．

　GFIとは逆に，値が0に近い方がモデルのあてはまりが良いことを表す指標の1つとしてRMRというものがあります．RMRにもGFIと同様に，パス図においてパスをたくさん引くと，それがたとえ科学的意味のないものであっても，RMRの値が小さくなるという傾向があります．**表12-②**ではRMR=0.171となっており，0に近いとはいえません．

　RMRとは異なる発想で提案されたRMSEAという指標も，値が0に近いほどモデルのあてはまりが良いことを示す指標です．値が0.05以下であればモデルのあてはまりが良く，0.1以上であればあてはまりが悪いとする目安があります．**表12-②**ではRMSEA=0.167ですから，モデルのあてはまりは悪いと判断されます．

　AICという指標は，同一データに対していくつかのモデル（パス図）を作成したとき，どのモデルがよりあてはまりが良いかを評価するための相対的な指標です．AICの値が小さいほど，モデルのあてはまりが良いと考えます．AICの値がいくつ以下なら良いという基準はなく，複数のモデルを比較するときに，値が小さいモデルの方があてはまりが良いという相対的な評価をします．**表12-②**ではAIC=124.651となっています．

　しかしAICには，被験者数が多くなると，パスをたくさん引いた，より複雑なモデルの方が値が小さくなり，複雑なモデルを良しとする傾向があります．この問題を回避するために提案された指標が，CAICやSBCです．CAICやSBCも，値が小さいほどモデルのあてはまりが良いと考えます．**表12-②**ではCAIC=180.529となっています．

●　●　●

　以上，モデルのあてはまりの良さを表す指標をいくつか紹介しましたが，どれもこれ1つで大丈夫という指標ではなく，実際にモデルのあてはまりの良さを考える際には，複数の指標を組み合わせて評価します．

●確認的因子分析
●探索的因子分析

★ 確認的因子分析と探索的因子分析

　因子分析では，因子パターンの推定法として最尤法を用いれば別ですが，最小2乗法などの推定法を用いた場合には，モデルのあてはまりの良さを評価したり，モデル間のあてはまりの良さの比較を行うことはできません．また因子分析では，各因子はそれぞれすべての項目に影響を与えることを仮定しています．つまり，各因子からすべての項目に対してパスが引かれるモデルを扱っており，その中のあるパス係数（因子パターン）の値を0に固定するということはできません．

　これに対し共分散構造分析では，前節で述べたように，モデルのあてはまりの良さを評価したり，モデル間のあてはまりの良さの比較を行うことができます．また，あるパス係数の値を0に固定するということは，共分散構造分析ではむしろ普通のこととして行われます．

　あるパス係数の値を固定して，そのモデルのあてはまりの良さを評価する因子分析のことを確認的因子分析（または検証的因子分析）といいます．共分散構造分析ではこの確認的因子分析を行うことが可能です．これに対し，従来の因子分析は探索的因子分析といわれたりします．

12-2 モデルの適合度の比較

　表12-①の項目1から項目7に対しては，6章でみたように2因子を仮定する方が適切でした．ここでは，7つの項目に対し2つの因子を仮定するいくつかのモデルを考え，共分散構造分析を用いてモデルのあてはまりの良さを比較してみます．

★ モデルの設定

　図12-③に示した4つのモデル（モデル2A〜モデル2D）は，それぞれ7つの項目に対して2つの因子を仮定したモデルを表しています．

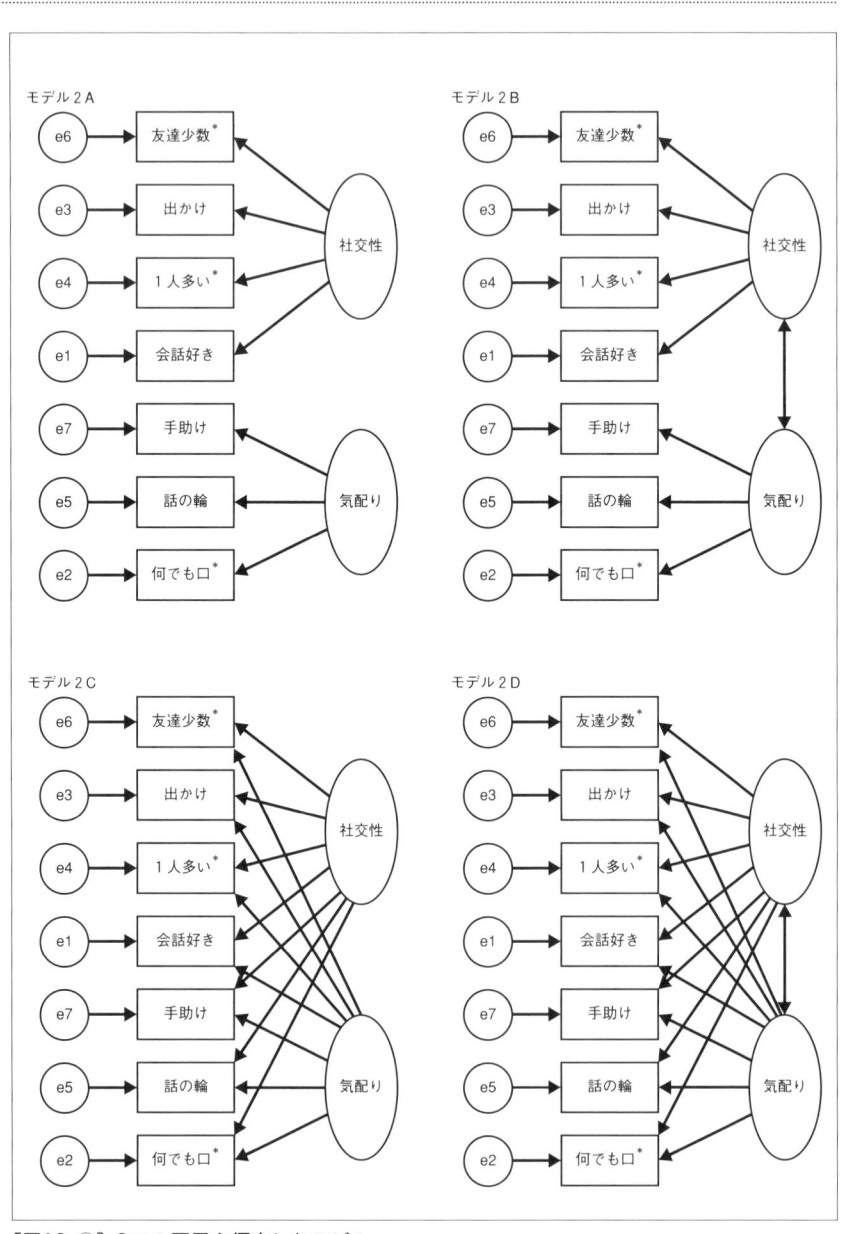

[図12-③] 2つの因子を仮定したモデル

モデル2Aを見ると，1つめの因子（[社交性]とします）は「6．友達が少ない*」「3．よく出かける」「4．1人でいることが多い*」「1．会話するのが好きである」という4つの項目だけに影響を与え，「7．人を手助けすることが多い」「5．話の輪に多くの人が入れるよう気を遣う」「2．思ったことは何でも口にする*」という3項目には影響を与えないモデルであることがわかります．最初の4つの項目には[社交性]からパスが引かれていますが，後の3項目にはパスが引かれていないからです．パスが引かれていないということは，そのパス係数の値を0に固定することに相当します．影響を与える係数が0ですから，影響を与えないということになるのです．

　1つめの因子とは反対に2つめの因子（[気配り]とします）は，「7．人を手助けすることが多い」「5．話の輪に多くの人が入れるよう気を遣う」「2．思ったことは何でも口にする*」という3つの項目だけに影響を与えると考えています．また，因子間の相関を表すパスも引かれていませんから，因子間相関は0に固定されていることになります．

　モデル2Bは，モデル2Aに因子間の相関を表すパスを加えたものです．つまり，[社交性]と[気配り]という2つの因子が無相関であるとは仮定しないモデルです．

　モデル2Cは，2つの因子が7つの項目すべてに影響を与えると考えるモデルです．ただし，因子間の相関は無相関であるとしています．モデル2Cは，モデル2Aに残りのすべての因子から項目への影響を加えたものとも考えられます．

　モデル2Dは，モデル2Cに因子間相関を表すパスを加えた，2つの因子が無相関であるとは仮定しないモデルです．モデル2Bに残りのすべての因子から項目への影響を加えたものとも考えられます．

[表12-③] 2つの因子を仮定したモデルによる分析結果（最尤法，標準化解）

項目（略記）	モデル2A 社交性	モデル2A 気配り	モデル2B 社交性	モデル2B 気配り	モデル2C 社交性	モデル2C 気配り	モデル2D 社交性	モデル2D 気配り
6．友達少数*	0.885	0	0.745	0	0.889	0.124	1.003	-0.334
3．出かけ	0.575	0	0.582	0	0.552	0.106	0.841	-0.332
4．1人多い*	0.535	0	0.551	0	0.502	0.163	0.744	-0.246
1．会話好き	0.585	0	0.584	0	0.555	0.202	0.699	-0.144
7．手助け	0	0.909	0	0.736	0.169	0.920	-0.363	1.003
5．話の輪	0	0.592	0	0.669	0.222	0.536	-0.360	0.945
2．何でも口*	0	0.540	0	0.576	0.101	0.501	-0.504	0.961
因子間相関	0		0.431		0		0.842	
適合度指標								
df	16		13		9		8	
χ^2	50.027		10.488		27.586		7.495	
p	0.000		0.654		0.001		0.484	
GFI	0.939		0.985		0.960		0.989	
AGFI	0.894		0.968		0.877		0.961	
RMR	0.152		0.033		0.099		0.023	
RMSEA	0.103		0.000		0.102		0.000	
AIC	74.027		40.488		65.586		47.495	

＊：逆転項目

★ パス係数の推定

表12-③に4つのモデルで共分散構造分析を行った結果（最尤法，標準化解）を示してあります．表中"0"とあるのは，そのパス係数の値を0に固定したことを表しています．

モデル2Aと2Bでは，因子から項目にかかるいくつかのパス係数を0と固定しています．ところで，因子分析のバリマックス回転やプロマックス回転は，各因子ごとに因子パターンの大きい項目と因子パターンの小さい（0に近い）項目のメリハリを強調するように因子軸を回転させるものでした（**6-3**節参照）．よって，因子間の相関を0としているモデル2Aの分析結果はバリマックス回転の結果と，因子間の相関を想定しているモデル2Bの分析結果はプロマックス回転の結果と近くなることが予想されます．

実際モデル2Aの結果と6章の**表6-④**を見比べると，パス係数の値の傾向はだいたい似ていることが確認されます．モデル2Bの結果と**表6-⑤**ではさらに値が似通っています．因子間相関係数も，プロマックス回転では0.400，モデル2Bでも0.431という近い推定値が得られています．細かい数値が異なるのは，バリマックス回転やプロマックス回転では（一部の）パス係数の値を0に固定する訳ではないこと，また，パス係数を推定するのに用いている推定法が異なることによります．

　モデル2Cは，モデル2Aで0と固定していたパス係数も推定するようにしたものですが，全体的な傾向はモデル2Aと似ています．モデル2Aで0と固定していたところのパス係数の値はそれほど大きくありません．

　モデル2Dは，モデル2Bで0と固定していたパス係数も推定するようにしたものですが，モデル2Bとは異なった様相を呈しています．モデル2Bで0と固定しなかったところのパス係数の値は，モデル2Dではモデル2Bよりもかなり大きな値になり，モデル2Bで0と固定したところのパス係数の値は，モデル2Dでは負の値になっています．因子間相関も，モデル2Bでは0.431であったものが，モデル2Dでは0.842となっています．

★ モデルの適合度の比較とモデル選択

　モデル2Aからモデル2Dの4つのモデルのうち，どれが最もあてはまりが良いかを見てみます．**表12-③**には各モデルに対する適合度統計量の値も示してあります．

　p値をみると，因子間に相関を仮定したモデル2Bとモデル2Dが有意とはなっていませんから，この2つのモデルのあてはまりが良いことがうかがわれます．GFIはどのモデルでも0.9以上の値になっていますが，AGFIはモデル2Bとモデル2Dだけで0.9以上の値になっています．RMRが小さいのもモデル2Bとモデル2Dです．RMSEAが0.05よりも小さくなるのもこの2つのモデルで

● モデルの実質的な意味

す．よって，モデルの適合度という観点では，モデル2Bとモデル2Dがあてはまりが良いと考えられることになります．

あてはまりの良さを相対評価するAICやCAICを見ると，モデル2Bの方がモデル2Dよりも小さな値になり，モデル2Bの方があてはまりが良いとなっています．

以上から，モデル2Aからモデル2Dの中では，モデル2Bのあてはまりが最も良いと判断されます．

モデル2Bを具体的に解釈すると，[社交性]因子に関連する4項目と，[気配り]因子に関連する3項目とに項目が分けられ，因子間相関は0.4程度であるとなります．項目内容を具体的に検討してみても，この解釈にそう無理は感じません．よって，実質的に考えてもモデル2Bは有効なモデルであると考えられます．

相対評価ではモデル2Bに劣りましたが，モデル2Dもあてはまりが良いといえるモデルでした．GFIやRMRは，モデル2Dの値の方が良いくらいです．しかし，前節で述べたように，モデル2Dではパスがたくさん引かれているため，GFIの値が大きく，また，RMRの値が小さくなるなどして，あてはまりがよく見えただけであるという可能性も考えられます．

また，モデル2Dに基づいて実質的に内容を検討してみると，いくつかのパス係数が負の値になっていましたから，例えば，社交性の高い人は思ったことを何でも口にし，また，人の手助けをしない傾向にある，ということになってしまいます．これらは現実の実態や実感とは異なるもので，いくらモデルのあてはまりが良くても，有効なモデルとはいえません．

モデル2Dのようにたくさんのパスを引いた場合には，そのモデルのあてはまりが良いと評価されることも多くありますが，そのモデルが現実的に意味のあるモデルかどうかをきちんと考えないと，適切なモデル選択を行うことはできません．適合度統計量は，項目の具体的内容から離れ，単に数字が式によく

あてはまるかどうかだけを評価するものです．モデル選択にあたっては，モデルの実質的な意味を考えることが大切です．

12-3 潜在変数間の相関を説明する因子を仮定したモデルによる分析

先にみたモデル2Bでは，［社交性］と［気配り］と名付けた2つの因子間の相関が0.431であるということが示されていました．この相関は何によってもたらされていると考えることができるでしょうか．

因子分析では，因子間の相関係数の値を推定することまではできましたが，その相関を説明する別の因子というものを考えることはできません．これに対し共分散構造分析では，因子間の相関を説明する別の因子を仮定した分析を行うことができます．因子，すなわち，潜在変数間の関係を細やかにモデル化できる点が，共分散構造分析の特長の1つといえます．本節では，因子間の相関を説明する因子を組み込んだモデルの分析例を紹介します．

★ 研究例12－「［社交性］と［気配り］の相関を［親和性］で説明するモデルの検証」

先に示した**表12-①**の項目8から項目10は，［社交性］と［気配り］との相関を［親和性］という因子によって説明することを目的として用いられた項目です．「8．年賀状や暑中見舞などをこまめに出す」「9．人との集まりが好きである」「10．話し上手とか聞き上手などといわれる」が親和性を測定する観測変数です．

表12-①に示された相関係数行列について，**図12-④**で示されるモデルで共分散構造分析を行いました．結果は**図12-④**の中に示されています．各パスに添えられている数値がそのパスのパス係数の推定値です．共分散構造分析では，**図12-④**のように，パス図にパス係数の推定値を書き込んで結果を表示するこ

● パス係数

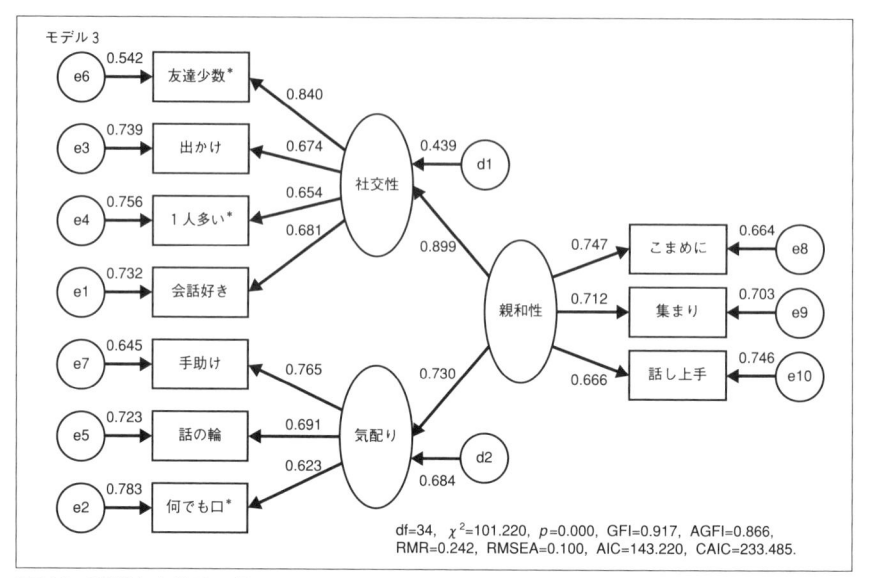

[図12-④] 潜在変数間の相関を説明する因子を仮定したモデルと分析結果

とも多くあります．この場合も，適合度統計量の値はきちんと書いておきます．

分析結果を見ると，GFIの値は0.9を超えていますが，RMRの値はそれほど小さくなく，また，RMSEAの値も0.100となっていて，モデルのあてはまりは悪いと判断されます．［社交性］と［気配り］との間の相関を［親和性］という因子で説明しようとしましたが，いまのデータからはそのモデルは支持されないようです．

12-4 共分散構造分析におけるいくつかの注意点

★ 適合度が高くても適切でないモデルの存在

共分散構造分析を行っていると，モデルを比較検討するために，ついつい目が適合度統計量の方ばかりにいってしまいます．しかし，初めに述べたように，共分散構造分析は因子分析や回帰分析の親玉みたいなものですから，パス

●同値モデル

係数(因子パターンや回帰係数に相当するものでした)の値にも注意が向けられなければなりません．つまり，いくら適合度の高い(あてはまりが良い)モデルでも，パス係数の値がほとんど0に近いようなモデルは，実質的に意味のあるモデルだとはいえないということです．

　適切なモデルは，パス係数の値が大きく，かつ，そのモデルの適合度が高いモデルである必要があります．

★ 同値モデルの存在

　同一のデータに対して，いくつかのモデルを立てそれぞれ共分散構造分析で分析する際，適合度が全く同じになる複数のモデルが存在する場合があります．これらのモデルを同値モデルといいます．同値モデルの中には，あるパス(矢印)の向きを反対向きにしたものなどもあります(パスを反対向きにしたものが必ず同値モデルになるわけではありません)．

　あるパス(矢印)の向きを反対向きにした同値モデルがある場合，そのパスで結ばれた2つの変数の関係は逆転します．しかし，同値モデルだと適合度が全く同じですから，適合度統計量を用いてどちらのモデルがより適切かを評価することはできません．このような場合は，実質的に変数の意味を考えて，より適切と考えられる向きにパスの方向を設定する必要があります．

13 分割表の分析

性別や大学の設置形態など,名義尺度を用いた測定で得られるデータを分類データとかカテゴリカルデータなどと呼びます.本章では,2つの分類データを組み合わせて表にした表(分割表)の分析法について説明します.まず,分割表,および,名義尺度変数間の関連を表す指標について説明します.次に,2×2の分割表,より大きなサイズの分割表の分析法について説明します.また,分割表の分析におけるいくつかの注意点についても述べておきます.なお,本章以降で述べる分析法は,ノンパラメトリックな分析法といわれます.

13-1 分割表と連関係数

★ 分割表

ある大学病院において消化器系の手術をした患者のうち,退院後に,ある特定の食物を摂取したか否かと,腸閉塞を起こしたか否かを調査して,その人数を**表13-①**の左表のようにまとめたとします.例えば,ある食物を摂取した人は40名中12名で,そのうち腸閉塞を起こした人の数は7名であるということです.

また,ある会社(従業員数120名)において,出身学校の設置形態別(国立,公立,私立)と配属部門(営業,総務,開発,生産)を調査して,**表13-①**の右表のような結果を得たとします.例えば,営業部門には34名の社員がいて,

[表13-①] 分割表の例

		腸閉塞 +	腸閉塞 −	合計
ある特定の食物の摂取	+	7	5	12
	−	10	18	28
	合計	17	23	40

		職種 営業	職種 総務	職種 開発	職種 生産	合計
設置形態	国立	11	8	16	5	40
	公立	6	4	6	4	20
	私立	17	15	14	14	60
	合計	34	27	36	23	120

- 名義尺度
- 分類データ(カテゴリカルデータ)
- ノンパラメトリックな分析法
- 分割表(クロス表)
- ϕ係数

そのうち国立の学校を卒業している人は11名です.

表13-①の2つの表のように,名義尺度(または順序尺度)の変数について,各変数の水準の組み合わせにどれだけのデータがあるかを表にしたものを分割表とかクロス表などと呼びます.いまの例では,ある食物摂取の有無,腸閉塞の有無などが変数であり,「ある食物を摂取したか摂取していないか」や「腸閉塞を起こしたか起こしていないか」などが各変数の水準となります.また,各変数の水準の組み合わせ(例えば,ある食物を摂取した人で腸閉塞を起こした人)に該当する分割表のマス目を「セル」といったりします.

多くの場合,分割表は2つの変数を組み合わせ,それら2変数間の関係を記述するために用いられますが,3つの変数間の関係を表す分割表(3重分割表と呼ばれます)なども作られたりします.また,2つの変数を組み合わせた分割表のうち,**表13-①**の左表のように各変数の水準数がともに2である表をとくに2×2表とか四分割表などといいます.

★ ϕ係数

2つの変数が間隔尺度や比尺度である場合には,それら2つの変数間の関係は相関係数で記述されました.これに対応するものとして,2つの変数が名義尺度(または順序尺度)である場合には,連関係数といわれるものが2つの変数間の関係を表す指標になります.

2×2表の場合には,連関係数としてϕ(ファイ)係数というものが提案されています.ϕ係数は,変数の2つの水準にそれぞれ1つの値(例えば一方の水準に1,他方の水準に0)を割り当てた場合の2つの変数間の相関係数の値です.例えば,ある食物を摂取した場合を1,摂取しなかった場合を0,また,腸閉塞を起こした場合を1,腸閉塞を起こさなかった場合を0として,相関係数(すなわちϕ係数)を計算すると,**表13-①**の左表の例では$\phi = 0.21$となります.

ϕ 係数は2変数間の相関係数ですから，−1から+1までの値を取ります（絶対値を取って0から1までとする場合もあります）．ϕ 係数の値の大きさが大きいほど2つの変数間の関連が強いことを表し，ϕ 係数の値が0のとき，2つの変数間には関連がないとなります．

2つの変数間に関連がなく $\phi = 0$ となる場合の例を**表13-②**に示します．**表13-②**の左側の3つの表では，いずれも $\phi = 0$ となります．4つすべてのセルの度数が等しい場合(a)や，一方の変数の水準ごとに度数が一定である場合(b)だけでなく，(c)のように各行または各列の度数の比が一定である場合も $\phi = 0$ となります．各行または各列の度数の比が一定である場合ということを具体

[表13-②] 連関のない分割表の例

a) すべての度数が等しい

		腸閉塞 +	腸閉塞 −	合計
ある特定の食物の摂取	+	10	10	20
	−	10	10	20
	合計	20	20	40

		職種 営業	総務	開発	生産	合計
設置形態	国立	10	10	10	10	40
	公立	10	10	10	10	40
	私立	10	10	10	10	40
	合計	30	30	30	30	120

b) 行または列の度数が一定

		腸閉塞 +	腸閉塞 −	合計
ある特定の食物の摂取	+	7	7	14
	−	13	13	26
	合計	20	20	40

		職種 営業	総務	開発	生産	合計
設置形態	国立	10	10	10	10	40
	公立	5	5	5	5	20
	私立	15	15	15	15	60
	合計	30	30	30	30	120

c) 行または列の度数の比が一定

		腸閉塞 +	腸閉塞 −	合計
ある特定の食物の摂取	+	4	12	16
	−	6	18	24
	合計	10	30	40

		職種 営業	総務	開発	生産	合計
設置形態	国立	16	4	12	8	40
	公立	8	2	6	4	20
	私立	24	6	18	12	60
	合計	48	12	36	24	120

●独立
●完全連関

に説明すると，例えばある食物を摂取した人において腸閉塞を起こした人と腸閉塞を起こさなかった人の比が4：12 = 1：3，ある食物を摂取しなかった人において腸閉塞を起こした人と腸閉塞を起こさなかった人の比も6：18 = 1：3となり，ある食物を摂取した群でも摂取しなかった群でも，腸閉塞を起こした人と腸閉塞を起こさなかった人の割合は1：3で同じであるということです．この場合，ある食物の摂取の有無と腸閉塞の生起という2つの変数は独立であるといいます．

4つすべての度数が等しい場合(a)や，一方の変数の水準ごとに度数が一定である場合(b)は，(c)の各行または各列の度数の比が一定である場合の特別な場合（度数の比が1：1）と考えられますから，一般に，各行または各列の度数の比が一定である場合，2つの変数には関連がなく独立であるということになります．

今度は$\phi = 1$となる場合の例を**表13-③**に示します．**表13-③**の左側の表のϕ係数の値は1になります．表をみると，ある食物を摂取した人はみな腸閉塞を起こし，ある食物を摂取しなかった人は全く腸閉塞を起こしていないことがわかります．つまり，ある食物を摂取するかしないかと，腸閉塞を起こしたか否かが完全に対応しています．この場合，2つの変数には完全連関があるといいます．

ϕ係数の大きさ（絶対値）が0から1までの間にあるときは，2つの変数の関

[表13-③] 完全連関のある分割表の例

		腸閉塞		合計
		＋	－	
ある特定の食物の摂取	＋	12	0	12
	－	0	28	28
	合計	12	28	40

		職種				合計
		営業	総務	開発	生産	
設置形態	国立	40	0	0	0	40
	公立	0	20	0	0	20
	私立	0	0	35	25	60
	合計	40	20	35	25	120

● クラメルの連関係数

係は,独立である状態から完全連関がある状態の間になります.この場合,2つの変数は独立ではなく,各行または各列の度数の比が一定ではないと解釈されます.例えば,**表13-①**の左表の40名の被験者についていえば,ある食物を摂取した群と摂取しなかった群とで,腸閉塞を起こした人の割合は同じではないと解釈されます.なお,母集団においてもそのようにいえるかどうかを判断するには,分割表に関する検定を行うことになります(**13-2**節参照).

ここで注意しなければならないことは,各群で腸閉塞を起こした人数ではなく,腸閉塞を起こした人の割合が同じではないといっていることです.例えば,ある食物を摂取した群が20名でそのうち5名(25%)が腸閉塞を起こし,一方,ある食物を摂取しなかった群が200名でそのうち10名(5%)が腸閉塞を起こした場合,人数を数えて,ある食物を摂取しなかった場合の方が腸閉塞を起こす可能性が高いと考えたりはしないでしょう.ある食物を摂取した群では25%の人が腸閉塞を起こしているのに対し,摂取しなかった群では5%の人しか腸閉塞を起こしていないからです.ある食物の摂取と腸閉塞の生起の関連を検討する際に比べるべきものは,この例でいえば25%と5%という腸閉塞の生起率です.よって,分割表を用いて変数間の関連を検討するときは,人数そのものではなく,その割合についての議論を行う必要があります.

さて,相関係数の場合とは異なり,ϕ 係数については,ϕ 係数の値がどれくらいだったらどの程度の連関があるといえるかという目安は立てにくくなります.それは,$\phi = 0$ となる場合が幾通りもあることとも関係しています.2×2 表に基づいて2つの変数間の関係を述べる際には,ϕ 係数の値だけでなく 2×2 表そのものも提示する必要があるでしょう.

★ クラメルの連関係数

2×2 よりも大きなサイズの分割表,例えば**表13-①**の右表のような 3×4 表などにおいて2変数間の関係を記述する指標もあります.クラメル(Cramér)

●独立
●完全連関

の連関係数(V)と呼ばれるものです．クラメルの連関係数(V)は0から1までの値をとります．**表13-①**の右表の場合，$V = 0.13$となります．

クラメルの連関係数も，ϕ係数の場合と同様に，$V = 0$のとき，2つの変数には関連がなく独立であるといわれます．$V = 0$となる例を**表13-②**の右側に示してあります．ϕ係数の場合と同様に，各行または各列の度数の比が一定である場合，2つの変数には関連がなく独立になります．

次に，$V = 1$となる例を見てみます．**表13-③**の右側の表です．表を見ると，国立学校を卒業している者はみな営業部門，公立学校を卒業しているものはみな総務部門，私立学校を卒業している者はみな開発または生産部門となっています．私立学校を卒業している者は開発部門と生産部門とに分かれますが，この2つの部門を合わせ開発生産部門という1つの部門として考えれば，私立学校を卒業した者はみな開発生産部門に所属していると考えることができます．すると，卒業した学校の設置形態により配属部門が完全に分かれているといえます．この場合，やはりϕ係数と同様に，2つの変数には完全連関があるといいます．

Vの値が0から1までの間にあるときは，2つの変数の関係は，独立である状態から完全連関がある状態の間になります．分割表にはたくさんのセルがありますから，Vの値がどれくらいだったらどの程度の連関があるといえるのかという目安は立てにくいものです．分割表を作成して2つの変数間の関係を調べる際には，Vの値だけでなく分割表そのものも提示して，各行または各列の度数の比がどのようになっているかを検討する必要があります．

なお，2×2表の場合には，クラメルの連関係数(V)とϕ係数の絶対値は同じ値になります．また，Vを2乗した値をクラメルの連関係数と定義する場合もあるようですので注意が必要です．

● シンプソンのパラドックス

★ シンプソンのパラドックス

相関研究における注意点について説明した節（**10-2**節）で，見かけの相関に注意する必要があることを述べました．見かけの相関とは，分析している2つの変数以外の変数（共変数）の影響で，2つの変数間の相関関係がおかしく見えてしまうことでした．分割表も2つの変数間の関連を表すものですから，これと同じようなことが起きてしまう可能性があります．

表13-④は，**表13-①**とは数値は異なりますが，ある食物の摂取の有無と腸閉塞の関係を示した2×2表です．ただし**表13-④**においては，術式として内視鏡手術を行った群と開腹手術を行った群を分けた表も提示してあります．

内視鏡手術を受けた群の表を見ると，ある食物の摂取の有無にかかわらず，腸閉塞の生起率は20%（1/5および3/15）です．各行の度数の比が同じですから，この表のφ係数はφ=0となります．一方，開腹手術を受けた群の表では，ある食物の摂取の有無にかかわらず，腸閉塞の生起率は80%（4/5および12/15）です．やはり各行の度数の比が同じですから，この表のφ係数もφ=0となります．いずれにしろ，ある食物の摂取の有無と腸閉塞の生起とは独立であり関連はないという結果です．

しかし，これら2つの表をあわせた表（一番下の表）をみると，ある食物を摂取した群の腸閉塞の生起率は65%

[表13-④] シンプソンのパラドックスの例

内視鏡手術群		腸閉塞		合計
		+	−	
ある特定の食物の摂取	+	1	4	5
	−	3	12	15
	合計	4	16	20

＋

開腹手術群		腸閉塞		合計
		+	−	
ある特定の食物の摂取	+	12	3	15
	−	4	1	5
	合計	16	4	20

＝

全体		腸閉塞		合計
		+	−	
ある特定の食物の摂取	+	13	7	20
	−	7	13	20
	合計	20	20	40

(13/20)，ある食物を摂取しなかった群の腸閉塞の生起率は35％（7/20）となり，ある食物を摂取した場合の方が腸閉塞を起こす割合が高くなるという現象が観察されてしまいます．このように，第3の変数（いまの例では術式）で分割表を分けたもの（**表13-④**の上2つの表）と，全体をまとめて1つの分割表にしたもの（**表13-④**の一番下の表）とで，変数間の関連の様子が異なって見えることをシンプソン（Simpson）のパラドックスといいます．

　このような現象が起きたのは，術式（内視鏡か開腹か）によって腸閉塞の生起率に差がある上に，内視鏡手術を受けた群ではある食物を摂取した人が少なく，反対に開腹手術を受けた群ではある食物を摂取した人が多いというように，人数に偏りがあることによります．

　研究を行うときは，被験者を無作為に選んで，術式のような第3の変数についても群の人数や性質に偏りがないようにする必要があります．調査研究では，各群の人数や性質の偏りをなくすことが難しい場合もあります．そのような場合には，**表13-④**のように，分割表を第3の変数で分けてみて，それぞれの分割表と全体の分割表とを比較してみることがすすめられます．このような分析を層別分析といいます．

13-2　2×2表の分析

★ 研究例13－「ある食物の摂取の有無と腸閉塞の生起との関連」

　消化器系の手術をした退院患者において，ある食物の摂取の有無と腸閉塞の生起の関連を調べる研究を考えます．退院患者に質問紙を送付して，ある食物を摂取したか否かと，腸閉塞を起こしたか否かについて回答してもらいます．

★ 結果

　調査を行ったところ40名の患者から回答を得，**表13-⑤**の一番上の表のような結果を得ました．この表は**表13-①**と全く同じことを表すものですが，ある

● χ^2検定

[表13-⑤] 2×2表の分析結果
食物摂取と腸閉塞のクロス表

			腸閉塞		合計
			腸閉塞−	腸閉塞＋	
食物摂取	摂取−	度数	18	10	28
		行の%	64.3%	35.7%	100.0%
	摂取＋	度数	5	7	12
		行の%	41.7%	58.3%	100.0%
合計		度数	23	17	40
		行の%	57.5%	42.5%	100.0%

カイ2乗検定

	値	自由度	漸近有意確率（両側）	正確有意確率（両側）	正確有意確率（片側）
Pearsonのカイ2乗	1.759	1	.185		
連続修正	.955	1	.328		
尤度比	1.749	1	.186		
Fisherの直接法				.296	.164
線型と線型による関連	1.715	1	.190		

対称性による類似度

		値	近似有意確率
名義と名義	ファイ	.210	.185
	CramérのV	.210	.185

　食物を摂取した人を1，摂取しなかった人を0，また，腸閉塞を起こした人を1，起こさなかった人を0としてデータ入力したため（**図13-①**参照），統計解析ソフトの出力では値が小さい方（すなわち0）が先にくるように表示されています．

　表を見ると，ある食物を摂取した人は40名中12名で，そのうち7名（58.3%）が腸閉塞を起こし，一方，ある食物を摂取しなかった人は40名中28名で，そのうち10名（35.7%）の人が腸閉塞を起こしていたことがわかります．ある食物の摂取と腸閉塞の生起の関連を示すϕ係数の値は0.21となっています．

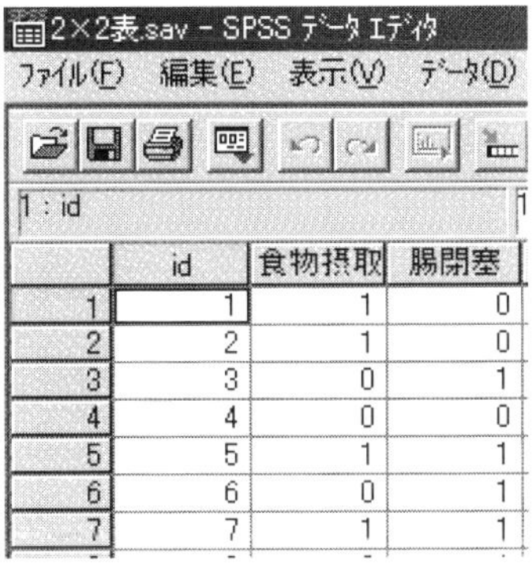

[図13-①] 2×2表を作成するデータの入力例

　母集団において，ある食物の摂取の有無と腸閉塞の生起に関連があるか，すなわち，ある食物の摂取の有無により腸閉塞の生起の割合に差があるかどうかを検討するため統計的検定を行います．分割表の分析では通常 χ^2（カイ2乗）検定というものが利用されます．

　検定結果を見ると，有意確率（p 値）は0.185となっており，統計的に有意ではないことがわかります．よって，ある食物の摂取の有無と腸閉塞の生起に統計的に有意な関連はなく，ある食物の摂取の有無により腸閉塞が生起する割合に差はないと判断されます．

13-3　一般の分割表の分析

★ 研究例14 －「看護学生における将来の希望診療科系統と勤務形態との関係」

　看護学生において将来，内科系，外科系，精神科系の3つの科の中ではどの科に行きたいか（系統）と，病棟と外来のどちらで勤務したいか（勤務形態）の関連を調べる研究を考えます．いくつかの学校から無作為に選んだ100名の学生に調査票を郵送したところ，69名の学生から回答が得られました（回収率69%）．なお，回答はいずれも有効でした（有効回答率100%）．

★ 結果

69名の回答をまとめると**表13-⑥**の一番上の表のような結果になりました．69名のうち内科系希望者は31名で，そのうち病棟勤務希望者は19名（61.3%），外科系希望者は25名で，そのうち病棟勤務希望者は21名（84.0%），精神科系希望者は13名で，そのうち病棟勤務希望者は6名（46.2%）でした．希望する科の系統と勤務形態の関連を示すクラメルの連関係数の値は0.301となっていま

[表13-⑥] 分割表の分析結果

系統と勤務形態のクロス表

			勤務形態		合計
			外来	病棟	
系統	内科系	度数	12	19	31
		行の%	38.7%	61.3%	100.0%
	外科系	度数	4	21	25
		行の%	16.0%	84.0%	100.0%
	精神科系	度数	7	6	13
		行の%	53.8%	46.2%	100.0%
合計		度数	23	46	69
		行の%	33.3%	66.7%	100.0%

カイ2乗検定

	値	自由度	漸近有意確率（両側）	正確有意確率（両側）	正確有意確率（片側）	点有意確率
Pearsonのカイ2乗	6.245	2	.044	.044		
連続修正	.955	1	.328			
尤度比	6.530	2	.038	.042		
Fisherの直接法	6.295			.038		
線型と線型による関連	.113	1	.737	.867	.431	.125

対称性による類似度

		値	近似有意確率	正確有意確率
名義と名義	ファイ	.301	.044	.004
	CramérのV	.301	.044	.044

す．

　母集団において，希望する科の系統と勤務形態に関連があるか，すなわち，系統により病棟（または外来）勤務を希望する割合に差があるかどうかを検討するためχ^2検定を行いました．

　検定結果を見ると，有意確率（p値）は0.044となっており，統計的に有意であることがわかります．よって，希望する科の系統と勤務形態には関連がある，すなわち，系統により，病棟（または外来）勤務を希望する割合には統計的に有意な差があると判断されます．

13-4 分割表の分析におけるいくつかの注意点

★ 割合が同じ表でも被験者数によって統計的に有意になったりならなかったりする

　分割表の分析で用いるχ^2検定も統計的検定の1つですから，7-3節で述べたように，被験者数が多いとp値は小さく，反対に，被験者数が少ないとp値は大きくなります．よって，分割表の人数の割合が同じでも，被験者数が多いか少ないかによって統計的に有意になったり有意にならなかったりしてしまいます．

　例えば，ある食物の摂取の有無と腸閉塞の生起の関連を検討した**表13-⑤**では統計的に有意にはなりませんでしたが，各セルに属する人数の割合は変えずに被験者数を3倍にした**表13-⑦**をχ^2検定すると，p値は0.022となり統計的に有意となります．**表13-⑤**と**表13-⑦**とで，各セルの人数の割合は全く同じです．すなわち，ある食物を摂取した群，および摂取しなかった群における腸閉塞の生起率は**表13-⑤**と**表13-⑦**で同じです．違うのは被験者数で，それによって統計的に有意になったり有意にならなかったりしてしまっているのです．

　分割表を分析する際には，統計的に有意であるかないかだけでなく，各水準に何割の被験者がいるかを具体的に見てみて，その割合の実際的な意味を考え

● フィッシャーの直接確率法

[表13-⑦] 人数を3倍にした2×2表（食物摂取と腸閉塞のクロス表）

			腸閉塞−	腸閉塞＋	合計
食物摂取	摂取−	度数	54	30	84
		行の%	64.3%	35.7%	100.0%
	摂取＋	度数	15	21	36
		行の%	41.7%	58.3%	100.0%
合計		度数	69	51	120
		行の%	57.5%	42.5%	100.0%

る必要があります．

　なお，ある食物の摂取の有無による腸閉塞の生起の有無を検討する場合のように，2×2表を分析する場合には，割合（比率）を比較する分析としてとらえることもできます．比率の比較の分析については15章で説明します．比率の比較の分析としてとらえると，比率の差の信頼区間に基づいて，少なくとも必要な被験者数を推定することができます（ 3-6 節参照）．

★ 被験者数が少ないセルがある場合の分析法

　分割表の分析で利用されるχ^2検定は，χ^2統計量というものをデータから計算して，その値の大きさと自由度の値に基づいて統計的有意性を判断します．これは，被験者数が多いとき，χ^2統計量の値の分布がχ^2分布というものに近くなることを利用しています．これを，χ^2統計量の値が近似的にχ^2分布に従うといったりします．

　いま述べたことは被験者数が多い場合のことですから，被験者数が少ないときには，この方法は通用しません．

　全体の被験者数が少ない場合や，人数が少ない（5名以下）のセルがある分割表の場合には，フィッシャー（Fisher）の直接確率法という方法の利用がすすめられます（フィッシャーの正確検定法などといわれることもあります）．こ

の方法はその名の通り，χ^2統計量が近似的にχ^2分布に従うことを利用するのではなく，有意確率を直接計算する方法です．**表13-⑤**の場合で見てみると，χ^2統計量に基づいた有意確率は0.185でしたが，フィッシャーの直接確率法を用いると有意確率は0.296と計算され，値が大きく異なることがわかります．

　フィッシャーの直接確率法は有意確率を正確に計算しますから，フィッシャーの直接確率法で有意確率が0.05を超え統計的に有意とならない場合には，χ^2統計量に基づく有意確率が0.05を下回ったとしても，統計的に有意ではないと考える方が安全であるといえます．

14 順序分類データの比較

薬の副作用の程度(異常なしを0,軽度の副作用を1,中程度の副作用を2,重度の副作用を3,死亡を4とする)など順序尺度によって測定された順序分類データについても分割表を作成することができます.しかし,順序分類データを分析する場合には,13章で説明した分割表の分析法を用いたのでは不十分な場合があります.本章では,順序分類データの分析法をまとめて紹介します.

まず,順序分類データの例を挙げ,その後で,対応のある2つの順序分類データの比較,対応のある3つ以上の順序分類データの比較,対応のない2つ順序分類データの比較,対応のない3つ以上の順序分類データの比較の順に説明していきます.順序分類データを分析する際のいくつかの注意点についてもまとめておきます.

14-1 順序分類データと分類データの違い

★ 順序分類データ

運動することの必要性について話す講演会に参集した人に対して,講演を聞く前と後に,自分がどの程度運動をしているか,また,運動しようと思うようになったかを尋ね,**表14-①**のような結果が得られたとします.

表14-①は,運動する程度を表す5つの水準からなる変数と,講演を聞く前と後という2つの水準からなる変数を組み合わせた分割表とみなすことができ

[表14-①] 順序分類データの例

	度数(前)	%(前)	度数(後)	%(後)
年に数回以下	7	14.0%	3	6.0%
月に1回程度	12	24.0%	10	20.0%
週に1回程度	22	44.0%	20	40.0%
週に3回程度	6	12.0%	12	24.0%
ほぼ毎日	3	6.0%	5	10.0%
合計	50	100.0%	50	100.0%

●順序尺度
●順序分類データ
●χ^2検定

ます．ただし，この調査で収集されたデータは，講演を聞く前も講演を聞いた後も，運動する程度は，年に数回以下が1，月に1回程度が2，週に1回程度が3，週に3回程度が4，ほぼ毎日が5という数値になっています．つまり，データの値が大きい方が運動する程度が高いことを示す順序尺度のデータになっています．順序尺度で収集されたデータは順序分類データなどと呼ばれます．

　表14-①からは，まず質問に回答したのは50名で，講演を聞く前にほぼ毎日運動していると回答したのは3名（6%），週に3回程度運動していると回答したのは6名（12%），また，講演を聞いた後では，ほば毎日運動しようと思っているのは5名（10%），週に3回程度は運動しようと思っているのは12名（24%）などであることがわかります．講演を聞いて，運動をたくさんしようと考える人が増えたと考えられます．

　この講演が運動をたくさんしようと考えるようにする効果を一般に持つかを検討するには，**表14-①**のデータに対して統計的な分析を行うことが考えられます．しかし，分割表の分析だから13章で述べたχ^2検定を適用すればよいのかというと，そうではありません．χ^2検定は分割表の各行または各列の度数の比が一定であるかどうかを検定するだけで，たくさん運動しようと考える人の割合が増えたかどうかのような，方向性のある検定は行ってくれないのです．つまりχ^2検定では，運動量についての5つの水準の人数比が同じであるかどうかを検討するだけで，全体的にデータの値が大きくなった（または小さくなった）かどうかということを考えることができないのです．

　順序分類データを収集して知りたいのは，いまの例でいえば，全体の分布の位置が値の高い（または低い）方に動いたかどうかです．異なる2つの群でデータを収集した場合には，どちらの群の分布がより値の高い（または低い）方にあるかです．間隔尺度や比尺度のデータであれば，平均値の比較を行うことに相当し，その場合，8章や9章で説明したt検定や分散分析を行って平均値の比較を行うことができますが，順序分類データはデータ同士の足し算を行うこと

1. 順序分類データと分類データの違い

●順位相関係数
●スピアマンの順位相関係数
●ケンドールの順位相関係数

に意味がないので（**1-2**節参照），平均値の比較のための分析法を用いることは適切ではありません．順序分類データを分析するにはそれ相応の分析法を用いる必要があります．

★ 順位相関係数

相関係数が間隔尺度や比尺度の変数間の関連を表し，また，連関係数が名義尺度変数間の関連を表したように，順序尺度変数間の関連を表す指標も提案されています．データの値そのものではなく，データの順位の情報に基づく順位相関係数というものです．

順位相関係数は，相関係数と名がつけられていることからも予想されるように，−1から+1までの値を取ります．一方の変数で一番高い値を回答した被験者は他方の変数でも一番高い値を回答し，一方の変数で2番目に高い値を回答した被験者は他方の変数でも2番目に高い値を回答し，以下続いて，一方の変数で一番低い値を回答した被験者は他方の変数でも一番低い値を回答しているというように，2つの変数のデータの順序が完全に一致しているときには，順位相関係数の値は+1になります．反対に，一方の変数で一番高い値を回答した被験者は他方の変数では一番低い値を回答し，一方の変数で2番目に高い値を回答した被験者は他方の変数では2番目に低い値を回答し，以下続いて，一方の変数で一番低い値を回答した被験者は他方の変数では一番高い値を回答しているというように，2つの変数のデータの順序が完全に逆転しているときには，順位相関係数の値は−1になります．そのちょうど中間の状態にあるとき，順位相関係数の値は0になります．

順位相関係数には，スピアマン（Spearman）の順位相関係数とケンドール（Kendall）の順位相関係数という2つのものが提案されていますが，一般にスピアマンの順位相関係数の方が情報が多く良いとされています．**表14-①**のデータでは，スピアマンの順位相関係数は0.411という値になり，講演を聞く前

に運動をしていた程度と，講演を聞いた後に運動をしようと思うようになった程度には，ある程度の正の相関があるということになります．

14-2 対応のある2つの順序分類データの比較

★ 研究例15－「運動の必要性を説く講演を聞く前後での参加者の意識の比較」

運動することの必要性について話す講演会に参集した人に対して，講演を聞く前と後に，自分がどの程度運動をしているか，また，運動しようと思うようになったかを尋ね，この講演が運動をたくさんしようと考えるようにする効果を一般に持つかを検討する研究を考えます．同一の被験者が講演を聞く前と講演を聞いた後に回答するので，対応のあるデータとなります．

★ 結果

講演を聞いた50名の被験者から回答を得，**表14-②**のような結果を得ました．回答の度数分布は**表14-①**と全く同じです．

表を見ると，講演を聞く前にどれくらい運動をしていたかについては，年に数回以下7名 (14%)，月に1回程度12名 (24%)，週に1回程度22名 (44%)，週に3回程度6名 (12%)，ほぼ毎日3名 (6%) です．これに対し，講演を聞いた後にどの程度運動をしようと思うようになったかは，年に数回以下3名 (6%)，月に1回程度10名 (20%)，週に1回程度20名 (40%)，週に3回程度12名 (24%)，ほぼ毎日5名 (10%) となっています．講演を聞く前と後では，度数分布の全体的な位置が値の高い方にシフトしているということが観察されます．

母集団において，講演の効果があるといえるかどうか，すなわち，講演の前と後で，分布の全体的な位置が値の高い方にシフトしているといえるかどうかを検討するために統計的検定を行います．対応のある2つの順序分類データにおいて，分布の全体的な位置の比較を行うためには，ウィルコクソン

[表14-②] 対応のある2つの順序分類データの分析結果

統計量

		受講前	受講後
度数	有効	50	50
	欠損値	0	0
パーセンタイル	25	2.00	2.00
	50	3.00	3.00
	75	3.00	4.00

	度数（前）	％（前）	度数（後）	％（後）
年に数回以下	7	14.0％	3	6.0％
月に1回程度	12	24.0％	10	20.0％
週に1回程度	22	44.0％	20	40.0％
週に3回程度	6	12.0％	12	24.0％
ほぼ毎日	3	6.0％	5	10.0％
合計	50	100.0％	50	100.0％

順位

		N	平均ランク	順位和
受講後－受講前	負の順位	10[a]	11.45	114.50
	正の順位	20[b]	17.52	350.50
	同順位	20[c]		
	合計	50		

[a] 受講後＜受講前
[b] 受講後＞受講前
[c] 受講前＝受講後

検定統計量[b]

	受講後－受講前
Z	－2.515[a]
漸近有意確率（両側）	.012

[a] 負の順位に基づく
[b] Wilcoxonの符号付き順位検定

（Wilcoxon）の符号付き順位検定というものが利用されます．

検定結果を見ると，有意確率（p値）は0.012となっており，統計的に有意であることがわかります．よって，この講演は運動をたくさんしようと考えるよ

うにする効果を一般に持つと判断されます．

14-3 対応のある3つ以上の順序分類データの比較

★ 研究例16－「女子学生における衣料品，携帯電話，化粧品に使う金額の比較」

ある単科女子大学の学生において，衣料品，携帯電話，化粧品に，ひと月にどの程度の金額のお金を使うかを調べる研究を考えます．質問紙調査を行い，5千円未満を1，5千〜1万円未満を2，1万〜1万5千円未満を3，1万5千〜2万円未満を4，2万円以上を5として，順序分類データを収集します．同一の被験者が，衣料品，携帯電話，化粧品のそれぞれについて，月にどの程度お金を使うかを回答するので，対応のあるデータとなります．

★ 結果

回答が得られた50名の被験者のデータをみると**表14-③**のような結果になりました．表をみると，携帯電話に使う金額が高く，化粧品に使う金額はやや少ない傾向が見られます．

母集団において，衣料品，携帯電話，化粧品に使う金額の程度に差があるかどうかを検討するために統計的検定を行います．対応のある3つ以上の順序分類データにおいて，分布の全体的な位置の比較を行うためには，フリードマン（Friedman）の検定というものが利用されます．

検定結果を見ると，有意確率（p値）は0.319となっており，統計的に有意ではないことがわかります．よって，一般にその単科女子大学の学生において，衣料品，携帯電話，化粧品に月に使う金額の程度に統計的に有意な差はないと判断されます．

[表14-③] 対応のある3つの順序分類データの分析結果

統計量

		衣料品	携帯電話	化粧品
度数	有効	50	50	50
	欠損値	0	0	0
パーセンタイル	25	2.00	3.00	2.00
	50	3.00	3.00	3.00
	75	4.00	4.00	4.00

	度数 (衣料品)	% (衣料品)	度数 (携帯電話)	% (携帯電話)	度数 (化粧品)	% (化粧品)
5千円未満	3	6.0%	2	4.0%	6	12.0%
5千〜1万円未満	12	24.0%	8	16.0%	16	32.0%
1万〜1万5千円未満	15	30.0%	20	40.0%	10	20.0%
1万5千〜2万円未満	14	28.0%	16	32.0%	13	26.0%
2万円以上	6	12.0%	4	8.0%	5	10.0%
合計	50	100.0%	50	100.0%	50	100.0%

順位

	平均ランク
衣料品	2.07
携帯電話	2.08
化粧品	1.85

検定統計量[a]

N	50
カイ2乗	2.284
自由度	2
漸近有意確率	.319

[a] Friedman検定

14-4 対応のない2つの順序分類データの比較

★ 研究例17 ―「睡眠障害の有無によるアルコール摂取頻度の違いの比較」

　一般成人において，なかなか寝つけないとか長時間眠り続けることができないなど，何らかの睡眠障害があるかないかによって，アルコールの摂取量の程度に差があるかどうかを検討する研究を考えます．睡眠障害については，例を提示した上で，睡眠障害があるかないかを回答してもらいます．アルコールの摂取量については，アルコールの濃度を日本酒に換算して，ほとんど飲まない

を1，1日1合以下を2，1日1〜2合程度を3，1日2合以上を4とします．

睡眠障害がある群と睡眠障害がない群に被験者を分けますから，対応のないデータとなります．

★ 結果

郵送法による調査を行い100名から回答を得，**表14-④**のような結果を得ました．100名の回答者のうち睡眠障害があると回答したのは30名，睡眠障害がないと回答したのは70名でした．

[表14-④] 対応のない2つの順序分類データの分析結果

酒摂取量と睡眠障害のクロス表

			睡眠障害 あり	睡眠障害 なし	合計
酒摂取量	ほとんど飲まない	度数	5	15	20
		列の%	16.7%	21.4%	20.0%
	1日1合以下	度数	7	35	42
		列の%	23.3%	50.0%	42.0%
	1日1〜2合程度	度数	10	11	21
		列の%	33.3%	15.7%	21.0%
	1日2合以上	度数	8	9	17
		列の%	26.7%	12.9%	17.0%
合計		度数	30	70	100
		列の%	100.0%	100.0%	100.0%

順位

	睡眠障害	N	平均ランク	順位和
酒摂取量	あり	30	60.30	1809.00
	なし	70	46.30	3241.00
	合計	100		

検定統計量

	酒摂取量
Mann-WhitneyのU	756.000
WilcoxonのX	3241.000
Z	−2.326
漸近有意確率（両側）	.020

- マン・ホイットニーの検定
- U 検定
- ウィルコクソンの順位和検定

　睡眠障害があると回答した30名のうち，アルコールをほとんど飲まないと回答したのは5名 (16.7%)，1日1合以下と回答したのは7名 (23.3%)，1日1〜2合程度と回答したのは10名 (33.3%)，1日2合以上と回答したのは8名 (26.7%) です．

　一方，睡眠障害がないと回答した70名のうち，アルコールをほとんど飲まないと回答したのは15名 (21.4%)，1日1合以下と回答したのは35名 (50.0%)，1日1〜2合程度と回答したのは11名 (15.7%)，1日2合以上と回答したのは9名 (12.9%) となっています．

　アルコール摂取量の各水準において，睡眠障害がある群とない群の人数の割合を比較すると，「ほとんど飲まない」と「1日1合以下」では，睡眠障害がない群の方が割合が大きく，反対に，「1日1〜2合程度」と「1日2合以上」では，睡眠障害がある群の方が割合が大きく，睡眠障害がある群の方がアルコールの摂取量が多い傾向にあるということが観察されます．

　母集団において，睡眠障害の有無によってアルコールの摂取量に差があるといえるかどうかを検討するために統計的検定を行います．対応のない2つの順序分類データにおいて，分布の全体的な位置の比較を行うためには，マン・ホイットニー（Mann-Whitney）の検定というものが利用されます．

　検定結果を見ると，有意確率（p 値）は 0.020 となっており，統計的に有意であることがわかります．よって，睡眠障害のある群とない群とでは，アルコール摂取の程度に差があると判断されます．

　なお，マン・ホイットニーの検定は U 検定と呼ばれたりもします．また，マン・ホイットニーの検定は，ウィルコクソンの順位和検定と呼ばれる検定と同じ結果を与えます．ウィルコクソンの順位和検定は，**14-2** 節で説明したウィルコクソンの符号付き順位検定とは異なる検定法です．ウィルコクソンという名の統計学者が，2つの順序分類データを比較する方法を，対応のない場合と対応のある場合の両方について考え，対応のない場合を順位和検定，対応のあ

る場合を符号付き順位検定と呼んだのです．

14-5 対応のない3つ以上の順序分類データの比較

★ 研究例18－「会社員，教員，病院職員の喫煙頻度の比較」

会社員，教員，病院職員の3群で，喫煙量に差があるかどうかを検討する研究を考えます．各群の被験者に対して，喫煙量に関して，吸わないを1，1日10本以下を2，1日11本以上20本未満を3，1日21本以上を4として，順序分類データを収集します．会社員，教員，病院職員という異なる群の被験者からデータを収集しますので，対応のないデータとなります．

★ 結果

会社員，教員，病院職員をそれぞれ無作為に50名ずつ合計150名を選び回答を依頼したところ，会社員35名，教員31名，病院職員36名，合計102名から回答を得ました．回収率は68%で，どの群の回収率もだいたい同じになっています．回答の得られた102名について，職業と喫煙量との分割表を作成したところ，**表14-⑤**のようになりました．

表をみると，他の群に比べ教員において，喫煙の程度が低い傾向にあるように見受けられます．

母集団において，会社員，教員，病院職員の3群で喫煙量に差があるかどうかを検討するために統計的検定を行います．対応のない3つ以上の順序分類データにおいて，分布の全体的な位置の比較を行うためには，クラスカル・ウォリス (Kruskal-Wallis) の検定というものが利用されます．

検定結果を見ると，有意確率（p値）は0.421となっており，統計的に有意ではないことがわかります．よって，会社員，教員，病院職員の3群で，喫煙量に統計的な有意差はないと判断されます．

[表14-⑤] 対応のない3つの順序分類データの分析結果

喫煙頻度と職業のクロス表

			職業			合計
			会社員	教員	病院職員	
喫煙頻度	吸わない	度数	10	8	7	25
		列の%	28.6%	25.8%	19.4%	24.5%
	1日10本以下	度数	8	14	11	33
		列の%	22.9%	45.2%	30.6%	32.4%
	1日11本以上20本未満	度数	10	4	10	24
		列の%	28.6%	12.9%	27.8%	23.5%
	1日21本以上	度数	7	5	8	20
		列の%	20.0%	16.1%	22.2%	19.6%
合計		度数	35	31	36	102
		列の%	100.0%	100.0%	100.0%	100.0%

順位

	職業	N	平均ランク
喫煙頻度	会社員	35	51.96
	教員	31	46.34
	病院職員	36	55.50
	合計	102	

検定統計量[a,b]

	喫煙頻度
カイ2乗	1.729
自由度	2
漸近有意確率	.421

[a] Kruskal–Wallis検定
[b] グループ化変数：職業

14-6 順序分類データの分析におけるいくつかの注意点

★ 被験者数と統計的有意性

　上記の各節で説明した順序分類データを分析する方法は，いずれも統計的検定法に属しますから，これまでにも述べてきた通り，被験者数が多いとp値は小さくなり，反対に，被験者数が少ないとp値は大きくなります．

　また，平均値を比較する場合や相関係数を用いた研究の場合には，信頼区間を利用して，実際にどの程度の効果があるかを把握することができましたが，順序分類データの場合には信頼区間を推定することが難しくなってきます．全くできないというわけではないのですが，データの値を変換したり，特別な数表を参照することが必要となってきます．

順序分類データを分析する際には，統計的有意性だけでなく，順序分類のどの水準に何％の被験者が属するかを具体的に見てみて，実際にどの程度の意味があるかを考えなくてはなりません．

★ 被験者数が多くても順序分類データはノンパラメトリックな方法で分析する

順序分類データの分析方法はノンパラメトリックな分析法といわれるものに属します．ノンパラメトリックな分析法は被験者数が少ないときに用いると思っている人も多いようですが，分析方法の原理からいうとこの考えは誤りです．つまり，被験者数が多いときはt検定，被験者数が少ないときはU検定，などというわけではないということです．

U検定などノンパラメトリックな分析法は，母集団において，データの分布がどのような形状をしているかは考えない分析法です．これに対し，t検定などパラメトリックな分析法といわれるものは，母集団においてデータの分布がどのような形状をしているかについて仮定を置く分析法です（具体的には母集団におけるデータの分布は正規分布であることが仮定されます）．そしてその仮定は，間隔尺度や比尺度のデータに対してなら，それほど無理のない仮定だと考えられるのですが，順序分類データやカテゴリカルデータに対しては無理のある仮定なのです．よって，順序分類データやカテゴリカルデータを扱っているかぎりは，どんなに被験者数が多くてもノンパラメトリックな分析法を使う必要があります．

ただし，1-2 節で述べたように，性格検査などにおける段階設定を間隔尺度と見なした場合には，それらのデータは間隔尺度上のデータとして扱うことになります．このあたりについては，統計分析家の間でも立場によって意見が分かれるところです．

15 比率の比較

ある意見に賛成する人数の割合や，手術後に腸閉塞を起こした人数の比率など，割合や比率について分析する研究も多数あります．本章では，比率の分析方法について説明します．まず，比率と分割表の関係について述べます．その後で，対応のある2つの比率の比較，対応のある3つ以上の比率の比較，対応のない2つの比率の比較，対応のない3つ以上の比率の比較の分析法について説明します．また，2つの比率を比較して，一方が他方に劣らないことをいうための，比率の非劣性・同等性の検証についても説明します．

15-1 比率と分割表

ある大学病院において消化器系の手術をした退院患者のうち，ある特定の食物を摂取した群とその食物を摂取しなかった群において，腸閉塞を起こした人数の割合を検討する例を考えましょう．40名から回答を得，その人数内訳が**表15-①**のようになったとします．

表を見ると，ある食物を摂取した人は40名中12名で，そのうち7名（58.3%）が腸閉塞を起こしている一方，その食物を摂取しなかった人は40名中28名で，そのうち10名（35.7%）が腸閉塞を起こしたということがわかります．

[表15-①] 比率を表した分割表の例
食物摂取と腸閉塞のクロス表

| | | | 腸閉塞 | | 合計 |
			腸閉塞−	腸閉塞＋	
食物摂取	摂取−	度数	18	10	28
		行の%	64.3%	35.7%	100.0%
	摂取＋	度数	5	7	12
		行の%	41.7%	58.3%	100.0%
合計		度数	23	17	40
		行の%	57.5%	42.5%	100.0%

●割合　　　　　　●分割表
●比率　　　　　　●対応のある2つの比率

実は**表15-①**は，分割表について説明した13章での2×2表（**表13-⑤**の一番上の表）と全く同じものです．**表15-①**を分割表として見たときは，ある食物の摂取の有無と腸閉塞の生起の関連を記述している表と考えましたが，本章では，同じ表を，ある食物を摂取した群と摂取しなかった群とで，腸閉塞を起こした人数の割合を比較した表ととらえています．

このように，ある事柄の生起率や，賛成率，改善率など，割合や比率を検討する場合には，その事柄にあてはまるかあてはまらないかという変数と，ある食物の摂取の有無などのように条件を表す変数とを組み合わせた分割表を作成することができます．よって，分割表の分析法を適用することにより，比率に関する分析を行うことができます．具体的には，対応のないいくつかの比率の比較は分割表の χ^2 検定を行って分析します．

対応のあるいくつかの比率を比較する場合には，分割表の χ^2 検定を適用するのではなく，それ相応の分析を行う必要があります．以下の各節で，それぞれの分析法を具体的に見ていきます．

なお，比率の比較を行う研究の場合には，**3-6**節で説明した方法を用いて，少なくとも必要な被験者数の推定を行うことができます．

15-2 対応のある2つの比率の比較

★ 研究例19－「夫婦におけるそれぞれの親との同居を希望する割合の比較」

子どもがなく誰とも同居していない20歳代の夫婦において，もし同居するとしたら夫の両親とがよいか，妻の両親とがよいかを夫と妻のそれぞれに聞き，妻の親との同居を希望する割合を比較する研究を考えます．同一の夫婦の夫と妻からデータを収集するので，対応のあるデータと考えることができます．

少なくとも必要な被験者数を推定するために**表3-⑤**を利用することを考えました．先行研究もありましたが，被験者数の少ない調査であったため，先行研

究での値はとくに参照せず，夫も妻も，妻の親との同居を希望する割合は0.5であると考え，比率の差の信頼区間の幅が±0.15以下になる被験者数を推定しました．**表3-⑤**を見ると90組以上の標本が必要であることがわかりましたので，それよりも多い数の質問紙を配布して，回答を得ることにしました．

★ 統計的検定

調査の結果112組の夫婦から回答が得られました．結果を**表15-②**に示します．**表15-②**の一番上の表を見ると，43名（38.4%）の夫が妻の親との同居を希望し，84名（75.0%）の妻が妻の親との同居を希望していることがわかります．標本を見るかぎりでは，夫よりも妻の方が，妻の親との同居を希望する割合が

[表15-②] 対応のある2つの比率の分析の結果

		夫の希望	%（夫）	妻の希望	%（妻）
有効	妻の親と同居	43	38.4	84	75.0
	夫の親と同居	69	61.6	28	25.0
	合計	112	100.0	112	100.0

夫の希望と妻の希望のクロス表

			妻の希望		合計
			妻の親と同居	夫の親と同居	
夫の希望	妻の親と同居	度数	39	4	43
		セルの%	34.8%	3.6%	38.4%
	夫の親と同居	度数	45	24	69
		セルの%	40.2%	21.4%	61.6%
合計		度数	84	28	112
		セルの%	75.0%	25.0%	100.0%

検定統計量[b]

	夫の希望＆妻の希望
N	112
カイ2乗[a]	32.653
漸近有意確率	.000

[a] 連続修正
[b] McNemar 検定

高く，その差（妻－夫）は 36.6% です．

表15-②の中段の表は，夫がどちらの両親と同居したいかと，妻がどちらの両親と同居したいかの希望を組み合わせた分割表です．この表を見ると，112組の夫婦のうち 39 組 (34.8%) は，夫も妻も妻の両親との同居を希望し，24 組 (21.4%) の夫婦は，夫も妻も夫の両親との同居を希望していることがわかります．夫と妻とで意見が異なるのは残りの夫婦で，45 組 (40.2%) の夫婦は，夫は夫の両親と，妻は妻の両親との同居を希望しており，4 組 (3.6%) の夫婦は，夫は妻の両親と，妻は夫の両親との同居を希望しています．

こうしてみると，妻の両親との同居を希望する割合が，夫 38.4% と妻 75.0% となっているうち，39 組 (34.8%) は同一の夫婦のデータで占められていることがわかります．また，24 組 (21.4%) の夫婦はどちらも夫の両親との同居を希望していますから，妻の両親との同居を希望する割合の中には入ってきません．よって，夫と妻の，妻の両親との同居を希望する割合を比較するということは，夫と妻で希望が異なる 2 つのセルの度数 (45 組，および 4 組) が同じであるかどうかを比較することに等しくなります．妻の両親との同居を希望する割合の差 (36.6%) は，この 2 つのセルの度数の割合の差 (40.2 － 3.6＝36.6) で構成されているのです．

母集団において，夫と妻とで，妻の両親との同居を希望する割合が等しいといえるかどうかを検討するために統計的検定を行います．対応のある 2 つの比率を比較するためには，マクネマー (McNemar) の検定というものが利用されます．先に述べたように，この検定は，夫は夫の両親と，妻は妻の両親との同居を希望する度数と，夫は妻の両親と，妻は夫の両親との同居を希望する度数が等しいといえるかどうかを検定することと同等です．

検定結果を見ると，有意確率 (p 値) は .000 と表示されており，統計的に有意であることがわかります．よって，夫と妻とで，妻の両親との同居を希望する割合には差があると判断されます．

●比率の差の信頼区間
●対応のある3つ以上の比率

★ 信頼区間の推定

2つの比率を比較する場合には，比率の差の信頼区間を推定することができます．**表15-②**のデータで，2つの比率の差（妻－夫）の95%信頼区間を推定すると [0.264, 0.468] という範囲になります（信頼区間の算出は付録A6参照）．パーセントに直せば，2つの比率の差の95%信頼区間は26.4%から46.8%ということです．95%の確率で，この区間が母集団における2つの比率の差の値を含むと推定されます．

当初，信頼区間の幅を±0.15以下にしたいと考えましたが，被験者数が90組よりも多いこと，また，対応のあるデータであることから，信頼区間の幅は±0.15よりも狭くなり，±0.1程度になっています．

15-3 対応のある3つ以上の比率の比較

★ 研究例20 －「クロール，平泳ぎ，背泳で25m泳げる生徒の割合の比較」

一般の中学1年生において，クロール，平泳ぎ，背泳の3つの泳法でそれぞれ25m泳ぐことができる生徒の割合を調査する研究を考えます．同一の生徒が3つの泳法のそれぞれに対して，25m泳ぐことができるかどうかを回答するので，対応のあるデータとなります．

★ 結果

調査の結果78名の生徒から回答が得られました．結果を**表15-③**に示します．**表15-③**の一番上の表を見ると，各泳法で25m泳げる生徒の人数と割合は，クロール52名（66.67%），平泳ぎ24名（30.77%），背泳35名（44.87%）となっています．25m泳げる人の割合は，クロールが一番高く，平泳ぎが一番低いという結果です．

各泳法で25m泳げる場合を1，泳げない場合を0として，泳法間の関連を把握するためにϕ係数を計算すると，クロール－平泳ぎ間0.177，クロール－

[表15-③] 対応のある3つの比率の分析の結果

	クロール	％（クロール）	平泳ぎ	％（平泳ぎ）	背泳	％（背泳）
できない	26	33.33%	54	69.23%	43	55.13%
できる	52	66.67%	24	30.77%	35	44.87%
合計	78	100.00%	78	100.00%	78	100.00%

φ係数

φ係数		クロール	平泳ぎ	背泳
	クロール	1.000	.177	.146
	平泳ぎ	.177	1.000	.180
	背泳	.146	.180	1.000

検定統計量

N	78
CochranのQ	22.962[a]
自由度	2
漸近有意確率	.000

[a] 1は成功したものとして処理されます

背泳間 0.146，平泳ぎ-背泳間 0.180 という値になります．

母集団において，泳法間に 25m 泳げる人の割合に差があるかどうかを検討するため，統計的検定を行います．対応のある3つ以上の比率を比較するためには，コクラン (Cochran) の Q 検定というものが利用されます．

検定結果を見ると，有意確率（p 値）は .000 と表示されており，統計的に有意であることがわかります．よって，泳法間で，25m 泳げる人の割合には差があると判断されます．

25m 泳げる人の比率の差の 95% 信頼区間を各泳法間で推定すると，クロール-平泳ぎ間 [22.6%, 49.2%]，クロール-背泳間 [7.7%, 35.9%]，背泳-平泳ぎ間 [0.5%, 27.7%] と推定されます．なお，複数の信頼区間を同時に推定しているため，本来であれば同時信頼区間というものを求める必要があります．

15-4 対応のない2つの比率の比較

★ 研究例21 －「ある食物の摂取の有無による腸閉塞の生起率の比較」

消化器系の手術をした退院患者のうち，ある特定の食物を摂取した群とその食物を摂取しなかった群において，腸閉塞を起こした人数の割合を比較する研究を考えます．ある食物を摂取した群と摂取しなかった群に被験者を分けますから，対応のないデータとなります．

★ 結果

調査を行ったところ40名の患者から回答を得，**表15-④**のような結果を得ました．この表は**表13-⑤**と全く同じものです．**15-1**節で述べたとおり，対応のない2群の比率の比較は，2×2表の分析ととらえることができます．

表を見ると，ある食物を摂取した人は40名中12名で，そのうち7名(58.3%)が腸閉塞を起こし，一方，その食物を摂取しなかった人は40名中28名で，そのうち10名(35.7%)の人が腸閉塞を起こしていたことがわかります．ある食物の摂取と腸閉塞の生起の関連を示すϕ係数の値は0.21となっています．

母集団において，ある食物の摂取の有無により腸閉塞を起こす割合に差があるかどうか検討するため統計的検定を行います．2×2表の分析ですから，χ^2（カイ2乗）検定を用います（**13-2**節参照）．

検定結果を見ると，有意確率（p値）は0.185となっており，統計的に有意ではないことがわかります．よって，ある食物の摂取の有無により腸閉塞が生起する割合に統計的有意差はないと判断されます．

なお，腸閉塞を起こした人の比率の差の95%信頼区間は[−10.5%, 55.7%]となります（信頼区間の算出は付録A7参照）．95%の確率で，この区間が母集団における比率の差の値を含むと推定されます．

[表15-④] 2×2表の分析結果

食物摂取と腸閉塞のクロス表

			腸閉塞		合計
			腸閉塞−	腸閉塞＋	
食物摂取	摂取−	度数	18	10	28
		行の%	64.3%	35.7%	100.0%
	摂取＋	度数	5	7	12
		行の%	41.7%	58.3%	100.0%
合計		度数	23	17	40
		行の%	57.5%	42.5%	100.0%

カイ2乗検定

	値	自由度	漸近有意確率(両側)	正確有意確率(両側)	正確有意確率(片側)
Pearsonのカイ2乗	1.759	1	.185		
連続修正	.955	1	.328		
尤度比	1.749	1	.186		
Fisherの直接法				.296	.164
線型と線型による関連	1.715	1	.190		

対称性による類似度

		値	近似有意確率
名義と名義	ファイ	.210	.185
	CramérのV	.210	.185

15-5 対応のない3つ以上の比率の比較

✳ 研究例22 −「看護学生における希望診療科系統別の病棟勤務希望者割合の比較」

　看護学生において将来，内科系，外科系，精神科系の3つの科の中でどの科に行きたいかという希望（系統）の違いにより，病棟で勤務したいと考える人の割合を調べる研究を考えます．いくつかの学校から無作為に選んだ100名の学生に調査票を郵送したところ，69名の学生から回答が得られました（回収率69%）．

[表15-⑤] 対応のない3つの比率の比較の分析結果

系統と勤務形態のクロス表

			勤務形態		合計
			外来	病棟	
系統	内科系	度数	12	19	31
		行の%	38.7%	61.3%	100.0%
	外科系	度数	4	21	25
		行の%	16.0%	84.0%	100.0%
	精神科系	度数	7	6	13
		行の%	53.8%	46.2%	100.0%
合計		度数	23	46	69
		行の%	33.3%	66.7%	100.0%

カイ2乗検定

	値	自由度	漸近有意確率（両側）	正確有意確率（両側）	正確有意確率（片側）	点有意確率
Pearson のカイ2乗	6.245	2	.044	.044		
連続修正	.955	1	.328			
尤度比	6.530	2	.038	.042		
Fisher の直接法	6.295			.038		
線型と線型による関連	.113	1	.737	.867	.431	.125

対称性による類似度

		値	近似有意確率	正確有意確率
名義と名義	ファイ	.301	.044	.004
	Cramér の V	.301	.044	.044

★ 結果

69名の回答をまとめると**表15-⑤**のような結果になりました．この表は**表13-⑥**と同一です．対応のない3つ以上の比率の比較は，「条件数×2」（行と列を入れ替えれば「2×条件数」の表となります）の分割表の分析としてとらえることができます．

表を見ると，69名のうち内科系希望者は31名で，そのうち病棟勤務希望者は19名（61.3%），外科系希望者は25名で，そのうち病棟勤務希望者は21名

(84.0％)，精神科系希望者は 13 名で，そのうち病棟勤務希望者は 6 名（46.2％）となっています．

　母集団において，希望する科の系統の違いにより病棟勤務を希望する割合に差があるかどうかを検討するため統計的検定を行います．分割表の分析ですから，χ^2（カイ 2 乗）検定を用います（13-3 節参照）．

　検定結果を見ると，有意確率（p 値）は 0.044 となっており，統計的に有意であることがわかります．よって，希望する科の系統の違いにより，病棟勤務を希望する人の割合には差があると判断されます．

　病棟勤務を希望する人の比率の差の 95％信頼区間は，外科－内科間［0.3％，45.1％］，外科－精神科間［7.1％，68.5％］，内科－精神科間［－17.0％，47.2％］となります．なお，複数の信頼区間を同時に推定しているため，本来であれば同時信頼区間というものを求める必要があります．

15-6 比率の非劣性・同等性の検証

　2 つの比率を比較する場合には，一方が他方よりも大きい（または小さい）ことを主張したい場合以外に，一方の比率が他方の比率に劣らないとか同等であることをいいたい場合もあります．例えば，ある機能障害に対するよく知られたリハビリ法があったとします．しかし，それは毎日通院して長時間トレーニングを行わなければならず，リハビリを受ける側に非常な負担をかけるものです．もし，同じくらいの改善効果があって，もっと負担の軽いリハビリ法が開発されれば，新しい方法に切り替えることが望まれます．新しいリハビリ法の方が改善率が良いというわけではないのですが，リハビリを受ける側の負担が軽くなるというメリットを持っているからです．

　本節では，このように，一方の比率が他方の比率に劣らないとか同等であるということをいいたい場合の分析法について説明します．

[表15-⑥] 対応のない2つの比率についての非劣性の分析結果
改善状況と指導方法のクロス表

			指導方法		合計
			従来法	新方法	
改善状況	改善	度数	84	79	163
		列の%	70.0%	65.8%	67.9%
	改善せず	度数	36	41	77
		列の%	30.0%	34.2%	32.1%
合計		度数	120	120	240
		列の%	100.0%	100.0%	100.0%

★ 研究例23 –「新しいリハビリ法による障害の改善率の非劣性の検証」

　ある機能障害に対する負担の軽い新しいリハビリ法を開発しました．そして，従来用いられているリハビリ法と改善率を比較する研究を考えます．新しい方法を適用する群と，従来の方法を適用する群に被験者を無作為に分け，両群の改善率を比較することにします．新しい方法の改善率が，従来の方法の改善率に劣らないといいたいのです．新しい方法と従来の方法を適用する群で被験者が異なりますから，対応のないデータとなります．

　どちらの方法でも改善率は7割程度であると予想されました．比率の差の信頼区間の幅を±0.12以下にしたいと考え，**表3-⑤**を参考にして，各群120名の被験者を確保することにしました．

★ 信頼区間を利用した非劣性の判定

　それぞれのリハビリ法を適用し，改善したか否かを調査した結果を**表15-⑥**に示します．従来法と新方法とで，改善した人の人数とその割合は，従来法84名（70.0%），新方法79名（65.8%）となっており，従来法の方が改善率が高くなっています．

　表15-⑥の分割表をχ^2検定すると，有意確率（p値）は0.489となり，2つの

● 非劣性　　　● 優越性
● 同等性　　　● 非劣性マージン
　　　　　　　● 同等性マージン

比率に統計的な有意差はないと判断されます．しかし，8-3 節で平均値の非劣性について説明したのと同様に，比率の比較においても2つの比率の差に統計的有意性がないだけでは，非劣性をいうことはできません．「有意差がない」ということは，有意差を示すほどのことではなかったというだけで，劣らないとか同等であると積極的にいうところまでは保証してくれないのです．

　平均値の非劣性を考えた場合と同様に，比率の場合でも信頼区間を利用して，一方の比率が他方の比率に劣らない（非劣性），同程度である（同等性），勝る（優越性）というそれぞれのことを判定する方法が提案されていますので紹介します（詳しくは広津（2004）などを読んでください．なお信頼区間の算出法は，付録「信頼区間の推定」を参照してください）．

　まず，比率の差の信頼区間（比率の差は，「劣らないことをいいたい方の比率 − 比較対象の比率」とします）の下限がどこまで低くなったら「劣る」ということにするかの限界値を決めます．この限界値の大きさを非劣性マージンといいます（同等性マージンという場合もあります）．比率の非劣性検証の場合，非劣性マージンの大きさとしては 0.1（または 0.12）が適当であるといわれています．

　比率の差の信頼区間を利用した，非劣性，同等性，優越性の判定方法は次のようにします．まず，信頼区間として，95% 信頼区間（95%CI）と，90% 信頼区間（90%CI）の2つを作成します．そして，それぞれの信頼区間の下限の値と，非劣性マージンをマイナス側に取った値（−Δ と表現します）を比較します．比較した結果が以下のようになるとき，それぞれ非劣性，同等性，優越性がいえることになります．

　　　　95%CI の下限　＜　−Δ　　　　　　　　　　　　　　→　非劣性はいえない
　−Δ　≦　95%CI の下限　≦　0　かつ　　　90%CI の下限　＜　0　→　非劣性まではいえる
　−Δ　≦　95%CI の下限　≦　0　かつ　0　≦　90%CI の下限　　→　同等性までいえる
　　　0　＜　95%CI の下限　　　　　　　　　　　　　　　　　→　優越性がいえる

6. 比率の非劣性・同等性の検証

いまの例でどうなるか見てみましょう．比率の差の 95% 信頼区間は [−0.16, 0.08]，90% 信頼区間は [−0.14, 0.06] という範囲になります．95% 信頼区間の下限の値（−0.16）は −Δ の値（−0.1 または −0.12）よりも小さくなっていますから，非劣性はいえないことになります．つまり，新しいリハビリ法による改善率は，従来法の改善率に劣らないとは主張できないということになります．

● ● ●

信頼区間を利用した非劣性・同等性の検証においては，非劣性マージンの大きさをいくつに定めたかが重要な問題になります．実際の研究でこの方法を用いる場合には，非劣性マージンの値を明らかにしておく必要があるでしょう．

		測定2		合計
		+	−	
測定1	+	a	b	$a+b$
	−	c	d	$c+d$
	合計	$a+c$	$b+d$	n

2つの比率の差の標準誤差seは，

$$se = \frac{1}{n} \times \sqrt{b + c - \frac{(b-c)^2}{n}}$$

と推定されます．これらの値を用いて，対応のある2つの比率の差の近似95%信頼区間の下限（L）と上限（U）の値は，

$$L = p_1 - p_2 - n_c \times se$$
$$U = p_1 - p_2 + n_c \times se$$

と推定されます．ただしn_cは，標準正規分布の上側確率0.025（下側確率0.975）に対応する値（約1.960）です．90%信頼区間を推定する場合には，n_cの値を標準正規分布の上側確率0.05（下側確率0.95）に対応する値（約1.645）にします．

A7. 対応のない2つの比率の差の信頼区間

各群の被験者数を，第1群についてはn_1，第2群についてはn_2とします．また，第1群において正反応している人数をa，負反応している人数をb，第2群において正反応している人数をc，負反応している人数をdとします（$a+b+c+d=n_1+n_2$）．第1群の標本比率p_1の値は$p_1 = a/n_1$，第2群の標本比率p_2の値は，$p_2=c/n_2$です．

		反応		合計
		+	−	
群	1	a	b	n_1
	2	c	d	n_2
	合計	$a+c$	$b+d$	n_1+n_2

2つの比率の差の標準誤差 se は，

$$se = \sqrt{\frac{p_1(1-p_1)}{n_1} + \frac{p_2(1-p_2)}{n_2}}$$

と推定されます．これらの値を用いて，対応のない2つの比率の差の近似95%信頼区間の下限（L）と上限（U）の値は，

$$L = p_1 - p_2 - n_c \times se$$
$$U = p_1 - p_2 + n_c \times se$$

と推定されます．ただし n_c は，標準正規分布の上側確率0.025（下側確率0.975）に対応する値（約1.960）です．近似90%信頼区間を推定する場合には，n_c の値を標準正規分布の上側確率0.05（下側確率0.95）に対応する値（約1.645）にします．

付録　信頼区間の推定

A1. 平均値の信頼区間

　被験者数をn，標本平均を$\bar{x}$とします．また，不偏分散の正の平方根（統計解析ソフトで通常，標準偏差として出力される値）をsとすると，標準誤差seは，

$$se = \frac{s}{\sqrt{n}}$$

と推定されます．これらの値を用いて，平均値の95%信頼区間の下限(L)と上限(U)の値は，

$$L = \bar{x} - t_c \times se$$
$$U = \bar{x} + t_c \times se$$

と推定されます．ただしt_cは，自由度$n-1$のt分布の上側確率0.025（下側確率0.975）に対応する値です．90%信頼区間を推定する場合には，t_cの値を自由度$n-1$のt分布の上側確率0.05（下側確率0.95）に対応する値にします．

A2. 対応のある2つの平均値の差の信頼区間

　被験者数をn，測定1の標本平均を$\bar{x_1}$，測定2の標本平均を$\bar{x_2}$とします．また，測定1と測定2の差得点の不偏分散の正の平方根（統計解析ソフトで通常，標準偏差として出力される値）をsとすると，差得点の標準誤差seは，

$$se = \frac{s}{\sqrt{n}}$$

と推定されます．これらの値を用いて，対応のある2つの平均値の差の95%信頼区間（差得点の平均値の95%信頼区間）の下限(L)と上限(U)の値は，

$$L = \overline{x_1} - \overline{x_2} - t_c \times se$$
$$U = \overline{x_1} - \overline{x_2} + t_c \times se$$

と推定されます．ただしt_cは，自由度$n-1$のt分布の上側確率0.025（下側確率0.975）に対応する値です．90％信頼区間を推定する場合には，t_cの値を自由度$n-1$のt分布の上側確率0.05（下側確率0.95）に対応する値にします．

A3．対応のない2つの平均値の差の信頼区間

2つの群の被験者数，標本平均，不偏分散の正の平方根の値（統計解析ソフトで通常，標準偏差として出力される値）を，第1群については，n_1, $\overline{x_1}$, s_1, 第2群についてはn_2, $\overline{x_2}$, s_2とします．すると，2つの変数に共通な母分散の不偏推定量の正の平方根sは，

$$s = \sqrt{\frac{(n_1-1)s_1^2 + (n_2-1)s_2^2}{n_1+n_2-2}}$$

と推定されます．このsを用いて，2つの平均値の差の標準誤差seは，

$$se = s \times \sqrt{\frac{1}{n_1} + \frac{1}{n_2}}$$

と推定されます．これらの値を用いて，対応のない2つの平均値の差の95％信頼区間の下限（L）と上限（U）の値は，

$$L = \overline{x_1} - \overline{x_2} - t_c \times se$$
$$U = \overline{x_1} - \overline{x_2} + t_c \times se$$

と推定されます．ただしt_cは，自由度n_1+n_2-2のt分布の上側確率0.025（下側

確率0.975)に対応する値です．90%信頼区間を推定する場合には，t_cの値を自由度$n_1 + n_2 - 2$のt分布の上側確率0.05(下側確率0.95)に対応する値にします．

A4．相関係数の信頼区間

被験者数をn，標本相関係数の値をrとします．ここでrを，

$z = \tanh^{-1} r$
　　　($\tanh^{-1}$は逆双曲線正接という関数で，arctanhと書くこともあります)

と変換すると，zは近似的に正規分布に従い，その標準誤差seは，

$$se = \frac{1}{\sqrt{n-3}}$$

と推定されます．これを利用して，zの近似信頼区間の下限(Lz)と上限(Uz)は，

$Lz = \tanh^{-1} r - n_c \times se$
$Uz = \tanh^{-1} r + n_c \times se$

と推定されます．よって，zをrに戻すことにより，相関係数の近似95%信頼区間の下限(L)と上限(U)の値は，

$$L = \tanh Lz = \tanh\left(\tanh^{-1} r - \frac{n_c}{\sqrt{n-3}}\right)$$

$$U = \tanh Uz = \tanh\left(\tanh^{-1} r + \frac{n_c}{\sqrt{n-3}}\right)$$

と推定されます(tanhは双曲線正接という関数です)．ただしn_cは，標準正規分布の上側確率0.025(下側確率0.975)に対応する値(約1.960)です．近似90%信頼区間を推定する場合には，n_cの値を標準正規分布の上側確率0.05(下側確率0.95)に対応する値(約1.645)にします．

A5. 比率の信頼区間

被験者数をn，正反応している人数をa，負反応している人数をbとします（$a+b=n$）．標本比率pの値は$p=a/n$です．すると，比率の標準誤差seは，

$$se = \sqrt{\frac{p(1-p)}{n}}$$

と推定されます．これらの値を用いて，比率の近似95%信頼区間の下限（L）と上限（U）の値は，

$$L = p - n_c \times se$$
$$U = p + n_c \times se$$

と推定されます．ただしn_cは，標準正規分布の上側確率0.025（下側確率0.975）に対応する値（約1.960）です．90%信頼区間を推定する場合には，n_cの値を標準正規分布の上側確率0.05（下側確率0.95）に対応する値（約1.645）にします．

A6. 対応のある2つの比率の差の信頼区間

被験者数をnとします．また，2つの測定ともに正反応している人数をa，測定1に正反応し測定2に負反応している人数をb，測定1に負反応し測定2に正反応している人数をc，2つの測定ともに負反応している人数をdとします（$a+b+c+d=n$）．測定1の標本比率p_1の値は$p_1=(a+b)/n$，測定2の標本比率p_2の値は$p_2=(a+c)/n$です．

参考文献

1) 池田　央：現代テスト理論．行動計量学シリーズ7，朝倉書店，1994．
2) 石井秀宗：連載「再点検：心理的データの測定法」．Quality Nursing，6：352－357，447－452，525－531，606－612，705－711，793－799，2000．
3) 石井秀宗：連載「統計学のここが知りたい」．Quality Nursing，10：603－605，697－699，805－807，880－883，982－985，1077－1079，1203－1205，2004．
4) Gardner, M. J. & Altman, D. G.（舟喜光一・折笠秀樹共訳）：信頼性の統計学—信頼区間および統計ガイドライン．サイエンティスト社，2001．
5) 繁桝算男・柳井晴夫・森　敏昭（編著）：Q&Aで知る統計データ解析DOs and DON'Ts．心理学セミナーテキストライブラリ3，サイエンス社，1999．
6) 芝　祐順・南風原朝和：行動科学における統計解析法．東京大学出版会，1990．
7) 高橋行雄・大橋靖雄・芳賀敏郎：SASによる実験データの解析．東京大学出版会，1989．
8) 竹内登美子（監修）：看護研究サクセスマニュアル．ナース専科BOOKS，ブレーンドットコム，2001．
9) 豊田秀樹：共分散構造分析—構造方程式モデリング入門編．朝倉書店，1998．
10) 豊田秀樹：共分散構造分析—構造方程式モデリング応用編．朝倉書店，2000．
11) 南風原朝和：心理統計学の基礎—統合的理解のために．有斐閣アルマ，2002．
12) 南風原朝和・市川伸一・下山晴彦（編）：心理学研究法入門—調査・実験から実践まで．東京大学出版会，2001．
13) 服部　環・海保博之：Q&A心理データ解析．福村出版，1996．
14) 広津千尋：医学・薬学データの統計解析—データの整理から交互作用多重比較まで．東京大学出版会，2004．
15) 松尾太加志・中村知靖：誰も教えてくれなかった因子分析—数式が絶対に出てこない因子分析入門．北大路書房，2002．
16) 森　敏昭・吉田寿夫（編著）：心理学のためのデータ解析テクニカルブック．北大路書房，1990．

17) 山田剛史・村井潤一郎：よくわかる心理統計．ミネルヴァ書房，2004．
18) 吉田寿夫：本当にわかりやすいすごく大切なことが書いてあるごく初歩の統計の本．北大路書房，1998．
19) 渡部　洋：心理・教育のための統計学入門．金子書房，1996．
20) 渡部　洋（編著）：心理検査法入門．福村出版，1993．
21) 渡部　洋（編著）：心理統計の技法．福村出版，2001．

欧文・人名索引

AGFI 211
AIC 212
Amos 210
CAIC 212
Cochran 253
correlation 184
Cramér 226, 227
df 210
Dunnett 156
Fisher 234
Friedman 241
GFI 211
Greenhouse-Geisser 160
Hotelling 160
Huynh-Feldt 160
ICH E9 166
Kendall 238
Kruskal-Wallis 245
Mann-Whitney 244
Mauchly 160
McNemar 251
mean 27
median 28
mode 28
Pearson 42, 172
Plllal 158
regression 184
RMR 212
RMSEA 212
Roy 160
SAS 34, 95, 111, 157
SBC 212
Scheffé 156
SD (standard deviation) 35, 37

SE (standard error) 37, 38
SEM (structural equation model) 206
Simpson 228, 229
SMC (squared multiple correlation) 104
Spearman 238
SPSS 34, 70, 111, 141
Tukey 155
Tukey-Kramer 156
Welch 143
Wilcoxon 239, 244
Wilks 160

和文索引

あ

ID番号 71
R2乗 188
α（アルファ）係数 85
安定性 84

い

意志確認 4
一貫性 79
一般化 27, 68
一般化最小2乗法 210
一般化多変量分散分析 158, 168
一般線型モデル 167
因果関係 176
因子 61, 93
因子間相関 102, 107
因子構造 103
因子数 107
因子得点 93, 110
因子パターン 94, 95, 104, 109
因子パターンプロット 98, 99, 106
因子負荷 95, 104

因子負荷の推定法の比較　105
因子プロット　98
因子分析　15, 25, 61, 91, 204

う

ウィルクス(Wilks)のラムダ　160
ウィルコクソン(Wilcoxon)の順位和検定　244
ウィルコクソン(Wilcoxon)の符号付き順位検定　239, 244
ウェルチ(Welch)の方法　143

え

SMC法　104
F検定　154
F統計量　117, 153
F分布　119
エラーバー　40

お

横断的研究　54
重みなし最小2乗法　104

か

回帰　184, 203
回帰係数　182, 183, 184
回帰効果　201
回帰直線　182
回帰分析　16, 25, 181, 204
χ^2(カイ2乗)検定　231, 237, 254, 257
χ^2統計量　210
下位尺度　106
下位特性　107
科学　1, 6, 11
確認的因子分析　213
片側検定　118, 119

カテゴリカルデータ　222
間隔尺度　14
完全連関　225, 227
観測得点　81, 93
観測変数　204

き

記憶効果　84, 167
棄却域　118, 119
危険率　119
疑似相関　179
記述統計　113, 114
基準関連妥当性　89, 179
基準変数　89, 181
帰無仮説　117
逆転項目　73, 79
逆転項目のデータ変換　76
95%信頼区間　46
球面性の仮定　160
寄与　94, 95, 97, 100, 106
共通性　94, 95, 97, 100, 109
共通性の初期推定値　103
共同研究者　9
共分散　42, 209
共分散構造　207
共分散構造分析　111, 204
共変数　179, 228
寄与率　95, 97, 106

く

区間推定　46, 115, 131, 137
クラスカル・ウォリス(Kruskal-Wallis)の検定　245
クラメル(Cramér)の連関係数(V)　226, 227
繰り返し測定　44, 54
クリティカル・シンキング　10, 22

グリーンハウス-ガイザー（Greenhouse-
　　Geisser）　160
クロス表　223
群間平均平方　153
群間平方和　152
群内平均平方　153
群内平方和　152

け

欠測値　72
決定係数　187, 194, 200
限界値　118, 119, 122, 139
研究　1
研究課題の背景　9
研究計画　1
研究計画書　6, 7, 8
研究対象　26
研究テーマ　9
研究にかかる費用　10
研究のタイムスケジュール　10
研究の動機と目的　9
研究の方法　9
研究メンバー　9
検証的因子分析　213
検定統計量　117, 121
ケンドール（Kendall）の順位相関係数　238

こ

効果量　48
交互作用　165, 168
構成概念　19, 78
構成概念妥当性　90
構造方程式　206
構造方程式モデル　206
項目間相関　61, 62
項目間相関係数　92

項目数　61, 62
項目得点　78, 79, 88
項目の取捨選択　108
交絡　69
コクラン（Cochran）のQ検定　253
誤差　81, 93
個人情報保護法　4
固有値　107
コントロール群　167

さ

再検査信頼性係数　84
最小2乗法　104
採択域　118, 119
最頻値　28
最尤法　106, 108, 209
差得点　45, 170
差得点の標準偏差　45, 48
残差　182
残差平方和　152
散布図　40
サンプル　25
三平方の定理（ピタゴラスの定理）　23, 31, 82, 152, 187

し

シェッフェ（Scheffé）法　156
軸の回転　99
事前・事後テスト　44, 167
実験群　167
実験参加者　1
実験順序　68
実験条件　68
質問紙　18, 74
質問紙調査　9, 15, 18, 22, 68
シミュレーション研究　61

尺度　60, 78, 91
尺度得点　78, 79, 88, 110
斜交回転　101
主因子法　104
重回帰分析　191, 195
重決定係数　194
重相関係数（R）　188, 194, 200
収束的妥当性　90
従属変数　181
縦断的研究　54
自由度（df）　138, 153, 210
自由度調整済みR2乗　194
自由度調整済みの決定係数　194
主効果　165
順位相関係数　238
準拠構造　103
順序尺度　13, 15, 223, 237
順序分類データ　236, 237
真の得点　81, 93
シンプソン（Simpson）のパラドックス　228, 229
信頼区間　44, 46, 116, 132, 137, 146, 175, 258
信頼区間の推定　252, 261
信頼係数　132
信頼性　78, 79, 86
信頼性係数　25, 81, 82, 83, 86, 132
心理的苦痛　4
心理的な構成概念　19
心理特性　78

す
水準　13, 163, 223
スクリープロット　108
ストレス　4
スピアマン（Spearman）の順位相関係数　238

せ
性格特性　19
切片　182
説明変数　181
セル　223
先行研究　2, 6, 9
潜在変数　19, 93, 204
全体　25
全体平均　151
全体平方和　151
選抜効果　179
専門家に相談　5, 7

そ
相関関係　91, 172, 176
相関係数　15 16, 42, 56, 58, 59, 61, 92, 172, 184
相関係数の大きさ　41, 57
相関研究　56, 176
層別分析　229

た
対応のある1要因の平均値の比較　158
対応のある測定　44
対応のあるt検定　124, 141
対応のある2つの順序分類データの比較　239
対応のある2つの比率　65
対応のある2つの比率の差の信頼区間　264
対応のある2つの比率の比較　249
対応のある2つの平均値　44
対応のある2つの平均値の差の信頼区間　261
対応のある2つの平均値の比較　140
対応のある3つ以上の順序分類データの比較

241
対応のある3つ以上の比率の比較　252
対応のある要因と対応のない要因がある場合の平均値の比較　166
対応のない1要因の平均値の比較　161
対応のないt検定　142, 170
対応のない2要因の平均値の比較　163
対応のない2つの順序分類データの比較　242
対応のない2つの比率　63
対応のない2つの比率の差の信頼区間　265
対応のない2つの比率の比較　254
対応のない2つの平均値　50
対応のない2つの平均値の差の信頼区間　262
対応のない2つの平均値の比較　142
対応のない平均値　51
対応のない3つ以上の順序分類データの比較　245
対応のない3つ以上の比率の比較　255
第3の変数　178, 229
対照群　44, 124, 167
代表値　27
多群の因子分析結果の比較　111
多重共線性　201
多重比較法　155, 157
多数の平均値の比較　149
妥当性　78, 79, 86, 88
妥当性係数　89
ダネット (Dunnett) 法　156
多変量分散分析　158, 168
単回帰分析　181, 188
段階評定　15, 21
探索的因子分析　213
単純主効果　166

ち

中央値　28
調査票　16, 18, 21, 71
散らばり　29, 149

て

適合度指標　108
適合度統計量　210
t検定　154
データ収集　67, 70
データ入力　67, 70
データの種類　12
t値　124
t統計量　117, 124
t分布　119
テューキー (Tukey) 法　155
テューキー・クレマー (Tukey-Kramer) 法　156
点推定　115

と

統計解析ソフト　34, 94, 103
統計的検定　114, 116, 131, 233
統計的推定　114, 115, 131
統計的に有意　120
統計的有意性　120, 135, 246
統計分析　5, 23, 113
同時信頼区間　55, 253, 257
統制群　167
同値モデル　221
同等性　120, 146, 259
同等性マージン　146, 259
等分散性の検定　143
独立　225, 227
独立な平均値　51

独立変数　181

な
内部一貫性　85
内容妥当性　88
生データ　70

に
入力ミス　75
2要因の被験者間計画　163

の
能力　19
ノンパラメトリックな分析法　222, 247

は
ハイン・フェルト（Huynh-Feldt）　160
パス　204, 221
パス係数　205, 220
パス図　204, 205
はずれ値　28
バリマックス回転　99, 106
反復主因子法　104
反復測定　168

ひ
ピアソン（Pearson）の積率相関係数　42, 172
被験者　1, 44, 67
被験者間要因　149, 161
被験者間要因計画　161
被験者数　44, 47, 130, 133, 246
被験者内要因計画　158
比尺度　16
ヒストグラム　29
ピタゴラスの定理　23, 31
p 値　121, 123, 130, 137, 210

1つの被験者内要因と1つの被験者間要因がある計画　167
標本　25, 26, 44, 67, 114
標本数　28, 46, 133
標本相関係数　43
標本の大きさ　28
標本標準偏差　36
標本分散　33
標本平均　28
標準（化）回帰係数　185
標準（化）偏回帰係数　186, 193
標準誤差　37, 38
標準偏差　25, 35, 37
標準偏差の値（大きさ）　37
ピライ（Pillai）のトレース　158
比率　62, 248, 249
比率の信頼区間　264
比率の非劣性・同等性の検証　257
非劣性　146, 259
非劣性マージン　146, 259

ふ
ϕ（ファイ）係数　223
フィッシャー（Fisher）の直接確率法　234
フェイスシート　19
不偏分散　33, 208
不偏分散の正の平方根　36
プライバシーの保護　4
プラセボ効果　202
フリードマン（Friedman）の検定　241
プロクラステス回転　111
プロマックス回転　101, 106
分割表　222, 223, 248
分散　25, 29, 30
分散説明率　187
分散の等質性　154

分散分析　25, 149
分析方法　9, 11
分布　29
分類データ　222, 236

へ

平均からの偏差　30
平均値　15, 16, 27, 203
平均値の信頼区間　261
平均値の比較　38
平均値の非劣性・同等性　144
平行検査信頼性係数　84
平行測定　84
併存的妥当性　89
平方和　24, 31, 151, 153
ベータ係数　185
偏回帰係数　186, 191
偏差　30
変数　12
弁別的妥当性　90

ほ

母集団　25, 26, 67, 114
母相関係数　43
ホテリング（Hotelling）のトレース　160
母標準偏差　36
母分散　33
母平均　28
母平均の推定　38

ま

マクネマー（McNemar）の検定　251
MAX法　104
マン・ホイットニー（Mann-Whitney）の検定　244

み

見かけの相関　112, 177, 178, 228

む

無作為抽出　27, 69
無作為割り付け　69
無相関　42

め

名義尺度　12, 222

も

目的変数　181
モクリー（Mauchly）の球面性検定　160
モデル選択　217

ゆ

有意　120
有意確率（p 値）　121
有意水準（危険率）　119
優越性　146, 259
有効回答数　75
有効回答率　75
U 検定　244

よ

予測的妥当性　89
予測の精度　186, 194
予測変数　181

り

両側検定　118
倫理委員会　5
倫理的配慮　3, 10

る

累積寄与率　97, 100

れ

連関　65
連関係数　222

ろ

ロイ (Roy) の最大根　160

わ

割合　62, 248
ONE法　104, 107

●著者紹介●

石井秀宗（いしい ひでとき）
1994年　東京大学教育学部教育心理学科卒業
2003年　東京大学大学院教育学研究科博士課程修了
　　　　博士（教育学）

佼成看護専門学校非常勤講師，大学入試センター研究開発部助手，ミネソタ大学客員研究員，東京大学大学院教育学研究科客員助教授などを経て，現在，名古屋大学大学院教育発達科学研究科准教授．
専門は教育測定学，統計学である．教育学系，心理学系，看護学系など多くの共同研究にも参画している．

論文
看護学生が抱く心理学の有用観についての検討．心理学研究，71(2)：136-143，2000．（共著）
The effects on the predictive variances of a new subject's score for a new test. *Japanese Psychological Research*, 44(2)：113-119, 2002．（共著）
など多数．

☐ 検印省略

統計分析のここが知りたい
保健・看護・心理・教育系研究のまとめ方

定価（本体 2,500円＋税）

2005年7月15日　第1版　第1刷発行
2022年8月2日　　同　　第11刷発行

著　者　石井　秀宗（いしい　ひでとき）
発行者　浅井　麻紀
発行所　株式会社 文光堂
　　　　〒113-0033　東京都文京区本郷7-2-7
　　　　TEL（03）3813-5478（営業）
　　　　　　（03）3813-5411（編集）

Ⓒ石井秀宗，2005　　　　　　　　　　印刷・製本：真興社

ISBN978-4-8306-4460-3　　　　　Printed in Japan

・本書の複製権，翻訳権，翻案権，上映権，譲渡権，公衆送信権（送信可能化権を含む），二次的著作物の利用に関する原著作者の権利は，株式会社文光堂が保有します．
・本書を無断で複製する行為（コピー，スキャン，デジタルデータ化など）は，私的使用のための複製など著作権法上の限られた例外を除き禁じられています．大学，病院，企業などにおいて，業務上使用する目的で上記の行為を行うことは，使用範囲が内部に限られるものであっても私的使用には該当せず，違法です．また私的使用に該当する場合であっても，代行業者等の第三者に依頼して上記の行為を行うことは違法となります．
・JCOPY〈出版者著作権管理機構 委託出版物〉
本書を複製される場合は，そのつど事前に出版者著作権管理機構（電話03-3513-6969，FAX 03-3513-6979，e-mail：info@jcopy.or.jp）の許諾を得てください．